ver 2022

Adobe Dreamwea

经典教程

［美］吉姆·马伊瓦尔德（Jim Maivald）◎ 著

武传海 ◎ 译

人民邮电出版社

北　京

内容提要

本书由 Adobe 专家编写，是 Dreamweaver 2022 的经典学习用书。

本书共 12 课，每一课先介绍重要的知识点，然后借助具体的示例进行讲解，步骤详细，重点明确，能帮助读者尽快学会实际操作。本书主要包含定制工作区，HTML 基础，CSS 基础，编写代码，网页设计基础，创建页面布局，使用模板，使用文本、列表与表格，使用图像，创建链接，发布站点，移动网页设计等内容。

本书语言通俗易懂，配有大量的图示，特别适合新手学习，有一定使用经验的读者也可从本书中学到 Dreamweaver 的大量高级功能和 2022 版本新增的功能。本书还适合作为相关培训班学员及广大自学人员的参考用书。

前　言

Adobe Dreamweaver 是目前最主要的网页制作软件之一。Dreamweaver 提供了制作网站需要的所有工具，借助这些工具，你能轻松地制作出专业的网站。

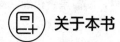 关于本书

本书是 Adobe 图形图像与排版软件官方培训教程之一，在 Adobe 产品专家的大力支持下编写推出。

本书在编排上做了精心的设计，你可以灵活地使用本书自学 Dreamweaver。如果你是初次接触 Dreamweaver，那么你可以在本书中学到 Dreamweaver 的各种基础知识、功能及使用方法等，为在工作中使用 Dreamweaver 打下坚实的基础。如果你已经用过 Dreamweaver 一段时间，那么通过本书，你会学到 Dreamweaver 的许多高级功能，包括新版本的使用提示与技巧。

本书每一课在讲解相关项目时，都给出了详细的操作步骤。尽管如此，讲解仍会留出一些空间，让你自己去探索与尝试。本书每一课最后都有一个复习板块，方便你回顾前面学过的内容，巩固所学知识。

预备知识

学习本书之前，你应该对自己的计算机和操作系统有一定的了解，会使用鼠标、标准菜单与命令，还知道如何打开、保存、关闭文件。如果你还不懂这些知识，请阅读相关的帮助文档，如 Microsoft Windows、Apple macOS 的帮助文档。

Windows 与 macOS 的版本差异

大多数情况下，Dreamweaver 的 Windows 版本和 macOS 版本操作方式一样。但两个版本之间存在一些细微的差异，这些差异大部分是由平台的差异造成的，如键盘快捷键、对话框的显示风格、按钮名称等。本书中的截图是基于 Windows 版本的 Dreamweaver 截取的。

当同一个命令在两个平台下有不同的操作方式时，正文中会把两种操作方式都列出来，而且把 Windows 下的操作方式放在前面，把 macOS 下的操作方式放在后面，例如 Ctrl+C 或 Cmd+C 快捷键。此外，书中使用的常用功能键都采用缩写形式，如下页表格所示。

Windows	macOS
Control = Ctrl	Command = Cmd
Alternate = Alt	Option = Opt

随着学习的深入，由于你已经掌握一些基础知识，本书可能会省去一些具体操作，以节省篇幅。例如，第一次提到复制操作时，内容为：依次选择【编辑】>【拷贝】，或者按 Ctrl+C 或 Cmd+C 快捷键；当再次提到复制操作时，就不会再给出具体的操作方法，而只说复制文本或代码元素。

学习过程中遇到困难时，请多看看前面的内容。书中讲解某些内容时，如果这些内容与前面的内容有明显的关联，会具体指出涉及前面哪一课。

 ## 安装软件

学习本书之前，请先检查一下你的计算机是否满足安装 Dreamweaver 的条件，配置是否正确，是否安装了所有需要的软件。

如果你的计算机中还没有安装 Dreamweaver，请先从 Creative Cloud 安装它。Dreamweaver 必须单独购买，本书配套课程文件中不包括该软件资源。

你需要访问 Adobe 官网，注册并登录 Adobe Creative Cloud，然后你可以单独购买 Dreamweaver，也可以购买整个 Creative Cloud 产品族。

 ## 把 Dreamweaver 更新到最新版本

在把 Dreamweaver 下载并安装到计算机中后，你还需要定期通过 Creative Cloud 更新它。有些更新用于修复程序 Bug 和打安全补丁，有些更新则是用于添加新功能和新特性。

本书使用的是 Dreamweaver 2022，书中有些操作在早期版本的 Dreamweaver 中可能无法正常进行。在计算机中安装好 Dreamweaver 之后，在菜单栏中依次选择【帮助】>【关于 Dreamweaver】

（Windows），或者【Dreamweaver】>【关于 Dreamweaver】（macOS），在弹出的界面中可看到 Dreamweaver 的版本号及相关信息。

如果你的计算机中已经安装了旧版本的 Dreamweaver，你必须把它升级到最新版本。打开 Creative Cloud 管理器，登录你的账户，可以查看有无更新可用。

建议的学习顺序

本书内容的设计遵循由易到难的原则，先讲基础知识，再讲网站设计、开发、发布等中高级知识。每一课的内容都建立在前面课程的基础上，学完本书，你能够使用所提供的文件和资源创建一个完整的网站。建议你学习本书内容之前先把所有配套资源一次性下载下来。

学习本书内容时，建议你从第 1 课开始学，一课接一课，按顺序学到最后一课，尽量不要跳过任何一课或任何一个练习。虽然建议你这样做，但是可能不符合你的实际情况，你可以根据自己的实际情况决定学习顺序或跳过某些内容。每个课程文件夹中都包含完成相应练习所需的一切文件，这些文件是半成品，或者已完成部分制作，你可以在此基础上完成某一课的练习。

每个课程文件夹中的半成品文件与自定义模板不是一组完整的资源。有些文件夹看似包含了相同的文件与资源，但其实它们并不完全一样，大多数时候都不能在其他课程中使用，因为这会导致你无法正常完成练习项目，实现不了学习目标。

因此，你应该把每一个课程文件夹都看作一个独立的网站。把某个课程文件夹复制到磁盘上，为课程新创建一个站点。请不要使用现有站点的子文件夹定义站点，把站点和资源放在现有的文件夹中，以避免发生冲突。

建议你把课程文件夹放在磁盘根目录下单个 web 或 sites 主文件夹中。请不要使用 Dreamweaver

应用程序的文件夹。大多数情况下，本书会把本地 Web 服务器用作测试服务器，相关内容将在第 11 课中讲解。

 **首次启动**

首次启动 Dreamweaver 时，你会看到一个欢迎界面。Dreamweaver 会询问你一系列问题，引导你完成初始设置。在这个过程中，你可以选择一个舒适的颜色主题。

本书使用的是最浅的颜色主题。这样做是为了节省印刷油墨，更环保。

设置完成后，你会看到一个【同步设置】对话框。如果你用过旧版本的 Dreamweaver，请单击【导入同步设置】按钮，下载先前程序的首选项；如果你是第一次使用 Dreamweaver，请单击【上载同步设置】按钮，把你的首选项同步到 Creative Cloud。

 **选择颜色主题**

如果你在学习本书之前早已安装并启动过 Dreamweaver，那么你使用的颜色主题很可能与本书不一样。本书中的所有操作在任何颜色主题下都能正常进行，但是如果你希望把你的用户界面设置成与本书一样，请按照如下步骤进行设置。

❶ 在菜单栏中依次选择【编辑】>【首选项】（Windows），或者依次选择【Dreamweaver】>【首选项】（macOS），打开【首选项】对话框。

❷ 在【分类】列表中选择【界面】。

❸ 在【应用程序主题】中选择最亮的主题，在【代码主题】菜单中选择【Classic】。

此时，软件界面变成刚设置的主题。选择不同的【应用程序主题】时，【代码主题】会自动发生变化。不过，当前的更改只是暂时的，还未正式生效，当你关闭【首选项】对话框后，界面会恢复成原来的颜色。

④ 单击【应用】按钮。此时，更改的主题就正式生效了。

⑤ 单击【关闭】按钮，关闭【首选项】对话框。

不论何时，你都可以更改界面的颜色主题。一般情况下，用户会选择一种最符合自己工作环境的主题。浅色主题适合光线充足的环境，深色主题适合一些光线可控的环境，如设计工作室。但不论选择哪种颜色主题，都不会影响正常操作。

 ## 设置工作区

Dreamweaver 2022 提供了两种主要的工作区，以满足多样化的计算机配置和个人工作流程。学习本书时，推荐你使用【标准】工作区。

① 若当前工作区不是【标准】工作区，请在软件界面右上角的工作区下拉菜单中选择【标准】。

 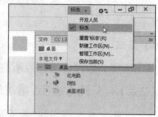

② 若默认的标准工作区被修改过（例如某些工具栏、面板被隐藏了起来），请在工作区下拉菜单中选择【重置'标准'】，把【标准】工作区恢复成默认设置。

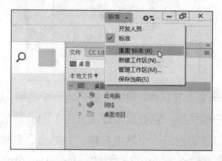

另外，你还可以在【窗口】>【工作区布局】子菜单中找到上面这些命令。

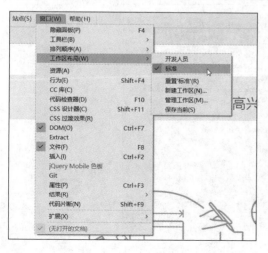 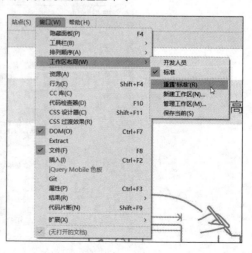

本书的大部分截图显示的都是【标准】工作区。当你学完本书全部内容之后，你可以尝试一下其他工作区，找到适合你的工作区。当然，你也可以自己设置工作区并把它保存起来。

有关 Dreamweaver 工作区的更多内容，本书第 1 课"定制工作区"中将详细讲解。

定义 Dreamweaver 站点

本书会使用保存在磁盘上的现有文件和资源从零开始制作网页，最终制作好的网页和资源一同构成本地站点。把你的站点上传到网络（参阅第 11 课），就是把你制作好的文件发布到网络上某个 Web 托管服务器中，形成远程站点。通常，本地站点和远程站点的文件夹结构与文件都是一样的。

定义本地站点的操作步骤如下。

> 💡 警告　创建站点之前，必须先解压缩课程文件。

❶ 启动 Dreamweaver 2022。

❷ 打开【站点】菜单。

【站点】菜单包含创建、管理标准站点所需要的各种命令。

❸ 选择【新建站点】，打开【站点设置对象】对话框。

要在 Dreamweaver 中创建一个标准站点，只需要给它起一个名字，然后选择本地站点文件夹即可。站点名称应该与特定项目或客户相关联，它会显示在【文件】面板的站点列表中。站点名称仅供你自己使用，不会公开，所以你可以随意指定一个站点名称。为站点命名时，站点名称最好能够明确地体现网站的用途。本书会使用各课名称作为站点名称，如 lesson01、lesson02、lesson03 等。

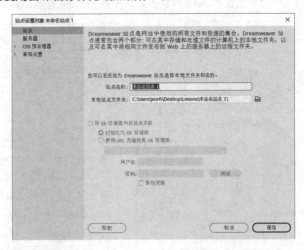

❹ 在【站点名称】文本框中输入 lesson01（或其他合适的名称）。

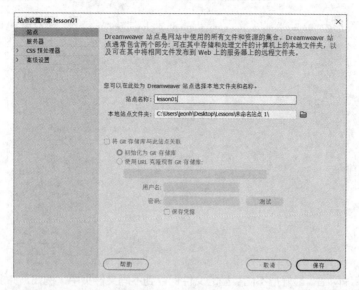

> 💡 注意　本书中把包含站点的主文件夹称为站点根文件夹。

❺ 单击【本地站点文件夹】右侧的【浏览文件夹】图标（ 📁 ）。

❻ 在【选择根文件夹】对话框中，找到包含课程文件的文件夹，单击它，以将其选中，然后单击【选择文件夹】按钮。

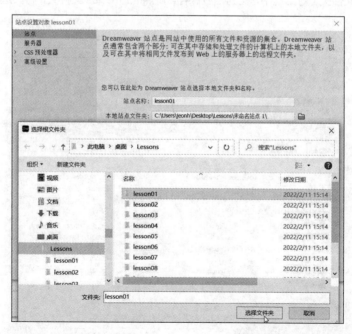

此时单击【保存】按钮，新站点就创建成功了。下面为网站再添加一些有用的信息。

❼ 单击【高级设置】左侧的箭头（ > ），展开高级设置列表，选择【本地信息】。

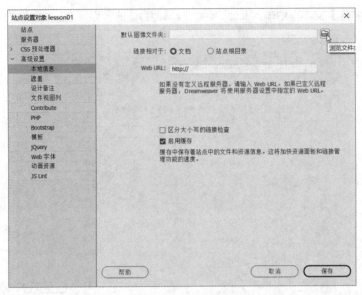

为了更好地管理网站，最好把不同类型的文件保存到不同文件夹中。例如，许多网站都有单独的文件夹分别保存图像、PDF 文件、视频等不同资源。Dreamweaver 通过为默认图像文件夹添加一个选项来协助完成这一工作。之后，当你从计算机的其他位置插入图像时，Dreamweaver 会使用这个设置自动把图像移动到站点目录中。

❽ 单击【默认图像文件夹】右侧的【浏览文件夹】图标。

在【选择图像文件夹】对话框中，找到相应课程或站点的 images 文件夹，将其选中，然后单击【选择文件夹】按钮。

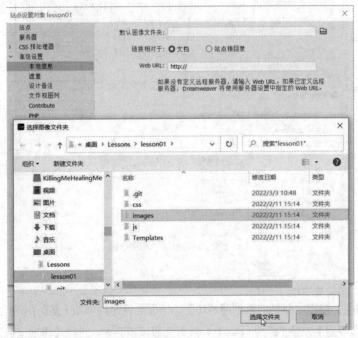

此时，【默认图像文件夹】右侧显示出 images 文件夹的路径。接下来，我们在【Web URL】文本框中输入站点域名。

💡 注意 本书中把包含图像资源的文件夹称为站点默认图像文件夹或默认图像文件夹。默认图像文件夹和其他资源文件夹应该位于站点根文件夹下。

❾ 在【Web URL】文本框中，输入 http://favoritecitytour.com/，或者输入你的网站的 URL。

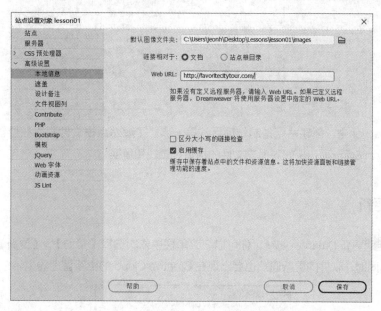

到这里，我们已添加好新网站的所有必需信息。接下来的操作还会添加一些信息，以便把文件上传到远程服务器进行测试。

💡 注意 当今许多网站都使用安全套接层（Secure Socket Layer，SSL）证书对浏览器与 Web 服务器之间的通信进行加密。如果你安装了 SSL 证书，在【Web URL】文本框中就应该输入 https。

💡 注意 大部分静态 HTML 网站并不需要设置【Web URL】，但是，如果一个网站用到了动态程序或需要连接数据库和测试服务器，则需要设置【Web URL】。

❿ 在【站点设置对象】对话框中，单击【保存】按钮，将其关闭。

每当选择或修改网站时，Dreamweaver 就会为文件夹中的每个文件构建或重建缓存。缓存用于维持站点中网页和资源的关联，当你移动、重命名或删除文件时，它可以帮助你更新链接和其他引用信息。

⓫ 单击【确定】按钮，重建缓存。

重建缓存一般只需要几秒。

此时，【文件】面板的站点列表中将出现新站点的名称。当有多个站点时，在站点列表中单击某个站点名称，即可切换到该站点。

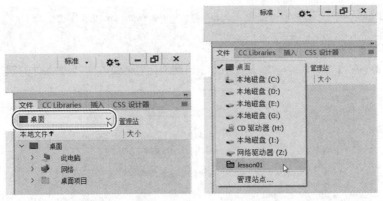

在 Dreamweaver 中，创建站点是制作项目的第一步。了解站点根文件夹所在位置有助于判断链接路径，启用多个站点选项，例如对孤立文件的检查、查找和替换。

检查更新

Adobe 会定期更新 Dreamweaver。你可以在菜单栏中依次选择【帮助】>【更新】，检查软件是否有可用更新。同时，软件的更新通知也会出现在 Creative Cloud 的更新管理器中。

资源与支持

本书由"数艺设"出品，"数艺设"社区平台（www.shuyishe.com）为您提供后续服务。

配套资源

书中示例的素材文件和效果文件

资源获取请扫码

（提示：微信扫描二维码关注公众号后，输入 51 页左下角的 5 位数字，获得资源获取帮助。）

"数艺设"社区平台，为艺术设计从业者提供专业的教育产品。

与我们联系

我们的联系邮箱是 szys@ptpress.com.cn。如果您对本书有任何疑问或建议，请您发邮件给我们，并请在邮件标题中注明本书书名及 ISBN，以便我们更高效地做出反馈。

如果您有兴趣出版图书、录制教学课程，或者参与技术审校等工作，可以发邮件给我们。如果学校、培训机构或企业想批量购买本书或"数艺设"出版的其他图书，也可以发邮件联系我们。

关于"数艺设"

人民邮电出版社有限公司旗下品牌"数艺设"，专注于专业艺术设计类图书出版，为艺术设计从业者提供专业的图书、视频电子书、课程等教育产品。出版领域涉及平面、三维、影视、摄影与后期等数字艺术门类，字体设计、品牌设计、色彩设计等设计理论与应用门类，UI 设计、电商设计、新媒体设计、游戏设计、交互设计、原型设计等互联网设计门类，环艺设计手绘、插画设计手绘、工业设计手绘等设计手绘门类。更多服务请访问"数艺设"社区平台 www.shuyishe.com。我们将提供及时、准确、专业的学习服务。

目　录

第12课 移动网页设计 305

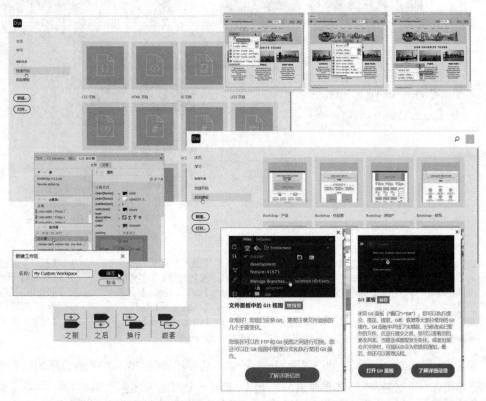

第1课

定制工作区

课程概览

本课主要讲解以下内容。

- 使用软件开始界面
- 切换视图
- 使用面板
- 选择工作区布局

- 使用工具栏
- 设置首选项
- 自定义键盘快捷键
- 使用【属性】面板

学习本课大约需要 **1** 小时

Dreamweaver 提供了制作网站需要的所有功能与工具。如果不使用 Dreamweaver，你可能需要结合使用十多种软件才能实现 Dreamweaver 的所有功能。

1.1 了解工作区

💡注意 开始学习之前，请先下载本书的课程文件，并为本课创建一个名为 lesson01 的站点。相关方法请阅读前言中的讲解。

Dreamweaver 是一款超文本标记语言（Hypertext Markup Language，HTML）编辑器，非常受网站设计人员欢迎。Dreamweaver 提供了一系列令人惊喜的设计与代码编辑工具，适合各类用户使用。

编码人员喜欢【代码】视图中的各种增强功能；开发人员喜欢它支持各种编程语言和代码提示功能；设计人员喜欢它提供的"所见即所得"的编辑功能，这大大节省了在浏览器中预览页面的时间。另外，Dreamweaver 用户界面易学易用且功能强大，深受初学者的喜爱，如图 1-1 所示。总之，不论你是哪类用户，Dreamweaver 都能满足你的需求。

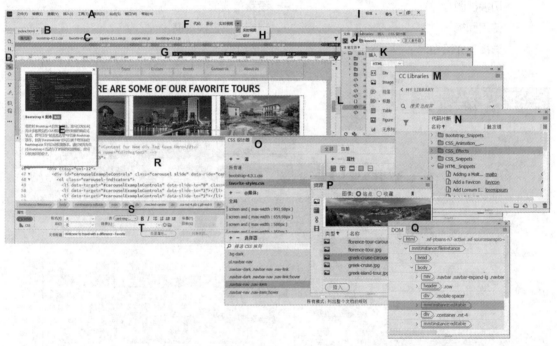

图 1-1

A	菜单栏	F	文档工具栏	K	【插入】面板	P	【资源】面板
B	文档选项卡	G	可视化媒体查询栏	L	文档窗口宽度控制块	Q	【DOM】面板
C	相关文件栏	H	切换【实时视图】/【设计】视图	M	【CC Libraries】面板	R	【代码】视图
D	通用工具栏	I	工作区菜单	N	【代码片断】面板	S	标签选择器
E	新功能	J	【文件】面板	O	【CSS 设计器】面板	T	【属性】面板

Dreamweaver 用户界面中有大量可定制的面板和工具栏，请多花一点时间熟悉一下这些组件的名称。

本课会介绍 Dreamweaver 的用户界面和一些隐藏的功能。后面的课程中不会介绍如何在用户界面中做基本操作，这些内容会在本课中讲解。所以，请花一些时间认真学习本课内容，争取掌握软件界面的基本操作。学习后面课程的过程中，如果一些基础操作忘记了，你可以随时回来查阅本课内容。

1.2 使用开始界面

安装好 Dreamweaver 并做完初始设置后，打开 Dreamweaver，你会看到一个开始界面。在其中，你可以快速访问最近打开的网页，轻松创建各类网页，以及访问几个关键的帮助资源。当你第一次启动 Dreamweaver，或者没有打开任何文档时，就会显示开始界面。在 Dreamweaver 2022 中，开始界面有了一些改进。例如，新的开始界面中主要有 4 个选项，分别是【快速开始】、【起始模板】、【新建】按钮、【打开】按钮。如果你之前从未用过 Dreamweaver，开始界面的中间还会显示"让我们来建立一个网站"字样，如图 1-2 所示。

图 1-2

当你创建或打开第一个文档后，开始界面会显示一个最近使用过的文档列表。这个列表是动态变化的，最近一个使用的文档会出现在列表的顶部。在列表中单击某个文档名，即可将该文档再次打开。

1.2.1 快速开始

各个版本的 Dreamweaver 中都有【快速开始】选项卡，而且形式上类似。单击【快速开始】，右侧区域将显示各种类型文档的图标，如 HTML 文档、CSS 文档、JS 文档、PHP 文档等，如图 1-3 所示。单击某个类型的文档图标，即可创建一个该类型的文档。

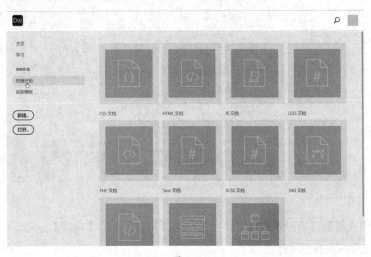

图 1-3

1.2.2　起始模板

单击【起始模板】，右侧区域会显示一系列预定义的模板，包括响应式模板（支持智能手机和移动设备）、Bootstrap 框架模板，如图 1-4 所示。借助这些模板，我们可以轻松、快速地创建出各类兼容智能手机和平板电脑的网页。

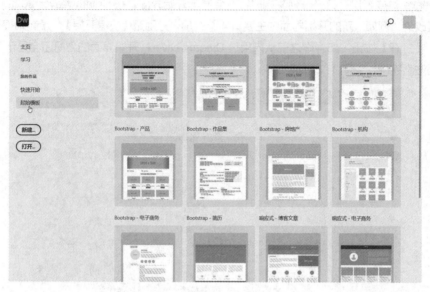

图 1-4

1.2.3　新建与打开

单击【新建】按钮和【打开】按钮，可分别打开【新建文档】对话框和【打开】对话框，图 1-5 所示为【新建文档】对话框。

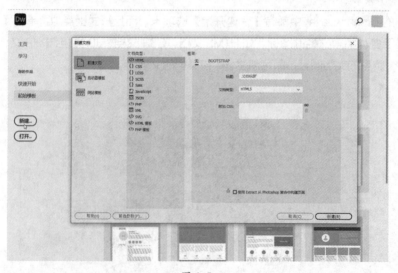

图 1-5

如果你不想再次看到开始界面，只需要在【首选项】对话框的【常规】选项卡中，取消勾选【显示开始屏幕】复选框，将其禁用即可。

1.3 上下文功能提示

在 Dreamweaver 2022 中，当你使用各种工具、功能、界面选项时，就会不时地弹出上下文功能提示，如图 1-6 所示。这些上下文功能提示的作用是介绍软件新增的功能和工作流程，并给出一些提示，以帮助你有效地使用它们。

在上下文功能提示对话框中，有时还包含更多相关信息和教程，根据对话框中相应的提示进行操作，你可以轻松地查看这些信息和教程。阅读完毕后，单击对话框右上角的关闭按钮（ ✕ ），可关闭上下文功能提示对话框，而且这些对话框不会再次出现。关闭上下文功能提示对话框之后，在菜单栏中依次选择【帮助】>【重置上下文功能提示】，可再次打开它们。

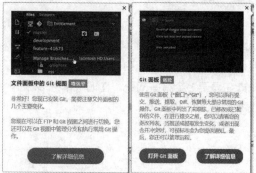

图 1-6

1.4 切换视图

Dreamweaver 分别为编程人员和设计人员提供了专用环境。

1.4.1 【代码】视图

在【代码】视图下，Dreamweaver 工作区主要显示 HTML 代码和各种高效的代码编辑工具。在文档工具栏中单击【代码】按钮，即可进入【代码】视图，如图 1-7 所示。

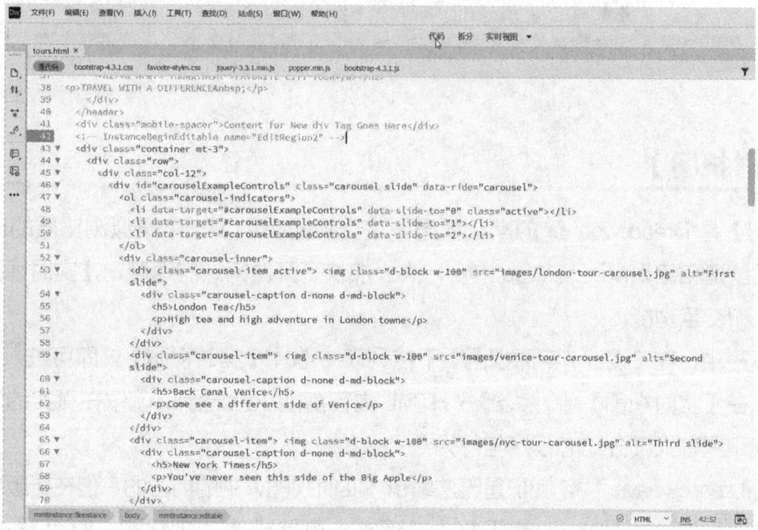

图 1-7

1.4.2 【设计】视图

【设计】视图与【实时视图】共用文档窗口，进入【设计】视图后，工作区显示的是经典的"所见即所得"编辑器。在旧版本的 Dreamweaver 中，【设计】视图还可以模拟网页在浏览器中的显示效果。但是随着 CSS 与 HTML 的发展，在新版本的 Dreamweaver 中，【设计】视图下的"所见即所得"功能已经没那么"灵"了。虽然有时这会在使用上造成不便，但是新版本的界面非常棒，能够大大提高内容创建与编辑的速度。同时，有些工具或工作流程只有在【设计】视图中才能找到，你会在后面的课程中体会到这一点。

在文档工具栏中，单击【实时视图】右侧的下拉按钮，选择【设计】，即可进入【设计】视图，如图 1-8 所示。在【设计】视图中，大多数 HTML 元素和基本的层叠样式表（CSS）都能得到正确显示，但是 CSS3 属性、动态内容、交互内容（如链接行为、音频、视频、jQuery 组件），以及某些表单元素在显示上会有些问题。在旧版本的 Dreamweaver 中，【设计】视图很常用，但现在已经不是这样了。

图 1-8

1.4.3 【实时视图】

【实时视图】是 Dreamweaver 的默认视图。这个视图提供了一个类似浏览器的环境，允许我们以可视化的方式创建和编辑网页及 Web 内容，大大加快了开发网站的速度。【实时视图】还支持预览大部分动态效果和交互功能。

在文档工具栏中，在【设计 / 实时视图】下拉列表中选择【实时视图】，即可进入【实时视图】，如图 1-9 所示。在【实时视图】中，大部分 HTML 内容都能正常显示，就像在真实的浏览器中一样，而且允许你预览和测试大部分动态程序与行为。

在旧版本的 Dreamweaver 中，我们是无法编辑【实时视图】中的内容的。但在新版本 Dreamweaver 的【实时视图】中，你可以自由地编辑文本，添加、删除元素，创建类、ID 及样式元素，就像在 Dreamweaver 中实时编辑一个网页一样。

【实时视图】与 CSS 设计器整体连接在一起，这使得你可以创建和编辑高级 CSS 样式，在不切换视图的情况下创建全响应式网页，而且也不必浪费时间打开浏览器预览页面。

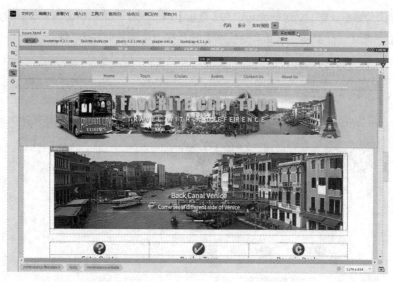

图 1-9

1.4.4 【拆分】视图

【拆分】视图中同时显示设计区域与代码窗口。在其中一个区域中做的更改会实时显示在另外一个区域。

> 💡 注意 你可以把【拆分】视图看作由【代码】视图与【设计】视图或【实时视图】组合而成的视图。

在文档工具栏中单击【拆分】按钮，即可进入【拆分】视图，如图 1-10 所示。默认设置下，Dreamweaver 会把整个工作区拆分成上下两部分。【拆分】视图中显示的两个视图可以是【代码】视图和【实时视图】，也可以是【代码】视图和【设计】视图，还可以都是【代码】视图（在【查看】>【拆分】子菜单中选择）。

图 1-10

在【查看】>【拆分】子菜单中选择【垂直拆分】，可以把整个工作区拆分成左右两部分，如图 1-11 所示。在【拆分】视图中，还可以指定两个视图的显示位置，例如，可以把【代码】视图放在上半部分、下半部分、左半部分或右半部分，这些都可以在【查看】>【拆分】子菜单中设置。本书的大部分截图中，【拆分】视图都是把【设计】视图或【实时视图】显示在上半部分或左半部分。

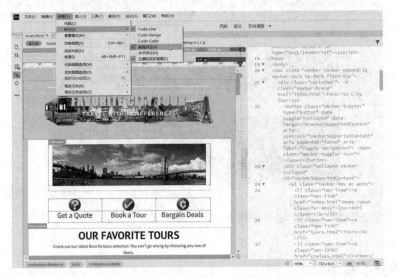

图 1-11

1.5 使用面板

Dreamweaver 中的大部分命令都可以在菜单中找到，但有些命令散落在各种面板和工具栏中。Dreamweaver 中有很多面板，你可以在屏幕的各个地方灵活地显示、隐藏和停靠面板，甚至可以把它们移动到第二个或第三个显示器中，如图 1-12 所示。

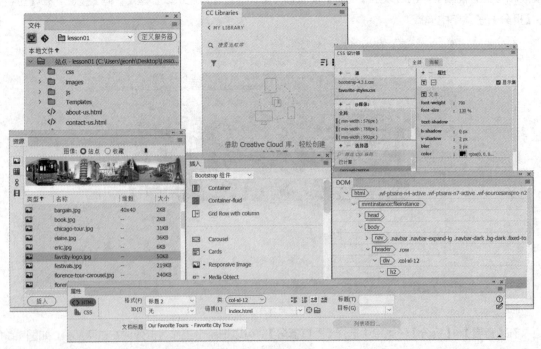

图 1-12

你可以在【窗口】菜单中找到 Dreamweaver 中的所有面板。若屏幕上未显示你需要的面板，在【窗口】菜单中选择它，即可将其显示出来。在【窗口】菜单中，如果面板名称左侧有对钩，则表示其当前处于显示状态。有时屏幕上有多个面板重叠在一起，很难找到你需要的那个面板，你可以在【窗口】菜单中单击你需要的那个面板，那个面板就会立即显示在顶层。

1.5.1　最小化面板

为了给其他面板腾出空间，或者访问工作区中被遮挡的区域，你可以在适当的位置把某个面板最小化或者展开。双击面板名称，可把面板最小化，再次单击面板名称，可展开面板，如图 1-13 和图 1-14所示。

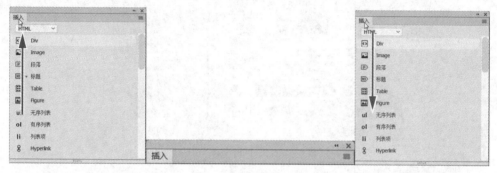

图 1-13

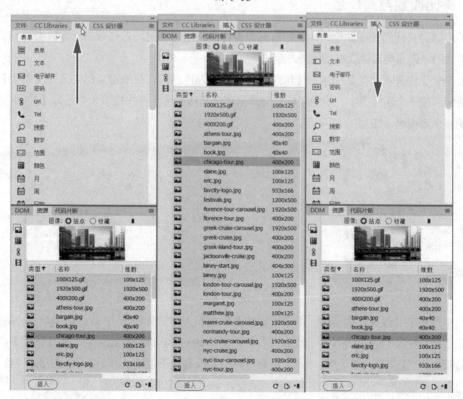

图 1-14

为了腾出更多空间，双击面板组顶部的标题栏，可把整个面板组最小化，或者折叠为图标。此外，还可以单击面板标题栏中的双箭头图标（ ），把面板折叠为图标。当面板被折叠为图标后，单击图标，可在图标左侧或右侧展开面板，如图 1-15 所示。

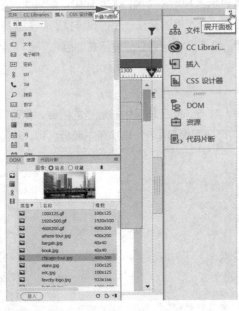

图 1-15

1.5.2　关闭面板与面板组

你可以随时关闭面板或面板组。关闭方式有多种，采用何种关闭方式取决于面板当前的状态是浮动的、停靠的，还是与其他面板编组在一起。

在一个处于停靠状态的面板中，使用鼠标右键单击面板名称，在快捷菜单中选择【关闭】，即可把面板关闭；在一个面板组中，使用鼠标右键单击某个面板名称，在快捷菜单中选择【关闭标签组】，即可关闭整个面板组，如图 1-16 所示。

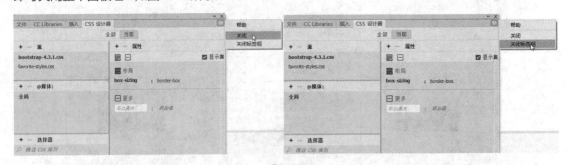

图 1-16

在一个浮动的面板或面板组中，单击面板或面板组右上角的关闭按钮（Windows），或者单击面板或面板组标题栏左侧的关闭图标（macOS），可把浮动的面板或面板组关闭。在【窗口】菜单中选择某个面板名称，可重新打开面板。有时，重新打开的面板会处于浮动状态，你可以直接这样使用它们，也可以把它们停靠到界面的左右两侧、顶部或底部。稍后介绍如何停靠面板。

1.5.3　调整面板顺序

在面板组中，拖曳某个面板选项卡，可调整该面板在面板组中的顺序，如图 1-17 所示。

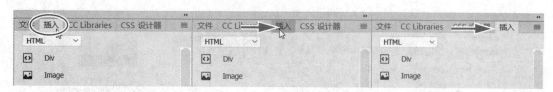

图 1-17

1.5.4 浮动显示面板

我们可以让一个与其他面板编组在一起的面板单独浮动显示，只需要拖曳面板选项卡，使其拖离面板组即可，如图 1-18 所示。

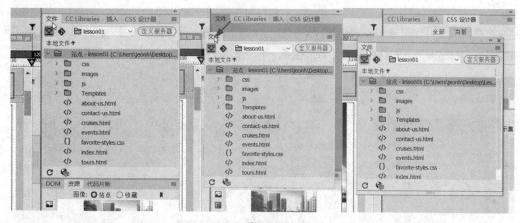

图 1-18

若想在工作区中重新放置面板、面板组、堆叠面板，只需拖曳面板选项卡栏空白处即可。当面板组处于停靠状态时，可通过选项卡栏将其拖出，使其处于浮动状态，如图 1-19 所示。

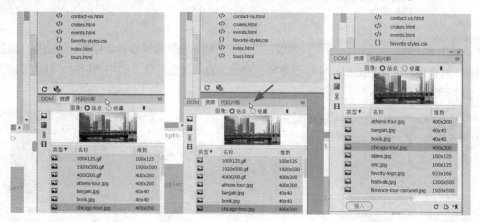

图 1-19

1.5.5 编组、堆叠、停靠面板

通过把一个面板拖曳到另一个面板上，可以创建面板组。当你把一个面板拖曳到目标位置时，Dreamweaver 会用蓝色高亮显示那个区域（拖放区），此时释放鼠标，即可新建一个面板组，如图 1-20 所示。

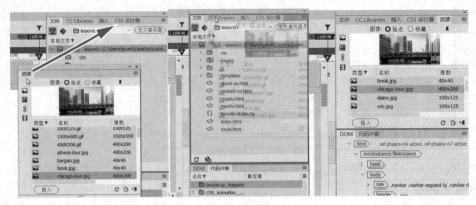

图 1-20

在某些情况下，你可能希望两个面板同时显示出来。此时，可以把一个面板拖曳到另一个面板的顶部或底部，当出现蓝色的拖放区时，释放鼠标，将它们堆叠在一起，如图 1-21 所示。

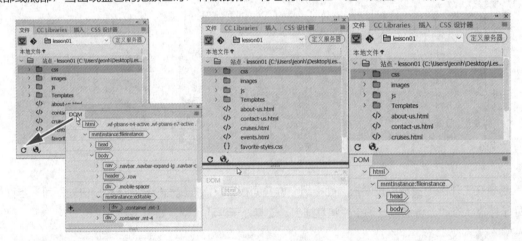

图 1-21

在 Dreamweaver 中，浮动面板可以停靠在工作区左侧、右侧或底部。要停靠一个面板、面板组、堆叠面板，只要将其标题栏拖曳到你希望停靠的界面边缘，当出现蓝色的拖放区时，释放鼠标即可，如图 1-22 所示。

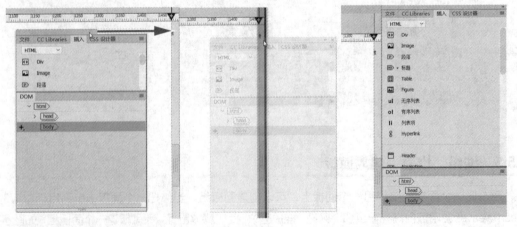

图 1-22

1.6 自定义工作区

Dreamweaver 用久了，你会养成自己的使用习惯，对软件中的各个面板和工具栏有自己喜欢的摆放方式。你可以把这些面板、工具栏的摆放方式以自定义工作区的形式保存起来，供日后使用。

先按照自己的使用习惯把面板和工具栏在界面中摆放好，然后在工作区菜单中选择【新建工作区】，在【新建工作区】对话框中为新工作区输入一个名称，单击【确定】按钮，此时 Dreamweaver 就会把你自定义的工作区以指定名称保存起来，如图 1-23 所示。

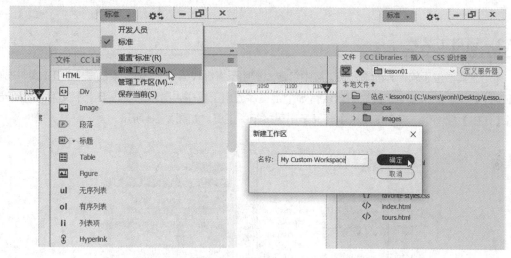

图 1-23

1.7 使用工具栏

Dreamweaver 中的有些功能很常用，你可以把它们放在工具栏中，使它们一直显示在软件界面中，以便随时取用。软件界面顶部有两个水平工具栏：文档工具栏和标准工具栏。另外，还有一个通用工具栏，位于界面左侧。在【窗口】>【工具栏】菜单中勾选相应工具栏，可将其在软件界面中显示出来。

1.7.1 文档工具栏

文档工具栏位于文档窗口上方，其中包含在不同视图（实时视图、设计视图、代码视图、拆分视图）之间切换的命令，如图 1-24 所示。默认设置下，文档工具栏是显示在界面中的。若未显示，请在打开某个文档的状态下，在菜单栏中依次选择【窗口】>【工具栏】>【文档】，将其在软件界面中显示出来。

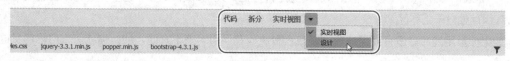

图 1-24

1.7.2 标准工具栏

标准工具栏是一个可选工具栏，显示在相关文件栏和文档窗口之间，其中包含操作文档的各种命令，例如创建、保存、打开文档，复制、剪切、粘贴内容等。默认设置下，标准工具栏不显示。在打开某个文档的状态下，在菜单栏中依次选择【窗口】>【工具栏】>【标准】，即可把标准工具栏在软件界面中显示出来，如图 1-25 所示。

图 1-25

1.7.3 通用工具栏

通用工具栏位于软件界面最左侧，其中包含大量用于操纵代码、HTML 元素的命令。在【实时视图】和【设计】视图下，通用工具栏中默认有 5 个工具。通用工具栏中显示的工具与上下文相关，把光标放到【代码】视图中，通用工具栏中会显示出更多相关工具，如图 1-26 所示。

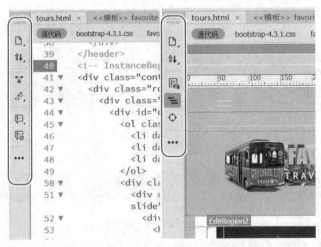

图 1-26

在旧版本的 Dreamweaver 中，通用工具栏叫作代码工具栏。你可以自定义通用工具栏。单击【自定义工具栏】图标（ ••• ），在【自定义工具栏】对话框中，你可以向通用工具栏中添加与删除工具。请注意，有些工具只有在【代码】视图下才能显示和激活。

1.8 自定义键盘快捷键

在 Dreamweaver 中，用户可以自定义键盘快捷键，还可以编辑已有键盘快捷键。键盘快捷键的加载和保存独立于工作区。

如果你常用的命令没有键盘快捷键，或者有快捷键但用起来不方便，那么你就可以自己定义键盘快捷键。

❶ 在菜单栏中依次选择【编辑】>【快捷键】（Windows），或者依次选择【Dreamweaver】>【快捷键】（macOS），打开【快捷键】对话框。

默认键盘快捷键无法修改，必须先复制一套快捷键，才能做修改。

💡 注意　默认键盘快捷键被锁定，无法修改。但是我们可以复制一套快捷键，用一个新名称保存，然后修改这套新快捷键中的各个快捷键。

②　单击【复制副本】图标（🗗），复制一套快捷键。

③　弹出【复制副本】对话框，在【复制副本名称】文本框中输入一个新名称，单击【确定】按钮，如图 1-27 所示。

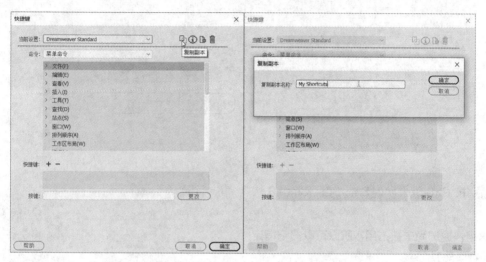

图 1-27

④　在【命令】下拉列表中选择【菜单命令】。

⑤　在命令列表框中依次选择【文件】>【保存全部】，如图 1-28 所示。

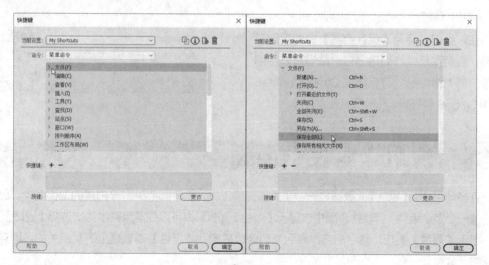

图 1-28

请注意，在 Dreamweaver 中，【保存全部】这个命令的使用频率非常高，但是目前尚未指定键盘快捷键。

⑥　把光标放入【按键】文本框中，按 Ctrl+Alt+S 或 Cmd+Opt+S 快捷键，如图 1-29 所示。

此时，文本框下出现一条提示信息："此快捷键已分配给'添加 CSS 选择器'"，表示这组快捷键已经被另一个命令占用。虽然我们可以强制指定快捷键，但这里最好还是另选一组快捷键。

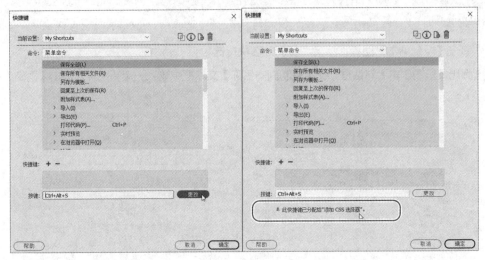

图 1-29

⑦ 按 Ctrl+Shift+Alt+S 或 Ctrl+ Cmd+S 快捷键。

这组快捷键尚未被占用，所以可以把它指定给【保存全部】命令。

⑧ 单击【更改】按钮，如图 1-30 所示。

此时，Dreamweaver 把新快捷键指定给【保存全部】命令。

⑨ 单击【确定】按钮，保存更改。

现在，我们已经为【保存全部】命令指定了快捷键，后面课程中将会用到它。每当需要使用【保存全部】命令时，可直接按 Ctrl+Shift+Alt+S 或 Ctrl+Cmd+S 快捷键。

图 1-30

1.9 使用【属性】面板

在许多项目中，【属性】面板都是一个至关重要的工具。在 Dreamweaver 内置的工作区中，【属性】面板不是一个默认组件。若软件界面中未显示【属性】面板，你可以在菜单栏中依次选择【窗口】>【属性】，显示【属性】面板，然后把它停靠到文档窗口底部。【属性】面板是上下文相关的，而且会随你选择的元素类型变化。

1.9.1 使用【HTML】选项卡

把光标放到网页中的某段文本中，【属性】面板中会显示一些用于快速设置基本 HTML 代码和格式的选项。在【属性】面板左上角单击【HTML】按钮后，你可以在【属性】面板中设置标题、段落标签、粗体、斜体、无序列表、编号列表、缩进，以及其他格式属性。【属性】面板底部有一个【文档标题】文本框，在其中输入某个文档标题时，Dreamweaver 会自动把它添加到文档的 <head> 标签中。若【属性】面板中的内容显示不全，可单击面板右下角的三角形图标（▼），将面板展开显示，如图 1-31 所示。

> 💡注意　先定义一个站点，然后打开一个包含相应描述内容的 HTML 文件，才能看到上面描述的【属性】面板的内容。

图 1-31

1.9.2　使用【CSS】选项卡

在【属性】面板左侧单击【CSS】按钮后，面板中会显示一些用于设置与编辑 CSS 样式的命令，如图 1-32 所示。

图 1-32

1.9.3　访问图像属性

在网页中选择一个图像，此时，【属性】面板中会显示与所选图像有关的属性和格式选项，如图 1-33 所示。

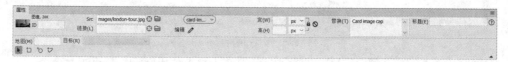

图 1-33

1.9.4　访问表格属性

把光标插入网页的表格中，然后选择文档窗口底部的 table 标签选择器，此时，【属性】面板中会显示表格的相关属性。当表格上出现元素显示框时，单击【格式化表格】图标（▤），【属性】面板会显示表格规格，如图 1-34 所示。在标签选择器栏中选择 table 标签选择器，也可以显示表格属性。

图 1-34

> 💡注意　如果表格上的元素显示框很难显示出来，请切换到【设计】视图，然后选择 table 标签选择器，将其显示出来。

1.10　使用相关文件栏

制作网页时，有时会用到多个外部文件，这些外部文件的作用是提供样式和编程支持。在文档窗口顶部的相关文件栏中，你可以看到当前文档所链接或引用的外部文件名称，如图 1-35 所示。在相关文件栏中，单击某个外部文件的名称，可以显示该外部文件中的内容。默认设置下，当打开一个 Web 类型的文件时，就会显示相关文件栏。若未显示，请在菜单栏中依次选择【查看】>【相关文件选项】>【显示外部文件】，将其显示出来。

图 1-35

在相关文件栏中单击某个外部文件的名称，Dreamweaver 会在【代码】视图中显示所选文件的内容，如图 1-36 所示。若所选文件保存在本地，你还可以编辑文件的内容。

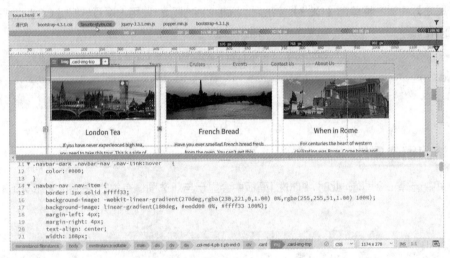

图 1-36

在相关文件栏中选择【源代码】，可查看主文档中的 HTML 代码，如图 1-37 所示。

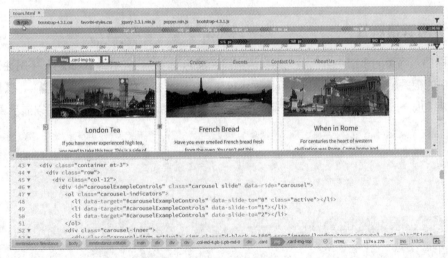

图 1-37

1.11 使用标签选择器

Dreamweaver 最重要的工具之一是文档窗口底部的标签选择器栏，其中显示着光标所处的 HTML 文件（或当前选中的 HTML 文件）中的标签和元素结构，而且显示的标签是有层次的，最左侧是文档的根，然后根据页面结构和所选元素依次列出每个标签和元素，如图 1-38 所示。

图 1-38

在标签选择器栏中，选择某个标签选择器，其对应的元素就会被选中。选择某个标签时，其中的所有内容也会被选中，如图 1-39 所示。

图 1-39

标签选择器与【CSS 设计器】面板联系紧密。你可以使用标签选择器设置内容样式，或者剪切、复制、粘贴、删除元素，如图 1-40 所示。

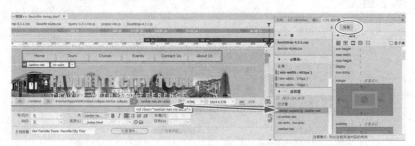

图 1-40

1.12 使用【CSS 设计器】面板

【CSS 设计器】面板是一个强大的可视化工具，用于检查、创建、编辑、诊断 CSS 样式。【CSS 设计器】面板会根据可用工作区的大小以单列或双列布局的形式显示。可向左或向右拖曳文档窗口边缘，直到面板显示出所需列数，如图 1-41 所示。

图 1-41

在【CSS 设计器】面板中，你可以把一个规则的 CSS 样式复制粘贴到另外一个规则上，还可以按上下箭头键，降低或提高选择器的优先级，如图 1-42 所示。

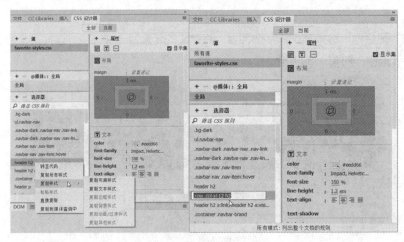

图 1-42

【CSS 设计器】面板由 4 个窗格组成，分别是【源】【@ 媒体】【选择器】【属性】。

1.12.1 【源】窗格

在【源】窗格中，你可以创建、附加、定义、删除内嵌及外联的样式表，如图 1-43 所示。

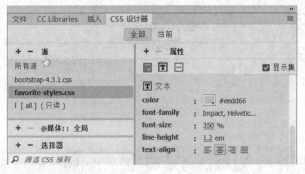

图 1-43

1.12.2 【@ 媒体】窗格

在【@ 媒体】窗格中，你可以为各种类型的媒体和设备定义媒体查询，如图 1-44 所示。

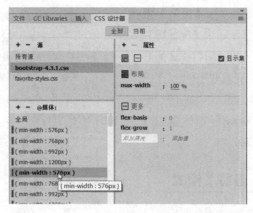

图 1-44

1.12.3 【选择器】窗格

在【选择器】窗格中，你可以创建和编辑选择器（或规则），以格式化网页中的组件和内容。一旦创建好一个选择器（或规则），你就可以在【属性】窗格中定义想要应用的样式了，如图 1-45 所示。

除了创建和编辑 CSS 样式之外，你还可以在【CSS 设计器】面板中找出那些已经定义并应用的样式，以及有问题或冲突的样式。

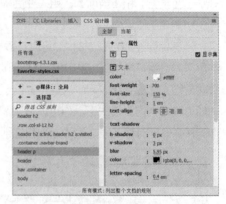

图 1-45

1.12.4 【属性】窗格

【属性】窗格有两种基本模式。默认设置下，【属性】窗格会在一个列表中显示出所有可用的 CSS 属性，并分成 5 个类别：布局、文本、边框、背景、更多。你可以上下滚动列表，按照需要应用样式，或者单击图标跳到对应的类别。勾选【显示集】复选框，将只显示已经设置的属性，也就是第二种模式，如图 1-46 所示。

> 💡 注意 取消勾选【显示集】复选框，可显示所有类别和属性。

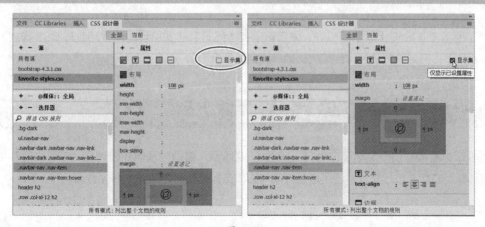

图 1-46

在【CSS 设计器】面板中选择【当前】模式时，【选择器】窗格中会显示一个【已计算】列表，用于显示应用至所选元素的所有样式的汇总表。当你选择网页中的某个元素或组件时，【已计算】列表就会显示出来，如图 1-47 所示。无论你创建哪种样式，Dreamweaver 都能生成符合业界标准和最佳实践的代码。

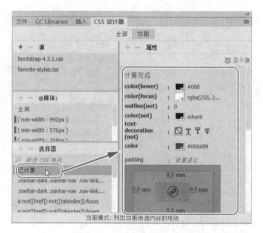

图 1-47

1.12.5 【全部】和【当前】模式

【CSS 设计器】面板顶部有两个选项卡，分别是【全部】和【当前】，用来在面板中开启特定功能和工作流程。

当选择【全部】选项卡时，你可以在面板中创建或编辑样式表、媒体查询、规则和属性。当选择【当前】选项卡时，将开启 CSS 查错功能，你可以检查网页中的各个元素，评估那些已经应用到所选元素上的样式属性，如图 1-48 所示。但是，在【当前】模式下，【CSS 设计器】面板中的一些常规功能会被禁用。例如，在【当前】模式下，你可以编辑现有属性，向所选元素添加新样式表、媒体查询和规则，但是你无法删除现有样式表、媒体查询和规则。这在所有视图下都一样。

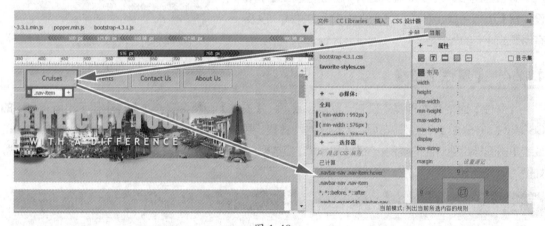

图 1-48

除了使用【CSS 设计器】面板外，你还可以在【代码】视图中手动创建和编写 CSS 样式，而且可以使用许多提升效率的功能，例如代码提示、自动补全等。

1.13 使用可视媒体查询栏

可视媒体查询栏位于文档窗口上方，如图 1-49 所示。借助可视媒体查询栏，你可以直观地检查现有媒体查询并与之进行交互，还可以通过简单的单击操作实时创建新的媒体查询。

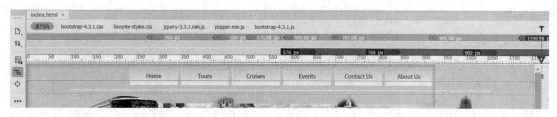

图 1-49

若看不到可视媒体查询栏，请打开包含一个或多个媒体查询的页面（带样式表），例如 tours. html，然后在通用工具栏中开启可视媒体查询栏（ ☰ ）。

1.14 使用【DOM】面板

在【DOM】面板中，你可以轻松查看文档对象模型（Document Object Model，DOM），快速检查网页结构并与之进行交互，以选择、编辑、移动现有元素，以及插入新元素，如图 1-50 所示。有了【DOM】面板，处理复杂的 HTML 结构就会简单很多。

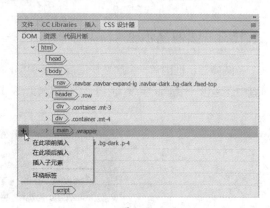

图 1-50

1.15 使用定位辅助面板、显示框和检查器

随着 Dreamweaver 的发展，【实时视图】成为默认视图，催生出了多种编辑和管理 HTML 元素的新方法。例如一些新的面板、显示框、检查器，借助它们，你可以直接访问一些重要元素属性和规格参数。你可以使用这些新方法向所选元素添加类或 id 属性，还可以把这些属性的引用添加到样式表和媒体查询中。

1.15.1 定位辅助面板

当在【实时视图】中使用【插入】菜单或【插入】面板插入新元素时，就会出现定位辅助面板，如图 1-51 所示。通常，在定位辅助面板中，有【之前】【之后】【换行】【嵌套】4 个选项。根据选择的元素类型，以及鼠标指针所指项目，有些选项会呈现灰色不可用状态。

图 1-51

1.15.2 元素显示框

当在【实时视图】中选择某个元素时，就会出现元素显示框。在【实时视图】中选中某个元素时，按上下箭头键，可改变选择焦点。元素显示框会根据各个元素在 HTML 结构中的位置高亮显示页面中

的每个元素。

元素显示框中有一个属性快捷检查器图标（▤），单击它，你可以快速访问元素的格式、链接、对齐方式等属性。在元素显示框中，你还可以向所选元素添加类或 id 属性，或者编辑已有的类或 id 属性，如图 1-52 所示。

图 1-52

1.15.3　图像显示框

图像显示框也有一个属性快捷检查器图标，单击它，你可以访问图像源、替代文本、宽度、高度等，其中还包含一个 link 字段（用于添加超链接），以及若干 Bootstrap 选项，如图 1-53 所示。

图 1-53

1.15.4　文本工具栏

当在【实时视图】下，选择一部分文本时，就会显示文本工具栏。借助文本工具栏，你可以向所选文本添加 <strong>、<em> 标签，以及将文本变为超链接，如图 1-54 所示。双击文本，可打开橙色编辑框。编辑完文本后，在橙色编辑框外单击，可使修改生效。按 Esc 键，可取消修改，并把文本恢复到之前的状态。

图 1-54

1.16　在 Dreamweaver 中设置版本控制

Dreamweaver 2022 支持使用 Git（开源的版本控制系统）管理网站源代码。当多人一起开发一个项目时，使用 Git 能有效避免发生冲突和丢失工作成果。

　　在 Dreamweaver 中使用 Git 之前，必须先创建一个 Git 账户和一个存储库。

　　创建好存储库之后，还必须在 Dreamweaver 中把它连接到你的站点上。在【站点设置对象】对话框中，勾选【将 Git 存储库与此站点关联】复选框，如图 1-55 所示。

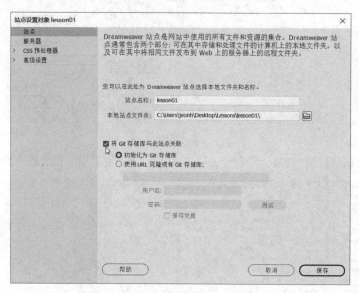

图 1-55

在【文件】面板中，单击【显示 Git 视图】图标（◈），如图 1-56 所示，切换到【Git】面板。

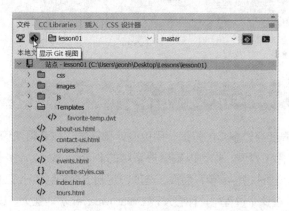

图 1-56

若你尚未配置 Git 存储库，Dreamweaver 会要求你设置 Git 凭据和存储库位置，如图 1-57 所示。

图 1-57

单击【测试】按钮，测试你的凭据，如图 1-58 所示。

图 1-58

成功激活后，【Git】面板会显示你的网站内容，你可以根据需要推送和拉取更改，如图 1-59 所示。

图 1-59

1.17 探索、尝试和学习

Dreamweaver 用户界面经过多年的打磨，网页设计和开发工作变得快速而简单。目前，Dreamweaver 界面仍在不断变化和发展，你可以安装最新版的 Dreamweaver，多了解一下。学习 Dreamweaver 时，要积极探索，尝试各种菜单、面板、选项，定制出最符合自己工作方式的工作区和键盘快捷键，以提高工作效率。在这个过程中，你会发现 Dreamweaver 功能强大、适应性强。

1.18　复习题

❶ 隐藏或显示面板的命令在哪里？

❷【代码】视图、【拆分】视图、【设计】视图、【实时视图】在哪里进行切换？

❸ 工作区可用来保存什么？

❹ 工作区与键盘快捷键彼此关联吗？

❺ 把鼠标指针放到页面不同元素上，【属性】面板会有什么变化？

❻ 在【CSS 设计器】面板中如何基于现有规则创建新规则？

❼【DOM】面板有什么用？

❽ 在【设计】视图或【代码】视图下，元素显示框都会显示吗？

❾ 什么是 Git ？

1.19　答案

❶ 在【窗口】菜单中。

❷ 在文档工具栏中。

❸ 工作区可用来保存一些配置信息，包括文档窗口、打开的面板，以及面板尺寸和面板位置。

❹ 不关联。键盘快捷键的加载和保存与工作区没有关系。

❺【属性】面板中显示的内容与所选元素相关，它会根据所选元素显示相关信息和格式化命令。

❻ 在【CSS 设计器】面板中，我们可以从一个规则复制样式粘贴到另外一个规则上，或者直接复制现有规则。

❼ 通过【DOM】面板，我们能够以可视化方式检查 DOM，选择与插入新元素，以及编辑和删除现有元素。

❽ 不会。元素显示框只在【实时视图】下出现。

❾ Git 是一个开源的版本控制系统，可以帮助我们管理网站源代码。

HTML 基础

课程概览

本课主要讲解以下内容。

- HTML 概念及来源
- 常用的 HTML 标签
- 插入特殊字符

- 语义网概念及其重要性
- HTML5 中的新标签

学习本课大约需要 **0.5** 小时

```
<html>
    <head>
        <title>HTML Basics for Fun and Profit</title>
    </head>
    <body>
        <h1>Welcome to my first webpage</h1>
        <hr>
    </body>
</html>
```

　　HTML 是网络的支柱，也是网页的骨架。除了网页设计师之外，其他人一般不直接看 HTML，但它却是整个互联网的组织结构和实质内容。没有 HTML，就不会有网络。Dreamweaver 提供了许多功能和工具，可帮助你快速高效地访问、创建和编辑 HTML 代码。

2.1 什么是 HTML

有什么其他程序可以打开 Dreamweaver 文件？对于经验丰富的开发人员来说，答案显而易见，这涉及教授和学习网页设计的一个基本问题。大多数人都把软件和技术混为一谈。有些人认为带 .htm 或 .html 扩展名的文件属于 Dreamweaver 或 Adobe。平面设计师在工作中使用得最多的是带 .ai、.psd、.indd 扩展名的文件，随着时间的推移，他们发现在其他程序中打开这些文件会产生一些问题，有时甚至会损坏文件。

网页设计师的目标是制作能在浏览器中显示的网页。网页制作软件的功能对浏览器中的最终显示结果影响很小，因为显示结果只与 HTML 代码本身和浏览器的解释方式有关。无论软件生成的代码是好是坏，浏览器都会尽量解释所有代码并显示出来。

制作网页主要基于超文本标记语言（Hyper Text Markup Language，HTML）。这种语言和文件格式不属于任何一个软件或公司。事实上，它是一种非专有的纯文本语言，在任何一台计算机上，在任何一个操作系统下，使用任何一个文本编辑器都可以编写 HTML 代码。在某种程度上，Dreamweaver 也是一种 HTML 编辑器，但是它可比普通文本编辑器强大多了。为了最大限度地用好 Dreamweaver，我们必须先了解 HTML 是什么，以及它能做什么或不能做什么。本课将简单介绍一下 HTML 及其作用。掌握这些基础知识，有助于你用好 Dreamweaver。

2.2 HTML 的起源

HTML 和第一个浏览器是蒂姆·博纳斯·李于 1989 年发明的，当时蒂姆·博纳斯·李是欧洲核子研究组织（Conseil Européen pour la Recherche Nucléaire，CERN）粒子物理实验室（位于瑞士日内瓦）的一位计算机科学家。他打算使用这项技术在当时刚问世的互联网上共享技术论文和信息。他公开分享他发明的 HTML 和浏览器，尝试让整个科学界和其他人使用这个发明，并吸引他们参与到开发中。蒂姆·博纳斯·李没有申请版权保护，也没有卖掉这项发明，这使得 Web 的开放充满人情味，并一直延续到今天。

在 HTML 出现之前，互联网看上去就像是 MS DOS 或 macOS 终端程序，没有格式，没有图形，也不能自定义颜色，如图 2-1 所示。

蒂姆·博纳斯·李发明的 HTML 要比现在的 HTML 的结构简单得多，但是现在的 HTML 也是很容易学习和掌握的。编写本书之时，HTML 的最新版本是 5.2，该版本于 2017 年 12 月被正式采用。下一个版本（5.3）的草案在 2018 年 10 月发布，

图 2-1

但当前仍处于不断发展和变化之中，一般需要几年才能被正式采用。

这里提到了HTML版本号，但是业内人士一直呼吁取消HTML版本号，把HTML看作一个"动态标准"（Living Standard）。也就是说，随着新技术出现，HTML 规范会动态地发生变化，而且这个过程会一直持续下去。

在互联网中，浏览器承担了大部分工作，同时支持遵守不同规范的代码和元素，这是一个巨大的挑战，

但其实我们就处在这样的网络世界中。互联网上有数百万的网页，有些网页已经有几十年的历史了，它们使用的元素和技术早已被淘汰，但是大多数网页仍在正常运行，这全是浏览器的功劳。

2.3 HMTL 的组成

HTML 由 120 多个标签组成，例如 <html>、<head>、<body>、<h1>、<p> 等。这些标签一般包含左右两个尖括号 "<" ">"。<p>、<h1>、<table> 标签用来标识文本、图形，告知浏览器以特定方式显示它们。HTML 中的标签一般是成对出现的，有开始标签（<...>），也有结束标签（</...>），例如 <h1>...</h1>。

当两个标签成对出现时，我们就把它们称为元素，元素也包括两个标签之间的内容。空元素（如水平线）只用一个标签表示，例如 <hr/>，这是一种缩写形式，同时表示开始标签和结束标签。在 HTML5 中，空元素也可以不带末尾的斜杠，例如 <hr>。但是有些老的 Web 程序要求标签必须有末尾斜杠，所以在使用某种形式之前，最好先确认能不能用。

在 HTML 中，有些元素用于创建网页结构，有些元素用于组织和格式化文本，还有些元素用于实现交互和可编程性。尽管在 Dreamweaver 中制作网页时，不需要手动编写大量代码，但是能看懂 HTML 代码仍然是每个网页设计师必须具备的能力，因为有时排查网页错误时必须查看网页源代码。随着越来越多的信息和内容在移动设备和互联网媒介上产生和传播，阅读和理解代码的能力也有可能成为你在其他领域求职的一项基本技能。

一个网页的基本结构如图 2-2 所示。

图 2-2

图 2-2 中有这么多代码，但在浏览器中只会显示一句 "Welcome to my first webpage"，你可能会感到很奇怪。事实上，这段代码中的大多数代码都是用来创建页面结构和对文本做格式化处理的。就像海里的冰山大部分隐藏在海面下一样，网页的大部分代码是不会直接在浏览器窗口中显示出来的。

2.4 常用的 HTML 元素

每个 HTML 元素都有特定用途。标签可用来创建不同对象，应用不同格式，从语义上识别内容，以及实现交互性。在页面中有独立空间的标签叫 "块元素"，在另一个标签内部履行职责的元素称为 "内联元素"。有些元素可以用来在页面中创建结构关系，例如在垂直列中堆叠内容，或把几个元素划入不同的逻辑分组中。结构元素可以像块元素或内联元素一样发挥作用，也可以在完全不可见的状态下完成工作。

2.4.1 HTML 标签

表 2.1 中列出了一些常用的 HTML 标签。如果你想使用 Dreamweaver 高效地制作网页，就必须先了解这些元素的作用和用法。请注意，其中有些标签有多种用途。

表 2.1　常用的 HTML 标签

标签	说明
<!--...-->	HTML 注释。你可以在 HTML 代码中添加注释，浏览器不会理会这些注释
<a>	定义超链接
<blockquote>	定义块引用。创建一个独立带缩进的段落，把引用文本从常规文本中分离出来
<body>	定义文档主体，其中包含的网页内容是可见的
 	插入一个换行符，不会创建新段落
<div>	定义文档中的分区或节，把网页内容分割成独立的不同部分
<em>	把文本定义成强调内容。默认设置下，在大多数浏览器和阅读器中使用斜体显示强调的文本
<form>	定义一个 HTML 表单，用来收集用户数据
<h1>~<h6>	定义标题，默认是粗体
<head>	定义文档头部。文档的头部描述了文档的各种属性和信息，例如元数据、脚本、样式表、链接等，这些信息不会直接显示，而是用来指示浏览器如何显示页面及其内容
<hr>	在 HTML 页面中创建一条水平线。这是一个空元素，用来在视觉上分隔页面内容
<html>	网页根元素。该元素包含整个网页，但不包含 <doctype> 元素，<doctype> 元素必须位于 <html> 标签之前
<iframe>	行内框架。该结构元素可以包含另一个文档，或者从另外一个网站加载内容
<img>	向网页中嵌入一个图像。使用该标签时，必须指定要显示图像的 URL
<input>	表单的输入元素，创建一个输入框，如输入文本框
<li>	定义列表项目。HTML 列表中的一个元素
<link>	定义文档与外部资源的关系
<meta>	元数据。针对搜索引擎或其他程序提供有关页面的额外信息
<ol>	定义有序列表。列表项目以字母、阿拉伯数字或罗马数字为编号
<p>	定义一个独立段落
<script>	定义脚本。该元素既可以包含脚本语句，也可以指向内部或外部脚本文件
<span>	标示某个元素内的一部分，对其应用特殊格式或进行强调
<strong>	把文本定义为语气更强的强调内容。默认设置下，大多数浏览器和阅读器以粗体显示强调的文本
<style>	为 HTML 文档定义样式信息，它可以是包含 CSS 样式的嵌入式或内联式元素或属性
<table>	定义一个 HTML 表格
<td>	定义 HTML 表格中的标准单元格
<textarea>	为表单定义一个多行文本输入区域
<th>	定义 HTML 表格的表头单元格
<title>	定义文档的标题
<tr>	定义 HTML 表格中的行。该元素是划分表格中的一行和另一行的结构元素
<ul>	定义无序列表。默认设置下，各个列表项目前带项目符号

2.4.2　HTML 字符实体

通常，文本内容都是通过计算机键盘输入的。但是，有许多字符在标准的 101 键盘上没有对应的按键。在 HTML 代码中插入这些字符时，必须使用实体名称或实体编号。每个可显示的字母与字符都有对应的实体。表 2.2 中列出了一些常用的 HTML 字符实体。

> ♡ 注意　输入某些字符时，既可以使用实体名称，也可以使用实体编号，例如版权符号。但是有些浏览器和程序不支持实体名称。因此，最好还是使用实体编号输入字符，如果要用实体名称，那么需要先做测试，确保没问题后再用。

表 2.2　HTML 字符实体

字符	描述	实体名称	实体编号
©	版权符号	&copy;	&#169;
®	注册商标	&reg;	&#174;
™	商标	&trade;	&#153;
•	项目符号	&bull;	&#149;
-	连字符	&ndash;	&#8211;
—	—	&mdash;	&#8212;
	不间断空格		

2.5　HTML5 新增内容

每次 HTML 版本更新，HTML 标签的数量和用途都会发生一些变化。HTML4.01 大约有 90 个标签，HTML5 删除了 HTML4 中的一些标签，同时也添加了一些新标签。

通常，调整标签是为了支持新技术或不同类型的内容模型，也包括删除那些不好或不常用的功能。有一些调整是为了反映开发者社区中一些流行的技术或使用习惯，还有一些调整是为了简化代码编写方式，使之更容易编写或快速传播。

2.5.1　HTML5 标签

表 2.3 中列出了 HTML5 中一些新增的重要标签。在 HTML5 规范中，大约新增了 50 个标签，同时废弃了 30 多个旧标签。后面课程中会介绍如何使用 HTML5 中的新标签，帮助你了解它们在 Web 中的作用。请花些时间熟悉一下表 2.3 中的标签及相应描述。请注意，各个浏览器对 HTML 的支持情况并不完全一样，但每年都在向好的方向发展。有些浏览器可能不完全支持新标签，或者支持方式不太一样。在网页中使用某个新标签之前，一定要在各种浏览器和设备中做好测试，确保没有问题之后再使用。

表 2.3　HTML5 新增的重要标签

标签	描述
<article>	文章。定义独立内容，这些内容能够独立于网页或站点的其余部分进行分发
<aside>	侧边栏。定义与主要内容相关的侧边栏内容
<audio>	音频。定义声音、音乐，以及其他音频流
<canvas>	画布。该标签只是图形容器，必须使用脚本绘制图形

标签	描述
\<figcaption>	插图标题。为 \<figure> 元素指定一个标题
\<figure>	插图。定义包含插图、图像或视频的独立内容区域
\<footer>	页脚。定义文档或区段的页脚
\<header>	页眉。定义文档或者特定主题区域的页眉，作为介绍内容
\<main>	主要内容。定义文档的主要内容，这些内容对文档来说是唯一的。一个页面中只能有一个 main 元素
\<nav>	导航。定义一个包含导航菜单和超链接组的区段
\<picture>	图像。为一个网页图像指定一个或多个来源，以支持具有不同分辨率的智能手机和其他移动设备。有些浏览器或设备可能不支持这个新标签
\<section>	区段（或节）。在文档内容中定义一个区段
\<source>	媒体资源。为视频或音频元素指定媒体资源，可为不支持默认文件类型的浏览器定义多个媒体资源
\<video>	视频。指定视频内容，例如影片剪辑或其他视频流

2.5.2 语义网设计

为了支持语义网设计这个概念，HTML 做了许多调整。这一举动对于 HTML 的前景、可用性、网站的互操作性有重要意义。目前，每个网页在网络中都是独立的，网页内容可以链接到其他网页与网站，但是无法用某种一致的方式把多个网页或多个网站中的信息组合或收集起来。虽然搜索引擎尽量为每个网站中的内容建立索引，但是由于旧 HTML 代码的特性与结构，许多内容还是丢失了。

最初，HTML 被设计成一种表现语言，其目标是在浏览器中以一种可读和可预见的方式显示技术文档。仔细看一下 HTML 原始规范，会发现它就像论文中的项目列表，有标题、段落、引文、表格、编号列表和项目符号列表等。

第一版 HTML 中列出的标签基本确定了网页内容的显示方式。这些标签本身没有任何内在的含义或意义。例如，使用标题标签以粗体显示一行文本，但是标题标签未指出标题文本与后面的文本或整个故事有什么关系。

HTML5 中新增了大量标签，用于帮助我们为标签添加语义。\<header>、\<footer>、\<article>、\<section> 这类标签本身就能确定内容的性质，无须设置额外属性。这样一来，制作网页时使用的代码就更简单、更少。最重要的是，给代码添加语义允许你和其他开发者以全新的方式把一个网页中的内容与另一个网页联系起来。虽然目前这些全新方式还没出现，但是相关人员一直在做这方面的研究。

2.5.3 新技巧与新技术

HTML5 重新审视了 HTML 的基本特性，把一些多年来由第三方插件负责实现的功能纳入其中。

如果你是网页设计新手，这种变化不会给你带来任何痛苦，因为不需要你重新学习什么知识，也不需要你改掉什么习惯。但是如果你是资深的网页制作者，有大量网页制作经验，突然面对这些新技巧、新技术，可能一时会手足无措，不过不用担心，本书会用合乎逻辑、直白的方式讲解这些新技巧和新技术，带你渡过这个难关。不管怎样，你都不必把旧站点代码扔掉，也不必从零开始构建网站。

在将来一段时间内，合法的 HTML4 代码仍然可以正常运行。相比旧版本的 HTML，使用 HTML5 设计网页时，只需使用少量代码，就能实现同样甚至更多的功能。

2.6　复习题

① 用什么程序能打开 HTML 文件？

② HTML 有什么用？

③ HTML5 中有多少个标签？

④ 块元素与内联元素有什么不同？

⑤ HTML 的最新版本是什么？

2.7　答案

① HTML 是一种纯文本语言，HTML 文件可以在任意一款文本编辑器中打开与编辑，也可以在任意一款浏览器中展现。

② HTML 把标签放在一对尖括号（<>）之间，把纯文本内容放在开始标记与结束标记之间，用于把信息的含义、结构、格式从一个程序传递到另一个程序。

③ HTML5 中有 100 多个标签。

④ 块元素用于创建独立元素，内联元素存在于另一个元素之中。

⑤ 2017 年 12 月，HTML5.2 被正式采用。2018 年 10 月，HTML5.3 草案发布。HTML 规范处在不断的变化中，新特性可能需要几年才能完全被浏览器支持。

CSS 基础

课程概览

本课主要讲解以下内容。

- CSS 是什么
- HTML 格式化与 CSS 格式化的区别
- 编写 CSS 样式的不同方法
- 层叠、继承、后代、优先级如何影响浏览器应用 CSS 样式的方式
- CSS3 的新特性与功能

学习本课大约需要 1 小时

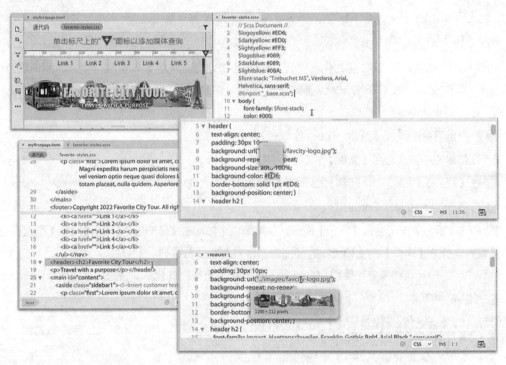

　　层叠样式表（Cascading Style Sheets，CSS）控制着网页的外观。CSS 语言的语法复杂，功能强大，适应性强。学习 CSS 需要花很多时间和精力，而且一般要好几年才能熟练掌握。但网页设计少不了 CSS，因此每个网页设计师必须下功夫学好它。

3.1 CSS 是什么

HTML 从来就不是一种设计工具。HTML1 支持粗体、斜体，但是缺少加载字体或格式化文本的标准。为了弥补这些不足，HTML3 中加入了格式化命令，但这仍然无法满足实际需要。于是，网页设计师便使用各种各样的方法来实现自己想要的效果。例如，他们会使用 HTML 表格为网页中的文本与图形做复杂的排版，如多栏布局。当他们希望文本以 Times、Helvetica 之外的字体显示时会使用图像来实现。

基于 HTML 的格式化方式极具误导性，因此这种方式被正式采用不到一年就被废弃了，转而全力支持 CSS。CSS 是一种用来表现 HTML 或 XML 等文件样式的计算机语言，它解决了 HTML 格式化的所有问题，同时，使用 CSS 省时省力又省钱。借助 CSS，你可以把不必要的部分从 HTML 代码中剥离，使 HTML 代码集中表现网页内容和结构，然后单独应用格式，以便轻松地为特定设备和应用程序定制网页。

3.2 HTML 格式化与 CSS 格式化

♀ 注意 为节省印刷油墨，本书所有的截图都是在最浅颜色主题（应用程序主题）和 Classic 代码主题下截取的。你可以使用默认的深色主题和代码主题，也可以选择其他主题。不论你选择什么主题，课程中的所有操作都是一致的。

比较 HTML 格式化和 CSS 格式化，你会发现使用 CSS 格式化的效率更高，更省时间和精力。接下来使用 HTML 格式化和 CSS 格式化各制作一个网页，你会发现 CSS 格式化是多么强大和高效。

❶ 启动 Dreamweaver 2022。

❷ 参考前言中的步骤，新建一个站点，命名为 lesson03。

❸ 在菜单栏中依次选择【文件】>【打开】。

❹ 在【打开】对话框中，转到 lesson03 文件夹下。

❺ 打开 html-formatting.html 文件。

❻ 单击【拆分】按钮进入【拆分】视图。在菜单栏中依次选择【查看】>【拆分】>【垂直拆分】，可沿垂直方向拆分【代码】视图和【实时视图】，使其左右挨着排列。

代码中的每个元素都是单独使用 <font> 标签（弃用）进行格式化的。注意每个 <h1> 和 <p> 元素的 color="blue" 属性。

♀ 注意 在【查看】菜单中选择相关选项，可以把【代码】视图和【实时视图】变成上下或左右显示方式。相关内容请阅读第 1 课中的相关部分。

♀ 注意 "弃用"表示某个标签已经从 HTML 官方支持中去除，但是在当前浏览器和 HTML 阅读器中仍受支持。

❼ 在【代码】视图中，把所有"blue"替换成"green"。若【实时视图】中的显示未及时更新，在【实时视图】中单击，即可更新显示，如图 3-1 所示。

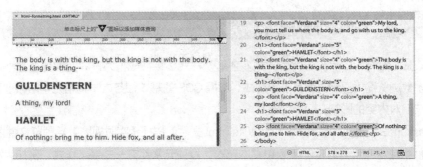

图 3-1

此时，网页中的蓝色文字全变成了绿色。显然，使用过时的 <font> 标签格式化文字不仅慢，而且易错。例如，当你把"green"错输成"greeen"或"geen"时，浏览器就会完全忽略你的颜色设置。

❽ 从 lesson03 文件夹中，打开 css-formatting.html 文件。

❾ 若当前不在【拆分】视图下，则单击【拆分】按钮进入【拆分】视图。

这个文件的内容与上一个文件一模一样，不同之处在于它使用 CSS 格式化文本内容。HTML 元素的格式化代码放在 <head> 标签中。注意，代码中只包含两个 color:blue; 属性。

> 💡注意 当在 Dreamweaver 中打开一个网页或者新建一个网页时，一般在【实时视图】中操作。若当前不在【实时视图】中，你可以在文档工具栏的【实时视图 / 设计】下拉列表中选择它。

❿ 在代码 h1 { color: blue; } 中，把"blue"修改为"green"。此时，若【实时视图】中的显示未及时更新，在【实时视图】中单击，即可更新显示，如图 3-2 所示。

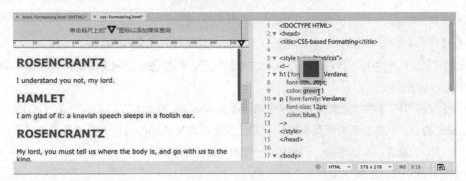

图 3-2

在【实时视图】下，页面中的所有标题文本都变成了绿色，但段落文本仍然是蓝色的。

⓫ 在代码 p { color: blue; } 中，把"blue"修改成"green"。在【实时视图】中单击，更新页面显示。此时，在【实时视图】下，所有段落文本都变成了绿色。

⓬ 关闭所有文件，不保存更改。

在这个练习中，使用 CSS 控制文本颜色时，只需改动两处 color 值，而使用 HTML 的 <font> 标签更改文本颜色时，则需要修改每一个 <font> 标签中的 color 值。如果你的网站有几百个页面，有数千行代码，一行一行地修改将是一个非常大的工程。现在你应该明白为什么 W3C（制定互联网规范和协议的 Web 标准化组织）会弃用 <font> 标签，转而开发层叠样式表了吧！这个小例子只体现了 CSS 格式化强大之处的极小一部分，而这是单独使用 HTML 无法办到的。

3.3　HTML 默认样式

一开始，HTML 标签本身就具有一种或多种默认样式、特征或行为。即使你什么都不做，网页中的文本在大多数浏览器中显示时都有一定样式。掌握 CSS 的基本任务之一就是先学习和理解这些默认样式，以及它们对内容的影响。

❶ 从 lesson03 文件夹中打开 html-defaults.html 文件。选择【实时视图】，预览文件内容。

这个文件中包含一系列 HTML 标题和文本元素。每种元素都有一些基本样式，例如大小、字体、间距等。

❷ 切换到【拆分】视图，如图 3-3 所示。

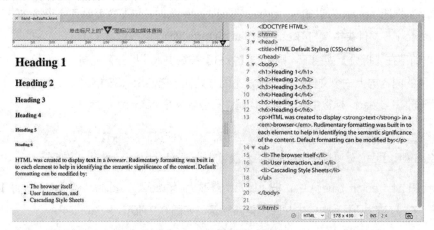

图 3-3

❸ 在【代码】视图下找到 <head> 标签，从中查找用于格式化文本的代码。

你会发现整段代码中并不存在用于格式化文本的代码，但是各部分的文本仍然显示为不同格式。那么这些格式从何而来？

答案是：在 HTML4 中，元素格式有多个来源，其中一个来源就是 W3C，W3C 为 HTML4 创建了一个默认样式表。默认样式表为所有 HTML 元素定义了标准格式和行为。浏览器开发商基于这个默认样式表为 HTML 元素提供默认渲染。但是这是 HTML5 之前的情况。

❹ 关闭 html-defaults.html 文件，不保存更改。

3.3.1　HTML5 默认样式

过去十年间，网页设计行业一直在做内容与样式相分离的研究。现在，所谓的 HTML 默认样式似乎已经"名存实亡"了。在 2014 年 W3C 发布的 HTML 规范中，HTML5 元素并无默认样式，在 w3.org 网站中找不到 HTML5 的默认样式表。到本书编写时，HTML5 仍然没有默认样式表，浏览器厂商仍然支持 HTML4 默认样式，并将其应用到基于 HTML5 的网页上。

> ♡ 注意　按照目前 HTML 的发展趋势，若 HTML5 一直无默认样式表，则建立你自己的网站标准就变得格外重要。

未来 HTML 元素可能不会再有任何默认样式了。在这种情况下，了解元素当前的格式化方式比以往任何时候都重要，这样当有需要时，你就可以立即建立自己的标准。

表 3.1 提供了一些常见的 HTML 默认样式。

表 3.1 常见的 HTML 默认样式

项目	描述
背景	在大多数浏览器中，网页的背景颜色是白色。\<div>、\<table>、\<td>、\<th> 和其他大多数标签的背景都是透明的
标题	\<h1>~\<h6> 标题是粗体、左对齐的。6 个标题标签对应不同的字体大小，\<h1> 标题的字体最大，\<h6> 标题的字体最小。而且同一个标题在不同浏览器中的尺寸可能也不一样。标题和其他文本元素的间距比普通文本元素更大
正文	在表格单元格之外，段落（\<p>、\<li>、\<dd>、\<dt>）左对齐，从页面顶部开始
表格单元格文本	表格单元格（\<td>）内的文本水平方向左对齐、垂直方向居中对齐
表头	表头（\<th>）内的文本水平与垂直方向都是居中对齐，在某些浏览器中文本是粗体，但并非在所有浏览器中都如此
字体	文字颜色是黑色。默认字体由浏览器指定，用户可以在浏览器中修改为其他字体。移动设备和台式机中的字体也没有统一标准
边距	边距指元素边框的外部区域。许多 HTML 元素都有某种形式的边距。边距通常用来在段落之间插入额外空白，或者缩进文本，例如列表与块引用。HTML 元素的边距在不同浏览器中不一样
填充	填充指元素与边框之间的区域。根据 HTML4 默认样式表，元素没有默认填充

3.3.2 浏览器问题

建立自己的样式标准之前的一个重要的步骤是确定显示网页的浏览器及其版本。不同浏览器解释（渲染）HTML 元素和 CSS 样式的方式不一样（有时差距很大）。而且同一款浏览器的不同版本渲染相同的 HTML 代码也会产生不同的结果。同一款浏览器的台式机版本和移动设备版本也不完全一样。

在网页设计实践中，有一步是在多款浏览器中测试制作好的网页，确保网页在大多数用户使用的浏览器中可以正常运行，尤其是要确保网页在你的网站访客喜欢用的浏览器中显示正常。你的网站访客所使用的浏览器类型可能与普查结果有相当大的出入，而且还会随时间变化。2020 年 8 月，W3C 发布了一份统计数据，该数据对每年访问 W3C 网站的 5000 万名访问者使用的浏览器进行了统计，其结果如图 3-4 所示。

制作与测试网页之前，只知道哪些浏览器受欢迎还不够，重要的是要确定你的网站的用户喜欢使用的浏览器。

图 3-4 清晰地反映了各大浏览器的使用情况，但却无法体现出用户使用的浏览器版本。了解用户所使用的浏览器版本很重要，因为有些旧版本的浏览器不支持最新的 HTML 与 CSS。而且图 3-4 中的统计数据只能反映互联网的整体趋势，很可能与你的网站的统计数据有很大出入。

现在，虽然 HTML5 广受支持，但是各大浏览器对其支持有差异，而且这些差异可能会一直存在。例如，直到今天，HTML4、CSS1、CSS2 的某些功能特性仍未得到普遍

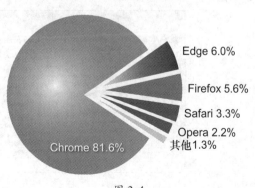

图 3-4

认可。由此可见，在制作网页的过程中，一定要认真测试文本样式、网页结构与 CSS 动画。有时，你会发现必须创建自定义 CSS 样式，才能解决某一款或多款浏览器中网页显示不一致的问题。

3.4 CSS 盒子模型

显示网页时，浏览器通常先读取 HTML 代码，解释其结构和样式，然后呈现出网页。CSS 代码在 HTML 代码与浏览器之间"穿针引线"，重新定义每个元素的渲染方式。CSS 假设每个元素周围都有一个盒子，你可以格式化盒子及其内容的显示方式，如图 3-5 所示。

盒子模型是 HTML 和 CSS 强加的一种编程结构，方便你格式化或重定义 HTML 元素的默认设置。

通过 CSS，你可以指定字体、行距、颜色、边框、背景、阴影、图形、边距、填充等样式。大多数时候，盒子模型都是不可见的，尽管 CSS 允许你格式化它们，但是你不是非得这样做。

① 启动 Dreamweaver 2022，从 lesson03 文件夹中打开 boxmodel.html 文件。

② 切换到【拆分】视图，如图 3-6 所示。

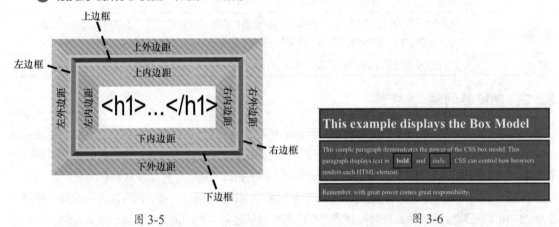

图 3-5   图 3-6

这个文件的 HTML 代码中包含一个标题和两个段落，里面的示例文本做了一定的格式化处理，用于阐释 CSS 盒子模型的一些属性，例如边框、背景颜色、边距和填充。比较应用 CSS 前后页面的样子，你能真正见识到 CSS 的强大之处。

③ 切换到【设计】视图。

在菜单栏中依次选择【查看】>【设计视图选项】>【样式呈现】>【显示样式】，禁用样式，如图 3-7 所示。

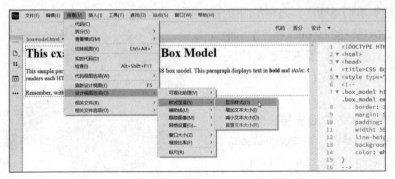

图 3-7

💡 注意　【样式呈现】命令仅在【设计】视图下可用。

此时，Dreamweaver 中显示的网页没有应用任何样式。网页制作的一条基本原则是把内容（文本、图像、列表等）与展现（格式）分离。取消【显示样式】后，虽然网页内容不是完全没有样式，但是前后比较，我们还是能够明显地感受到 CSS 在格式化方面的强大能力。无论是否格式化网页内容，网页内容的结构和质量都至关重要。

④ 在菜单栏中依次选择【查看】>【设计视图选项】>【样式呈现】>【显示样式】，再次启用 CSS 样式。

⑤ 关闭所有文件，不保存更改。

3.5　应用 CSS 样式

应用 CSS 样式的途径有 3 种：内联（应用于元素本身）、嵌入（使用内部样式表）、外联（使用外部样式表）。CSS 格式化命令叫作规则。一条 CSS 规则由两部分组成：选择器、一个或多个声明，如图 3-8 所示。选择器用来指定待格式化的某个元素或某组元素；声明中包含样式信息。CSS 规则可以重定义任何现有 HTML 元素，也可以定义两个自定义修饰符：class 与 id。

一条 CSS 规则可以同时作用于多个元素，或者针对页面中元素以独特方式出现的特定情况（例如一个元素嵌套在另一个元素中）组合多个选择器。

图 3-8 中的几个例子展示了选择器和声明中使用的一些典型结构。选择器的编写方式决定了样式应用方式和规则之间的相互作用方式。

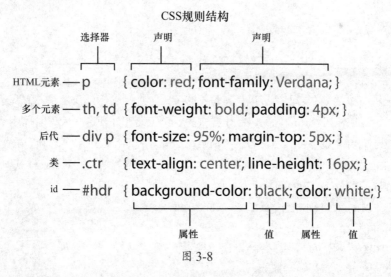

图 3-8

应用 CSS 规则不像在 InDesign 或 Illustrator 软件中选择一些文本然后应用段落或字符样式那么简单。CSS 规则可以影响单词、文本段落、文本与对象的组合等。基本上，所有带有 HTML 标签的内容都能被格式化，甚至还有一个 HTML 标签（<span>）专门用来格式化无标签的内容。

有许多因素会影响 CSS 规则的工作方式。为了更好地理解 CSS 的工作方式，本节讲解 CSS 中的 4 个重要概念：层叠、继承、后代、优先级。

3.5.1 层叠

层叠理论描述了样式表或页面中的 CSS 规则怎样影响样式应用的顺序和位置。如果两条 CSS 规则相冲突，哪条规则会起作用？

例如，某个样式表中有如下两条 CSS 规则：

```
p { color: red; }
p { color: blue; }
```

上面两条规则都用于设置 <p> 标签中的段落文本的颜色。但是两条规则格式化的是同一个元素，它们不可能同时起作用。根据层叠理论，当两条规则相冲突时，后声明的（即最靠近 HTML 代码的）规则起作用。因此，在上面两条规则中，第二条规则起作用，段落文本显示为蓝色。

浏览器一般会遵从如下顺序确定要遵循的 CSS 规则和要应用的样式，其中第 4 条作用最强。

❶ 浏览器默认值。

❷ 外部和内部样式表若同时存在，且发生冲突，则后声明的规则起作用。

❸ 内联样式（位于 HTML 元素中）。

❹ 带有 !important 属性的样式。

CSS 规则语法

CSS 是一个强大的格式化工具，能够格式化各种 HTML 元素，但是这种语言对微小的拼写错误或语法错误很敏感。漏掉一个句号、逗号或分号，就可能会导致样式代码失效。更有甚者，某条 CSS 规则中的一个错误可能会导致后续规则或整个样式表失效。

例如，有下面一条简单 CSS 规则：

```
p { padding: 1px;
    margin: 10px; }
```

上面这条规则用于设置 <p> 元素的填充和边距，它可以改写成不包含空格的形式：

```
p{padding:1px;margin:10px;}
```

上面第一种写法中，空格和换行符其实是不必要的，加上它们只是为了方便我们编写和阅读代码。删除多余的空格可以精简代码，优化样式表。浏览器和处理这些代码的程序不需要这些多余的空格，但是 CSS 中的各种标点符号就不能随意删除了，而且必须用得准确无误。

例如，如果你使用"( )"或"[ ]"代替了"{ }"，那么整条规则（甚至整个样式表）就会失效。同样，冒号和分号也必须准确使用。

你能找出下列 CSS 规则中的错误吗？

```
p { padding; 1px: margin; 10px: }
p { padding: 1px; margin: 10px; ]
p { padding 1px, margin 10px, }
```

构造复合选择器时也可能出现类似的问题。例如，在不该添加空格的地方添加了空格，可能会完全改变选择器的含义。

规则 article.content { color: #F00 }（句点前无空格）用来格式化以下 HTML 代码中的 <article> 元素及其所有子元素：

```
<article class="content"><p>...</p></article>
```
规则 article .content { color: #F00 }（句点前有空格）对上面 HTML 代码不起作用，只能格式化以下代码中的 <p> 元素：

```
<article class="content"><p class="content">...</p></article>
```
CSS 代码中，一个极小的错误就有可能产生深远的影响。为确保 CSS 和 HTML 代码正常工作，一个优秀的网页设计师在编写代码时应该始终保持专注，避免出现错加空格和错用标点符号等小错误。学习下面课程的过程中，请认真检查代码中是否存在上述错误。前言中提到过，有些命令语句中故意省去了标点符号，因为用了这些标点符号可能会引起混淆，或者导致代码出错。

3.5.2 继承

继承理论描述了一个元素如何能同时被一条或多条规则所影响。继承可以影响同名 CSS 规则和用于格式化父元素（包含其他元素的元素）的 CSS 规则。请看如下代码：

```
<article>
    <h1>Pellentesque habitant</h1>
    <p>Vestibulum tortor quam</p>
    <h2>Aenean ultricies mi vitae</h2>
    <p>Mauris placerat eleifend leo.</p>
    <h3>Aliquam erat volutpat</h3>
    <p>Praesent dapibus, neque id cursus.</p>
</article>
```
上面代码中包含多个标题元素、段落元素，这些元素都包含在一个名为 <article> 的父元素中。如果你想把标题和段落文本全部变成蓝色，可以使用如下 CSS 规则：

```
h1 { color: blue;}
h2 { color: blue;}
h3 { color: blue;}
p { color: blue;}
```
显然，上面的 CSS 规则中存在大量重复代码，而这正是大多数网页设计师极力避免的。此时，继承就派上用场了。使用继承，可尽量减少重复代码，从而节省大量时间和精力。借助继承理论，只使用如下一行代码就能代替上面 4 行代码：

```
article { color: blue;}
```
上面的 HTML 代码中，所有的标题元素、段落元素都是 article 元素的子元素。如果这些元素本身无 CSS 规则，那它们会继承父元素的样式。借助继承，我们可以大大减少格式化网页需要编写的代码。但是，继承是一把双刃剑。一方面，我们要尽可能多地使用继承来设置元素样式；另一方面，我们也要警惕出现意想不到的结果。

继承不是万能的，有时继承某些属性会出现意料之外的结果。边距、填充、边框、背景等属性就不能借助继承来应用。

3.5.3 后代

继承提供了一种同时向多个元素应用相同样式的方法。此外，CSS 还提供了根据 HTML 结构把某种样式应用到特定元素的方法。

后代理论描述了如何根据元素相对于其他元素的位置，把样式应用到特定元素上。使用这种技术时，需要组合多个标签（有时还要用 id 和 class 属性）创建识别特定元素（一个或一组）的选择器。

例如，有如下 HTML 代码：

```
<section><p>The sky is blue</p></section>
<div><p>The forest is green.</p></div>
```

上面的代码中，两个 <p> 标签位于不同的父元素中，但本身都不带样式或特定属性。假设要使第一行 <p> 标签中的内容变成蓝色，第二行 <p> 标签中的内容变成绿色。此时直接设置 <p> 标签的颜色样式无法实现上述效果，但是使用后代选择器却可以轻松做到，代码如下：

```
section p { color: blue;}
div p { color: green;}
```

上面的代码中，每个选择器中的两个标签是根据什么组合在一起的呢？选择器用来识别待格式化的特定类型的元素结构（或层次）。第一行 CSS 代码为 <section> 标签的子标签 <p> 设置颜色样式，第二行 CSS 代码为 <div> 标签的子标签 <p> 设置颜色样式。实践中，我们常常会在一个选择器中组合多个标签来严格控制样式的应用范围和继承深度。

近年来，出现了一系列特殊字符，把后代理论的应用推到了一个新的高度。例如加号"+"，section+p 表示仅对 <section> 标签之后的第一个段落应用样式；波浪线"~"，h3~ul 表示仅对 <h3> 标签之后的无序列表应用样式。但使用这些特殊字符时要小心，许多特殊字符近几年才出现，各大浏览器对它们的支持程度不一样。

3.5.4 优先级

两条或多条 CSS 规则之间出现冲突，是大多数网页设计师的痛苦之源。过去遇到这种情况时，设计师必须花大量时间阅读样式表，一条一条地检查 CSS 规则，试图找到样式错误的根源。

当两条或多条 CSS 规则之间出现冲突时，浏览器可以根据优先级选择应用哪条规则。优先级也可称为权重，根据 CSS 规则的顺序（层叠）、远近、继承、后代关系，可以确定规则的优先级（权重）。为方便计算一个选择器的权重，可以给选择器的每个组成部分指定一个数值。

例如，每个 HTML 标签是 1 分，每个类是 10 分，每个 id 是 100 分，内联样式属性是 1000 分。把选择器中各组成部分的数值加起来，就能算出该选择器的权重，权重越大，其优先级越高。

确定优先级

看一看下面几个选择器，分别计算各个选择器的权重，然后根据权重的大小，确定各条 CSS 规则的优先级。

```
* (wildcard)  { } 0 + 0 + 0 + 0   =    0 分
h1            { } 0 + 0 + 0 + 1   =    1 分
ul li         { } 0 + 0 + 0 + 2   =    2 分
.class        { } 0 + 0 + 10 + 0  =   10 分
.class h1     { } 0 + 0 + 10 + 1  =   11 分
a:hover       { } 0 + 0 + 10 + 1  =   11 分
```

```
#id             { } 0 + 100 + 0 + 0  =  100 分
#id.class       { } 0 + 100 + 10 + 0 =  110 分
#id.class h1    { } 0 + 100 + 10 + 1 =  111 分
style=" "       { } 1000 + 0 + 0 + 0 = 1000 分
```

前面讲过，CSS 规则一般不会单独对某一个 HTML 元素应用样式，而是同时对多个 HTML 元素应用样式，样式可能彼此有重叠或继承关系。在对网页与网站应用 CSS 样式时，上面提到的每个理论都会影响样式的应用方式。加载样式表时，浏览器会按照如下顺序（第 4 项效力最强）确定样式的应用方式，尤其是在 CSS 规则发生冲突时。

❶ 层叠。

❷ 继承。

❸ 后代结构。

❹ 优先级。

当你在页面上发现一个 CSS 规则冲突时，如果这个页面有几十条或上百条规则，而且有多个样式表，那么只了解上面这个顺序并无多大用处。因此，Dreamweaver 提供了一个强大的工具—— CSS 设计器来解决此类问题。

3.5.5 CSS 设计器

CSS 设计器不仅可用于显示应用到所选元素上的所有 CSS 规则，同时还允许我们创建和编辑 CSS 规则。但其强大之处不止于此。

CSS 设计器还会计算 CSS 最终显示效果。而且，还能计算内联、嵌入、行内样式效果。

❶ 在【拆分】视图下，打开 css-basics-finished.html 文件。

❷ 在菜单栏中依次选择【查看】>【拆分】>【水平拆分】。

❸ 在菜单栏中依次选择【查看】>【查看模式】>【实时视图】。

❹ 若看不到【CSS 设计器】面板，请在菜单栏中依次选择【窗口】>【CSS 设计器】，打开【CSS 设计器】面板，如图 3-9 所示。

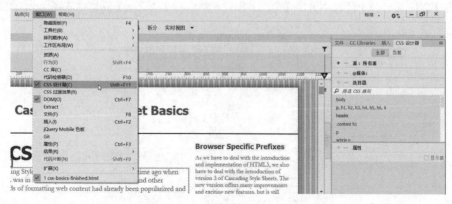

图 3-9

【CSS 设计器】面板中有 4 个窗格，分别是【源】【@ 媒体】【选择器】【属性】，你可以随意调整各个窗格的宽度和高度。【CSS 设计器】面板也是响应式的，当你增加面板宽度时，它会自动变成两列，以便你充分利用空闲的屏幕空间。

⑤ 向左拖曳【CSS 设计器】面板的左边缘，增加其宽度，它会自动变成两列，如图 3-10 所示。

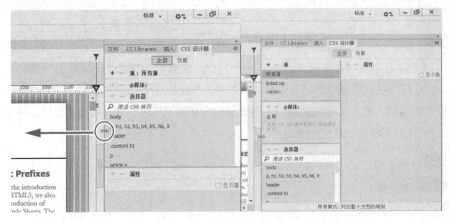

图 3-10

【CSS 设计器】面板变成两列后，左列显示的是【源】窗格、【@ 媒体】窗格、【选择器】窗格，右列显示的是【属性】窗格。每个窗格中分别显示网页样式的某个方面：样式表、媒体查询、规则、属性。

在某个窗格中选择某一项，即可在【CSS 设计器】面板中检查和编辑对应样式。当你试图找出一条相关规则，或排查一个样式错误时，这个功能非常有用。但是有些页面有成百上千个样式规则，在这样的页面上准确地找到某个规则或属性并不容易，针对这种情况，【CSS 设计器】面板做了专门的设计。

⑥ 在【实时视图】下，选择标题"A CSS Primer"，如图 3-11 所示。

图 3-11

此时，所选标题周围出现元素显示框。这个动作会告诉 Dreamweaver 你打算处理这个元素。

⑦ 在【CSS 设计器】面板中选择【全部】模式，然后在【选择器】窗格中选择 .content h1 规则，如图 3-12 所示。

图 3-12

安装好 Dreamweaver 后，默认设置下，【显示集】复选框处于未勾选状态。如果你刚开始学习 CSS，建议你保持默认设置，当你熟悉了 CSS 之后，再勾选它。取消勾选【显示集】复选框后，【CSS 设计器】面板中显示的是 CSS 中的主要属性，例如宽度、高度、边距、填充、边框、背景等。请注意，【CSS 设计器】面板中不会显示所有属性，而只显示最常见的属性。如果你要找的属性未显示在窗格中，你可以手动输入它。

Dreamweaver 把整个界面纳入创建和格式化网页的工作之中。了解它的工作方式很重要，先选择你希望检查或格式化的那个元素。

在【选择器】窗格中浏览规则列表，你可以找到用来格式化标题的规则，但是这要花不少时间，你可以使用一种更好的方法。

【CSS 设计器】面板有两种基本模式：【全部】与【当前】。在【全部】模式下，你可以在面板中查看与编辑所有现有 CSS 规则，还可以创建新规则。在【当前】模式下，你可以在面板中找出并编辑那些已经应用到所选元素上的规则和样式。

💡 提示 在【全部】模式下，【CSS 设计器】面板按照 CSS 规则在样式表中出现的顺序显示它们。而在【当前】模式下，CSS 规则是依据优先级顺序显示的。

❽ 在【CSS 设计器】面板中，选择【当前】模式，如图 3-13 所示。

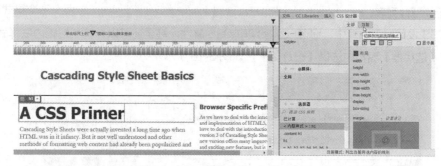

图 3-13

在【当前】模式下，面板中只显示那些可以影响所选标题样式的 CSS 规则。在【CSS 设计器】面板中，效力最强的规则显示在【选择器】窗格顶部。

❾ 在【选择器】窗格中选择 .content h1 规则，如图 3-14 所示。

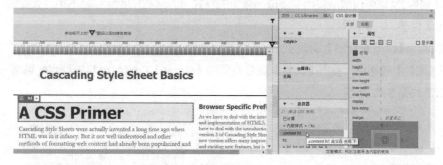

图 3-14

当【显示集】复选框处于未勾选的状态时，【属性】窗格中显示了一个很长的属性列表。当你第一次格式化元素时，这非常有用。但是，当你检查或排查现有样式时，这么长的属性列表容易造成混乱，而且查找起来效率低下，很难区分属性有没有被应用到指定的元素上。好在【CSS 设计器】面板提供了【显示集】复选框，勾选该复选框，仅显示那些应用到所选元素上的属性。

⑩ 在【CSS 设计器】面板中，勾选【显示集】复选框，启用它，如图 3-15 所示。

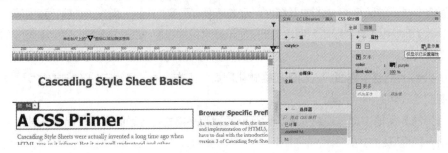

图 3-15

启用【显示集】后，【属性】窗格中只显示 CSS 规则中设置过的属性。本例中，只显示字体颜色和大小。

⑪ 在【选择器】窗格中，分别选择各条 CSS 规则，查看每条规则的属性。

有些 CSS 规则设置的属性相同，有些 CSS 规则设置的属性不同。为了消除冲突，查看所有规则组合后的结果，Dreamweaver 提供了【已计算】功能。

使用【已计算】功能分析所有可以影响所选元素的 CSS 规则，并生成一个类似浏览器或 HTML 阅读器显示的属性列表。

在【CSS 设计器】面板中，你可以直接编辑 CSS 属性，甚至还可以计算和编辑内联样式。

⑫ 在【选择器】窗格中选择【已计算】，如图 3-16 所示。

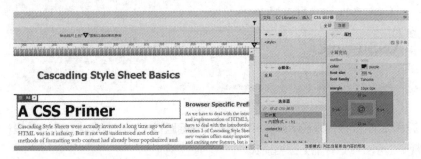

图 3-16

此时，【属性】窗格中仅显示应用到所选元素上的样式。有了这些功能，你就不用花大量时间去检查、比较规则和属性了。

不仅如此，【CSS 设计器】面板还允许你编辑属性。

⑬ 在【属性】窗格中，单击【color】属性右侧的【purple】，输入 red，按 Enter 键或 Return 键，使修改生效，如图 3-17 所示。

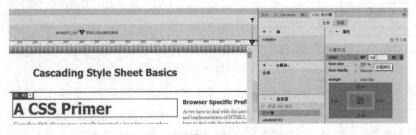

图 3-17

此时，标题文字变成红色，而且用来控制标题颜色的 CSS 规则也发生了变化，由原来的 purple 变成了 red。

> 💡 提示　设置颜色时，除了直接输入颜色名称，还可以使用拾色器来选择颜色。

⑭ 在【代码】视图中，滚动到嵌入式样式表，查看 .content h1 规则，如图 3-18 所示。

在样式表中，你可以看到控制标题颜色的 CSS 规则已经发生了变化。

⑮ 关闭所有文件，不保存修改。

在接下来的内容中，会进一步介绍【CSS 设计器】面板，以便你掌握更多有关层叠样式表的知识。

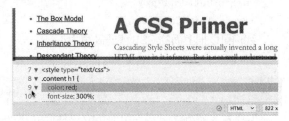

图 3-18

3.6　多重选择器、类和 ID

综合运用前面学过的层叠、继承、后代、优先级理论，我们几乎可以对网页上的任意一个元素进行格式化。此外，CSS 还提供了另外几种方法，用于优化和自定义样式，进一步提高工作效率。

3.6.1　向多个元素应用样式

为了提高效率，CSS 允许我们同时对多个元素应用样式，只需用逗号把多个选择器罗列在一起。例如，有以下 CSS 规则：

```
h1 { font-family:Verdana; color:gray; }
h2 { font-family:Verdana; color:gray; }
h3 { font-family:Verdana; color:gray; }
```

由于 3 个标题应用的样式完全一样，因此，我们可以把样式代码简写为：

```
h1, h2, h3 { font-family:Verdana; color:gray; }
```

3.6.2　使用 CSS 简写

在 Dreamweaver 中，尽管大部分 CSS 规则和属性代码都由软件代写，但是有时，我们希望（或需要）自己动手写。在 CSS 中，许多属性都有简写形式。使用简写不仅能使网页设计工作变得容易，而且还能减少下载和处理的代码。例如，当上下左右边距（或填充）一样时，代码如下：

```
margin-top:10px;
margin-right:10px;
margin-bottom:10px;
margin-left:10px;
```

我们可以把上面的 CSS 代码简写为：

```
margin:10px;
```

当上下边距（或填充）与左右边距（或填充）相同时，代码如下：

```
margin-top:0px;
margin-right:10px;
margin-bottom:0px;
margin-left:10px;
```

我们可以把上面的 CSS 代码简写为：

```
margin:0px 10px;
```

当 4 个属性值各不相同时，代码如下：

```
margin-top:20px;
margin-right:15px;
margin-bottom:10px;
margin-left:5px;
```

我们可以把上面的 CSS 代码简写为：

```
margin:20px 15px 10px 5px;
```

> 💡 **注意** 在简写形式中，边距与填充的各个值是从盒子模型顶部开始沿顺时针方向指定的，即上、右、左、下。

从上面 3 个例子中，你可以切身体会到使用简写是多么省力省时。有关引用和简写的方法有很多，这里不再一一介绍。

本书的代码会尽量使用常见的简写形式，看看你是否认得出来。

3.6.3　创建类属性

前面介绍了如何创建 CSS 规则，以控制特定 HTML 元素样式、特定 HTML 元素结构或关系。在某些情况下，我们还希望向受一个或多个 CSS 规则控制的元素应用某个独特的样式。为了实现这一点，CSS 允许我们自定义名为 class（类）与 id 的属性。

类属性可以应用到页面中任意多个元素上，而单个 id 属性在每个页面上只能出现一次。如果你是一个平面设计师，可以把类看成 Adobe InDesign 中的段落、字符、表格、对象样式的组合物。

class 和 id 名称可以是一个单词、一个缩写词、字母和数字的任意组合等，但是名称中不能有空格。在 HTML4 中，id 名称不能以数字开头，HTML5 中没有这种限制。但为了向后兼容，在设置 class 和 id 名称时，请不要以数字开头。

关于如何创建 class 和 id，目前尚未形成一套严格的规则和参考，但一般来说，类名称应该更普遍，id 名称应该更具体。大家各有一套方法，而且这些方法也没有对错之分。不过，多数人认为，class 和 id 名称应该是描述性的，例如 "co-address" 或 "author-bio"，而不是 "left-column" 或 "big-text"。这有助于分析你的网站，有助于搜索引擎了解你的网站结构和组织形式，使你的网站在搜索结果中更靠前。

在样式表中声明一个 CSS 类选择器时，需要在类名称前加一个句点 "."，代码如下：

```
.content
.sidebar1
```

然后，把 CSS 类作为一个属性应用到某个 HTML 元素上，代码如下：

```
<p class="intro">Type intro text here.</p>
```

也可以借助 <span> 标签把类应用到部分文本上，代码如下：

```
<p>Here is <span class="copyright">some text formatted differently</span>.</p>
```

3.6.4　创建 id 属性

HTML 规定 id 属性是唯一的。也就是说，在一个页面中，一个 id 只指定给一个元素。过去，很多网页设计师使用 id 属性格式化或识别页面中特定的成分，例如标题、脚注、文章等。HTML5 中新添加了 <header>、<footer>、<aside>、<article> 等元素，此时我们就不太需要使用 id 与 class 来标记它们了。但是，在网页与站点中制作强大的超文本导航时，id 仍然可以用来标记特定文本、图像、表格。相关内容将在第 10 课中进一步介绍。

在样式表中声明一个 id 属性时，需要在 id 名称前添加一个井号"#"，代码如下：

```
#cascade
#box_model
```

你可以把一个 id 属性应用到一个 HTML 元素上，代码如下：

```
<div id="cascade">Content goes here.</div>
<section id="box_model">Content goes here.</section>
```

也可以将其应用到元素的一部分上，代码如下：

```
<p>Here is <span id="copyright">some text</span> formatted differently.</p>
```

3.6.5　CSS 特性与效果

2014 年，CSS3 有过一次更新，新增了二十多个新特性，现在其中许多特性已经得到所有浏览器的支持，你可以放心使用它们，但还有一些特性目前处在试验过程中，尚未得到广泛支持。CSS3 新增的特性主要如下。

- 圆角和边框效果。
- 盒子和文本阴影。
- 透明与半透明效果。
- 渐变填充。
- 多栏文本元素。

现在，在 Dreamweaver 中，你可以实现以上所有特性。必要时，Dreamweaver 还能协助你创建针对特定浏览器的标记。下面来领略一下这些酷炫的功能和效果。

❶ 打开 lesson03 文件夹中的 css3-demo.html 文件。

在【拆分】视图下显示 css3-demo.html 文件，查看其中的 CSS 代码和 HTML 代码。

有些新效果无法直接在【设计】视图下预览，只有在【实时视图】或真实的浏览器中才能看到。

❷ 进入【实时视图】，在【实时视图】中预览 CSS 效果，如图 3-19 所示。

图 3-19

css3-demo.html 文件中包含了 CSS3 的一些新特性和效果，这些效果可能会让你惊喜不已，但也要注意，虽然 Dreamweaver 和许多浏览器都支持这些新特性，但是仍然有很多旧浏览器不支持它们，一些漂亮的网站在这些旧浏览器中可能会变得一团糟。

由于有些 CSS3 新特性尚未完全标准化，某些浏览器可能无法识别 Dreamweaver 生成的默认标记，因此，我们必须添加特定浏览器前缀（例如 moz、ms、webkit），以确保 CSS 代码工作正常。

> ♀ **注意** 编写需要添加浏览器前缀的 CSS3 新属性时，请把标准属性放在最后。这样，当目标浏览器最终支持标准规范时，它们的层叠位置将允许其代替其他设置。

查看 css3-demo.html 代码中的新功能，思考一下在自己的页面中使用其中一些功能的方法。

3.6.6 CSS3 概述与支持

互联网的各种相关技术和标准一直处在发展和变化之中。事实上，W3C 一直致力于使 Web 适应最新需要，例如移动设备、大尺寸平板显示器、高清图像和视频，而且这些设备正变得越来越好，越来越便宜。这也推动着 HTML5 和 CSS3 不断向前发展。

许多新标准尚无官方定义，各个浏览器实现它们的方式也各不一样。但不用担心，Dreamweaver 2022 已经针对最新变化做了更新，包括对 HTML5 元素和 CSS3 属性的融合支持。随着新功能的开发推出，Adobe 公司会通过 Creative Cloud 把 Dreamweaver 的最新功能尽快推送给用户。

相信在学完本书后面的课程后，你一定会知道如何把这些新技术运用到自己的网页中。

3.7　复习题

❶ 是否应该使用基于 HTML 的样式？

❷ 对 HTML 元素应用 CSS 样式后，CSS 会对 HTML 元素做什么？

❸ 如果你什么都不做，HTML 元素将不带任何样式或结构，这种说法对吗？

❹ 影响 CSS 样式应用的 4 个概念是什么？

❺ 所有 CSS3 特性都是试验性质的，千万别用。这种说法对吗？

3.8　答案

❶ 不应该。基于 HTML 的样式在 1997 年 HTML4 发布时就被废弃了。最佳做法是使用基于 CSS 的样式。

❷ CSS 会为 HTML 元素添加一个虚拟的盒子。你可以通过边框、背景颜色、图像、边距、填充等为这个盒子及其内容添加样式。

❸ 不对。即使你什么都不做，许多 HTML 元素仍有默认的样式。

❹ 影响 CSS 样式应用的 4 个概念是层叠、继承、后代、优先级。

❺ 不对。大多数 CSS3 特性已经得到许多浏览器支持，你完全可以在网页中使用它们。

第 4 课

编写代码

课程概览

本课主要讲解以下内容。

- 使用代码提示和 Emmet 工具编写代码
- 设置 CSS 预处理器、创建 SCSS 样式
- 使用多种方式选择和编辑代码

- 折叠与展开代码
- 在【代码】视图下测试和排查动态代码
- 使用相关文件栏访问和编辑附加文件

学习本课大约需要 **1.5** 小时

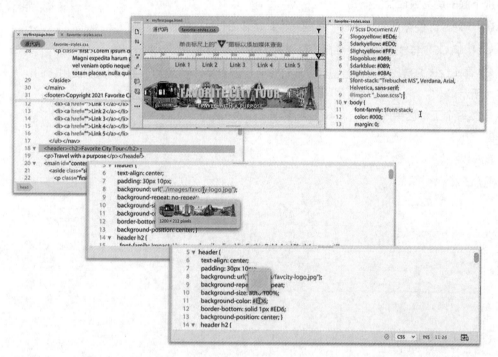

　　Dreamweaver 广受欢迎的原因是，它是一款非常优秀的可视化 HTML 编辑器，它对手动编写代码的支持丝毫不逊于其图形化的 HTML 代码生成能力。换言之，在制作网页时，Dreamweaver 能够同时满足程序员和开发者的需求，实现良好的平衡。

4.1　编写 HTML 代码

Dreamweaver 是一款"所见即所得"的优秀的 HTML 编辑器，使用 Dreamweaver 制作网页时，虽然背后工作都是由代码完成的，但是你完全可以不用直接跟代码打交道。不过，对网页设计师来说，知道如何在 Dreamweaver 中手动编写代码有时是非常必要的。

在 Dreamweaver 中，在【代码】视图下制作页面和在【设计】视图或【实时视图】下一样容易。Dreamweaver 能够把整个 Web 开发团队联系在一起，团队中的每个成员几乎都可以使用 Dreamweaver 轻松地完成自己负责的工作。

> 💡 注意　有些工具和选项仅在【代码】视图下可用。

在使用 Dreamweaver 的过程中，你会发现执行某些任务时，使用【代码】视图会比单独使用【实时视图】或【设计】视图更方便。接下来的内容将介绍如何在 Dreamweaver 中轻松地编写代码。

4.1.1　手动编写代码

学习本课及后面课程的过程中，我们会有很多动手查看和编辑代码的机会。如果你是跳学至本课的，那下面的练习会让你对所讲内容有个大致的了解。体验 Dreamweaver 代码编写和编辑工具的第一步是新建一个文件。

❶ 基于 lesson04 文件夹新建一个站点。

❷ 在工作区菜单中选择【开发人员】，如图 4-1 所示。

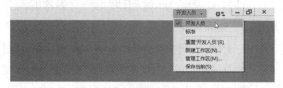

虽然每个工作区中所有代码编辑工具都是一样的，但是【开发人员】工作区将重点放在【代码】视图，更适合用来讲解本节内容。

图 4-1

❸ 在菜单栏中依次选择【文件】>【新建】，打开【新建文档】对话框，如图 4-2 所示。

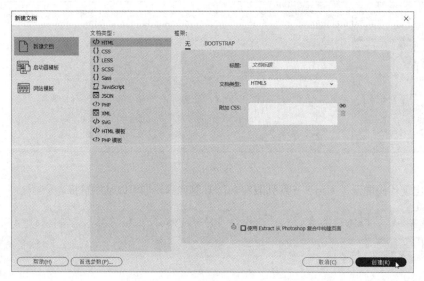

图 4-2

④ 依次选择【新建文档】>【HTML】>【无】，单击【创建】按钮，如图 4-3 所示。

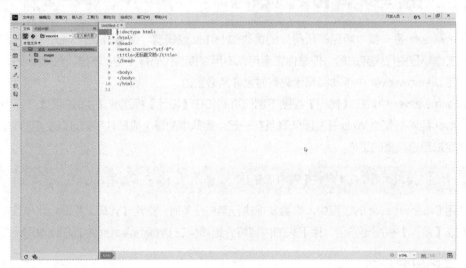

图 4-3

💡注意　本书所有截图都是基于【Classic】代码主题截取的，你可以在【首选项】对话框中把代码主题设置为【Classic】。具体操作方法请阅读本书前言中的内容。

此时，Dreamweaver 自动创建一个基本的网页结构，而且当你使用【开发人员】工作区时，光标会出现在代码开头。

在 HTML 代码中，Dreamweaver 提供了不同颜色的标签和标记，方便我们阅读 HTML 代码。而且，它还为 10 种 Web 开发语言提供了代码提示功能，包括 HTML、CSS、JavaScript、PHP 等。

⑤ 在菜单栏中依次选择【文件】>【保存】。

⑥ 在【另存为】对话框中，输入文件名 myfirstpage.html，将其保存在 lesson04 文件夹中。

⑦ 把光标移动到 <body> 标签之后。按 Enter 键或 Return 键换行，输入 <，如图 4-4 所示。

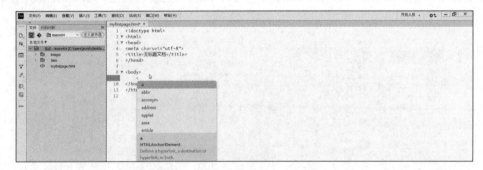

图 4-4

此时，出现代码提示，列出了一系列兼容 HTML 的代码，你可以从中选择。

💡注意　其实，在 HTML 代码中，换行、缩进、空格都是不必要的，添加这些符号只是为了让 HTML 代码便于阅读和编辑。

⑧ 输入 d。

此时，代码提示中只显示以字母 d 开头的元素。你可以继续输入完整的标签名称，也可以从列表中选择需要的标签。直接从列表中选择标签，可以防止出现输入错误。

⑨ 按向下箭头键。

此时，代码提示中的 <dd> 标签高亮显示。

⑩ 继续按向下箭头键，直到找到 <div> 标签，然后按 Enter 键或 Return 键，如图 4-5 所示。

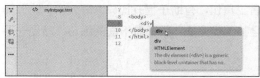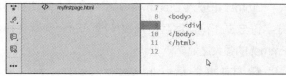

图 4-5

此时，Dreamweaver 把 <div> 标签插入代码中。光标停留在标签名称末尾，等待你继续输入内容，你可以输完标签名称，也可以输入各种 HTML 属性。下面为 <div> 元素添加一个 id 属性。

> 💡 注意　在某个设置下，Dreamweaver 会自动输入标签的剩余部分，你必须移动光标才能开始下一步操作。在【首选项】的【代码提示】中，你可以关闭或更改这个行为。

⑪ 按空格键，插入一个空格。

此时，代码提示再次打开，显示一系列 HTML 属性。

⑫ 输入 id，按 Enter 键或 Return 键，如图 4-6 所示。

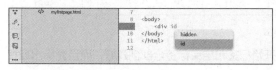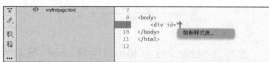

图 4-6

此时，Dreamweaver 为 <div> 元素添加了一个 id 属性，同时属性后面出现了一个赋值号和一对引号。而且，光标在引号中，等待用户输入。

> 💡 注意　在 HTML5 中，标签属性不需要加引号。不过，旧版本的浏览器和程序需要有引号才能正确显示代码。使用引号没有什么坏处，为了保证兼容，在代码中还是使用引号为好。

⑬ 输入 wrapper，按一次向右箭头键。

此时，光标移动到引号之外。

⑭ 输入 >，效果如图 4-7 所示。

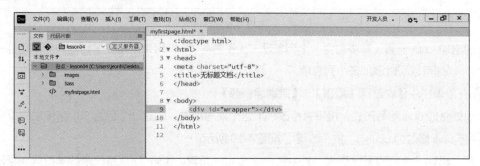

图 4-7

当你输入 > 时，Dreamweaver 会自动补全 <div> 元素。在 Dreamweaver 中手动输入代码时，它会提供许多提示和帮助，而且还能自动补全代码。

⓯ 在菜单栏中依次选择【文件】>【保存】。

4.1.2 自动编写代码

Emmet 是嵌入 Dreamweaver 中的一个网页开发者工具包，有助于提升代码编写效率。输入部分字符与操作符，然后按几次按键，Emmet 就会补全整个代码块。跟着做下面的练习，感受一下 Emmet 的强大之处。

❶ 打开 myfirstpage.html 文件。

❷ 在【代码】视图下，把光标移动到 <div> 元素内部，按 Enter 键或 Return 键换行。

默认设置下，Emmet 是开启的，当在【代码】视图中输入代码时，它就会发挥作用。大多数网站中，导航菜单位于网页顶部。可以使用 HTML5 中的 <nav> 元素为网站创建导航。接下来在网页中插入一个导航菜单，学习如何添加菜单项。

❸ 输入 nav，按 Tab 键，如图 4-8 所示。

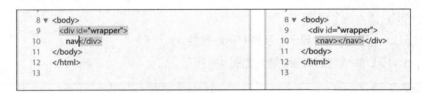

图 4-8

此时，Dreamweaver 将一次性把 <nav> 元素的开始标签和结束标签全部创建好，而且光标出现在 nav 元素内部，等待你添加另外一个元素或内容。

HTML 导航菜单一般都是无序列表，由带有一个或多个 <li> 子元素的 <ul> 元素组成。Emmet 允许你同时创建多个元素，通过使用一个或多个操作符，你可以指定后续元素是跟在第一个元素之后（使用"+"），还是嵌套在第一个元素之中（使用">"）。

❹ 输入 ul>li，按 Tab 键，如图 4-9 所示。

图 4-9

此时出现 <ul> 元素，其中包含一个列表项。大于符号">"用来创建父子结构。使用另外一个操作符"*"，你可以同时添加多个列表项。

❺ 在菜单栏中依次选择【编辑】>【撤销编辑源】。

代码恢复成 ul>li 简写形式。接下来修改一下这个简写形式，创建一个包含 5 个菜单项的菜单。

❻ 把 ul>li 修改为 ul>li*5，按 Tab 键，如图 4-10 所示。

此时，出现一个新的无序列表，其中包含 5 个 <li> 元素。星号"*"是一个数学符号（乘法），这里表示把 <li> 元素重复 5 次。

```
 8 ▼ <body>                                      8 ▼ <body>
 9     <div id="wrapper">                          9 ▼     <div id="wrapper">
10       <nav>ul*li*5</nav></div>                 10 ▼       <nav><ul>
11     </body>                                     11             <li></li>
12     </html>                                     12             <li></li>
13                                                  13             <li></li>
                                                    14             <li></li>
                                                    15             <li></li>
                                                    16         </ul></nav></div>
                                                    17     </body>
                                                    18     </html>
                                                    19
```

图 4-10

制作导航菜单时，除了添加菜单项之外，还需要给每个菜单项添加一个超链接。

❼ 按 Ctrl+Z 或 Cmd+Z 快捷键，或者在菜单栏中依次选择【编辑】>【撤销编辑源】。

此时，代码恢复为 ul>li*5。

❽ 把 ul>li*5 修改为 ul>li*5>a，暂时不要按 Tab 键。

此时若按 Tab 键，Dreamweaver 会在各个菜单项中添加一个超链接。Emmet 还可以用来创建占位符内容。接下来在每个超链接中插入一些文本。

❾ 修改代码为 ul>li*5>a{Link}。

花括号中的文本就是超链接中包含的内容。此时，按 Tab 键为每个超链接插入文本，每个超链接中显示的内容都是一样的，全是"Link"。如果要给各个超链接一个编号，并通过超链接的内容体现出来，例如 Link 1、Link 2、Link 3 等，就要在超链接内容"Link"之后添加一个美元符号"$"。

❿ 修改代码为 ul>li*5>a{Link $}，然后按 Tab 键，如图 4-11 所示。

> 💡 注意　请先把光标移动到花括号之外，再按 Tab 键。

```
 8 ▼ <body>                                      8 ▼ <body>
 9     <div id="wrapper">                          9 ▼     <div id="wrapper">
10       <nav>ul*li*5>a{Link $}</nav></div>       10 ▼       <nav><ul>
11     </body>                                     11             <li><a href="">Link 1</a></li>
12     </html>                                     12             <li><a href="">Link 2</a></li>
13                                                  13             <li><a href="">Link 3</a></li>
                                                    14             <li><a href="">Link 4</a></li>
                                                    15             <li><a href="">Link 5</a></li>
                                                    16         </ul></nav></div>
                                                    17     </body>
                                                    18     </html>
                                                    19
```

图 4-11

此时，整个导航菜单的结构就搭好了，其中包含 5 个菜单项，每个菜单项各包含一个超链接，每个超链接各有一个带编号的占位文本。虽然整个导航菜单差不多制作好了，但是还没有设置 href 属性，下一节会设置它们。

> 💡 注意　编写代码时，添加换行符有助于阅读与编辑代码，但不会对代码的运行产生任何影响。

⓫ 将光标移动到 </nav> 标签之后。

按 Enter 键或 Return 键换行。

接下来使用 Emmet 向页面中添加 <header> 元素。

⓬ 输入 header，然后按 Tab 键。

与前面添加 <nav> 元素时一样，<header> 元素的开始标签和结束标签同时出现，而且光标出现

在 <header> 元素内部，等待你插入内容。下面为文档创建一个页眉，第 6 课会使用它。页眉包含两个元素，一个是 <h2>（公司名称），另一个是 <p>（公司宗旨）。Emmet 提供了一种方法，不仅可以用来添加标签，还可以用来添加内容。

⑬ 输入 h2{Favorite City Tour}+p{Travel with a purpose}，然后按 Tab 键，如图 4-12 所示。

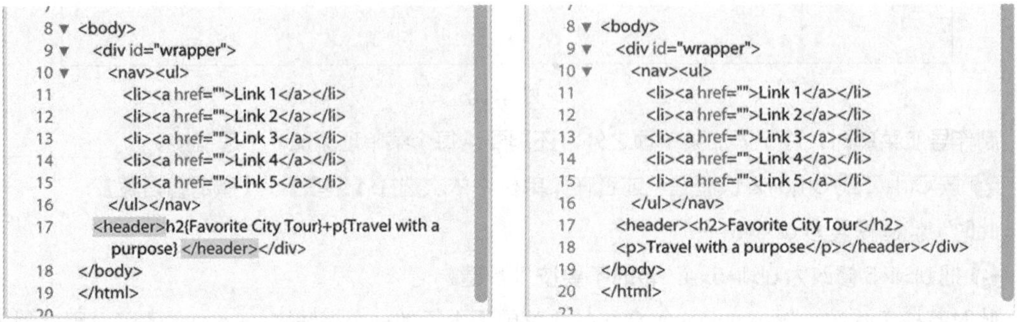

图 4-12

此时，页眉中出现了两个元素（<h2>、<p>），分别包含公司名称和公司宗旨。在向各个元素中添加文本时，用到了花括号。加号表示两个元素（<h2>、<p>）是同级的。

⑭ 把光标移动到 </header> 标签之后。

⑮ 按 Enter 键或 Return 键换行。

Emmet 允许你快速创建复杂的多层父子结构，例如导航菜单、文档页眉，但是其功能不止如此。当使用占位文本把多个元素串在一起时，你甚至还可以添加 id、class 属性。插入 id 属性时，要在 id 名称前加一个井号"#"；插入类属性时，要在类名称前添加一个句点"."。

⑯ 输入 main#content>aside.sidebar1>p(lorem)^article>p(lorem100)^aside.sidebar2>p(lorem)，然后按 Tab 键，如图 4-13 所示。

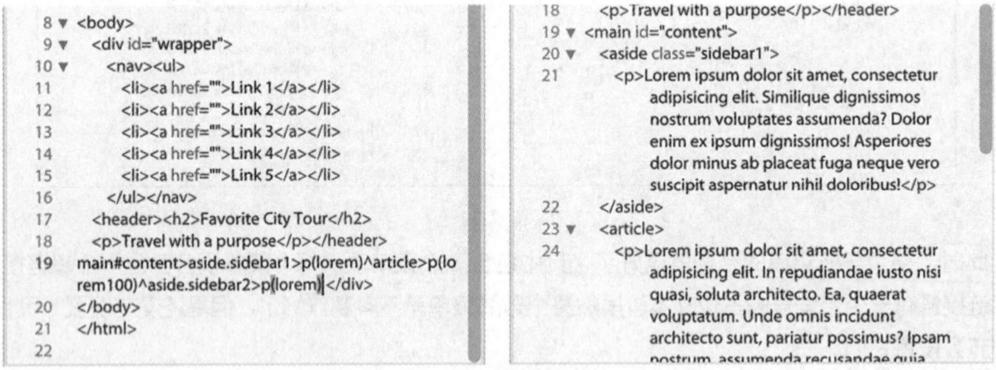

图 4-13

💡 注意　在【代码】视图下，上面输入的代码可能占多行，请确保其中不包含任何空格或换行符。

<main> 元素包含 3 个子元素（<aside>、<article>、<aside>），带有 id 与 class 属性。插入符号"^"表示 3 个子元素（<article>、<aside.sidebar2>、<aside.sidebar1>）是平级的，每个子元素中都有一段占位文本。

Emmet 中有一个 Lorem 生成器，用来自动生成占位文本。在某个元素名称后面的括号中添加

lorem[如 p(lorem)] 后，Emmet 就会生成包含 30 个"单词"的占位文本。如果你想调整占位文本的数量，只要在 lorem 后面加一个数字即可，例如 p(lorem100)，表示生成一段包含 100 个"单词"的占位文本。

下面在页面底部插入一个 <footer>（页脚）元素，用来显示版权信息。

⓱ 把光标移动到 </main> 标签外部，按 Enter 键或 Return 键换行。

输入 footer{Copyright 2022 Favorite City Tour. All rights reserved.}，然后按 Tab 键，如图 4-14 所示。

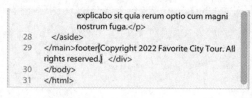

图 4-14

⓲ 保存文件。

上面使用几个速记短语就创建好了一个完整的网页结构和一些占位文本。通过上面这个练习，你应该感受到了使用 Emmet 编写代码是多么方便、高效。编写 HTML 代码时，你可以自由地使用 Emmet 这个工具轻松地添加某一个元素，或者某一个复杂的多层面组件。

上面这个练习仅展示了 Emmet 强大功能的一部分。Emmet 功能实在太强大了，单靠几页纸可讲不完。但通过上面这个练习，可以对其强大的功能有一个比较好的了解。

4.2　使用多光标支持

你是否有过同时编辑多行代码的想法？为了实现这个功能，Dreamweaver 提供了多光标支持。在 Dreamweaver 中，你可以同时选择与编辑多行代码，进一步提高代码编写效率。下面详细介绍这个功能。

❶ 打开 myfirstpage.html 文件。这个文件是在上一节中创建的。

myfirstpage.html 文件是一个完整的网页，包含 <header>、<nav>、<main>、<footer> 几个元素。页面内容是一些占位文本。<nav> 元素中有 5 个占位文本，一个菜单项对应一个占位文本。当前，超链接的 href 属性是空的。为确保菜单和超链接的外观、行为正常，需要为每一个超链接添加一个文件名、URL 或占位符号。这里暂时使用井号"#"作为占位符，当有了确切的链接目标后，再将其替换掉。

❷ 把光标移动到 Link1 href 属性的引号中间。

通常的做法是分别给每个 href 属性添加井号占位符。但是，有了多光标支持，操作起来就方便多了，但需要多练习，才能熟练掌握这个功能。请注意，HTML 代码中，5 个 href 属性在垂直方向上紧密排在一起，而且是对齐的。

❸ 按住 Alt 键或 Op 键，按住鼠标左键并向下拖曳，经过 5 个 href 属性。

按住 Alt 键或 Op 键拖曳鼠标，可以同时选择多行代码，或者把光标插入连续的多行中。请注意，往下拖曳时，一定要沿着直线拖曳。拖曳时稍微向左或向右倾斜，可能会选中一些周围的标记。停止拖曳，释放鼠标后，5 个 href 属性中同时出现一个闪动的光标。

自定义通用工具栏

本课某些代码编写练习中需要用到的一些工具默认未显示在通用工具栏中。通用工具栏以前叫作编码工具栏，只显示在【代码】视图下。现在的通用工具栏显示在所有视图下，但有些工具只有在光标插入【代码】视图中的时候才会显示。

当你要用的工具未显示在通用工具栏中时，你需要自定义通用工具栏，把需要的工具添加到通用工具栏中。自定义通用工具栏时，先单击工具栏底部的【自定义工具栏】图标，然后在打开的【自定义工具栏】对话框中，勾选相应工具，即可将其显示在通用工具栏中，如图 4-15 所示。取消勾选某个工具，可以将其从工具栏中移除。

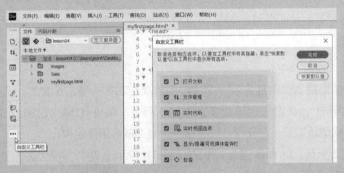

图 4-15

④ 输入 #。

此时，5 个 href 属性值中同时出现一个井号"#"，如图 4-16 所示。

```
 8 ▼  <body>                              8 ▼  <body>
 9 ▼    <div id="wrapper">                9 ▼    <div id="wrapper">
10 ▼      <nav><ul>                      10 ▼      <nav><ul>
11          <li><a href="">Link 1</a></li>  11          <li><a href="#">Link 1</a></li>
12          <li><a href="">Link 2</a></li>  12          <li><a href="#">Link 2</a></li>
13          <li><a href="">Link 3</a></li>  13          <li><a href="#">Link 3</a></li>
14          <li><a href="">Link 4</a></li>  14          <li><a href="#">Link 4</a></li>
15          <li><a href="">Link 5</a></li>  15          <li><a href="#">Link 5</a></li>
16        </ul></nav>                     16        </ul></nav>
```

图 4-16

按住 Ctrl 键（Windows）或 Cmd 键（macOS），可以同时选中非连续行中的代码，或者把光标同时插入多个非连续行中。

⑤ <main> 元素中有 3 个 <p> 标签。按住 Ctrl 键（Windows）或 Cmd 键（macOS），分别在各个 <p> 标签的 p 与 > 之间单击，即可在 3 个标签中同时插入光标。

⑥ 按空格键，插入一个空格，然后输入 class="first"，如图 4-17 所示。

```
20 ▼  <aside class="sidebar1">                      20 ▼  <aside class="sidebar1">
21      <p>Lorem ipsum dolor sit amet, consectetur  21      <p class="first">Lorem ipsum dolor sit amet,
        adipisicing elit. Similique dignissimos               consectetur adipisicing elit. Similique
        nostrum voluptates assumenda? Dolor                   dignissimos nostrum voluptates
        enim ex ipsum dignissimos! Asperiores                 assumenda? Dolor enim ex ipsum
        dolor minus ab placeat fuga neque vero                dignissimos! Asperiores dolor minus ab
        suscipit aspernatur nihil doloribus!</p>             placeat fuga neque vero suscipit aspernatur
22    </aside>                                                nihil doloribus!</p>
23 ▼  <article>                             22    </aside>
24      <p>Lorem ipsum dolor sit amet, consectetur  23 ▼  <article>
        adipisicing elit. In repudiandae iusto nisi  24      <p class="first">Lorem ipsum dolor sit amet,
        quasi, soluta architecto. Ea, quaerat                consectetur adipisicing elit. In repudiandae
        voluptatum. Unde omnis incidunt                      iusto nisi quasi, soluta architecto. Ea,
```

图 4-17

此时，3 个 <p> 标签中同时添加了 class 属性。

❼ 保存文件。

编写代码时，借助多光标支持功能可以节省大量编写重复代码的时间。

4.3 添加代码注释

代码注释用于描述代码功能，或者给其他开发者提供重要信息。请注意，代码注释是给人看的，浏览器会忽略代码中的注释。编写代码时，我们可以随时手动添加注释。除此之外，Dreamweaver 还有一个内置功能，可以帮助我们快速添加代码注释。

❶ 在【开发人员】工作区下，打开 myfirstpage.html 文件。

❷ 把光标移动到 <aside class="sidebar1"> 之后。

❸ 在通用工具栏中单击【应用注释】图标（ 📄 ）。

弹出的菜单中有几个注释类型。Dreamweaver 支持为多种 Web 兼容语言添加注释，包括 HTML、CSS、JavaScript、PHP。

❹ 在弹出的菜单中选择【应用 HTML 注释】，如图 4-18 所示。

图 4-18

此时，光标位置出现一个 HTML 注释块，同时光标移动到了注释块中间。

❺ 输入 Insert customer testimonials into Sidebar 1，如图 4-19 所示。

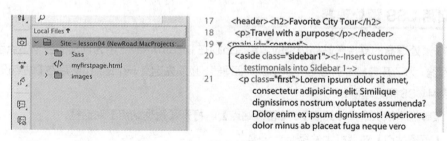

图 4-19

此时，注释内容出现在 <!-- 与 --> 标记之间，而且是灰色的。使用【应用 HTML 注释】工具，我们还可以把现有文本变成注释。

❻ 把光标移动到 <aside class="sidebar2"> 之后。

❼ 输入 Sidebar 2 should be used for content related to the tour or product。

❽ 选择刚刚输入的文本。

单击【应用注释】图标，会弹出一个菜单。

⑨ 在弹出的菜单中选择【应用 HTML 注释】，如图 4-20 所示。

图 4-20

此时，Dreamweaver 会把所选文本放在 <!-- 与 --> 标记之间。选择某个注释，然后在通用工具栏中单击【删除注释】图标（），可以移除注释标记。

⑩ 保存文件。

到这里，一个基本网页（其中包含占位文本）就制作好了。接下来该为网页添加样式了。Dreamweaver 支持多个 CSS 预处理器。下面介绍如何使用 CSS 预处理器设置与创建 CSS 样式。

4.4 使用 CSS 预处理器

过去几年间，Dreamweaver 的一大变化是增加了对 LESS（Leaner CSS）、Sass（Syntactically Awesome Style Sheets）、SCSS（Sassy CSS）的支持。这些 CSS 预处理器本质上是一些脚本语言，用于扩展层叠样式表的功能，它们包含了多种可以提高生产效率的增强功能，而且能够编译成标准的 CSS 文件。对于喜欢手动编写代码的设计人员、开发人员来说，使用这些语言有很多好处，例如提升编写代码的效率。这些语言易于使用，且支持可重用的代码片段、变量、逻辑、计算等。使用这些 CSS 预处理器并不需要你安装其他软件，Dreamweaver 还支持其他框架，例如 Compass、Bourbon 等。

接下来，我们一起体验一下在 Dreamweaver 中使用 CSS 预处理器是多么轻松，同时了解一下它们相比于普通的 CSS 有什么优点。

4.4.1 启用 CSS 预处理器

对 CSS 预处理器的支持是站点级别的，我们必须在 Dreamweaver 中为创建的各个站点手动启用 CSS 预处理器。为了开启 LESS、Sass、SCSS 预处理器，必须先定义一个站点，然后在【站点设置对象】对话框中启用 CSS 预处理器。

❶ 在菜单栏中依次选择【站点】>【管理站点】，打开【管理站点】对话框。

❷ 在【管理站点】对话框中选择 lesson04。

在对话框底部，单击【编辑当前选定的站点】图标（），如图 4-21 所示。

打开 lesson04 的【站点设置对象】对话框。

❸ 在左侧列表中单击【CSS 预处理器】左侧的箭头，将其展开。

【CSS 预处理器】包含 6 个子分类，分别是常规、源和输出，以及各种 Compass 和 Bourbon 框架。Dreamweaver 的帮助文档中有关于这些框架的更多内容。这个练习只使用 Dreamweaver 内置的功能。

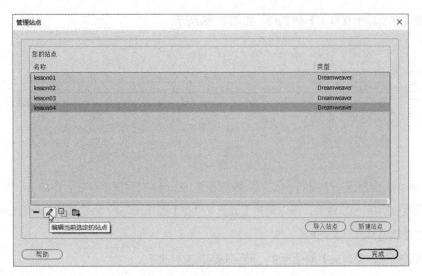

图 4-21

④ 选择【常规】。

【常规】选项卡包含 LESS、Sass、SCSS 编译器开关，以及这些语言操作方式的选项。这里保持默认设置。

⑤ 勾选【保存文件时启用自动编译】复选框，启用预处理器编译器，如图 4-22 所示。

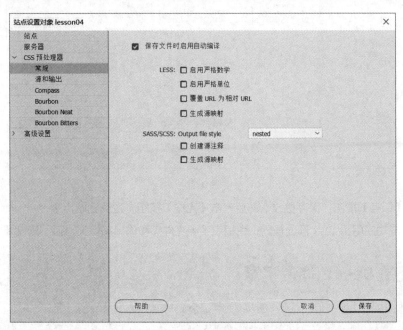

图 4-22

这样，每当保存 LESS、Sass、SCSS 源文件时，Dreamweaver 都会自动编译相应的 CSS。有些设计人员和开发人员会使用站点根文件夹进行编译。这里把源文件和输出文件放到不同文件夹中。

⑥ 选择【源和输出】。

在【源和输出】选项卡中，你可以为 CSS 预处理器指定源文件夹和输出文件夹。默认设置下，输出文件夹和源文件夹是同一个。

⑦ 选择【定义输出文件夹】单选项，如图 4-23 所示。

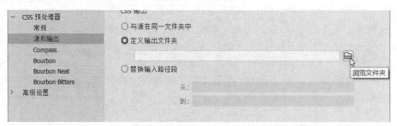

图 4-23

Dreamweaver 会显示一个指向 css 文件夹的路径。若 css 文件夹不存在，Dreamweaver 会自动创建它。如果你想使用其他文件夹，可以单击【浏览文件夹】图标（📁），选择或创建要使用的文件夹。

⑧ 单击【浏览文件夹】图标。

⑨ 在【选择输入文件夹】对话框中，转到站点根文件夹下。

⑩ 选择 Sass 文件夹，单击【选择文件夹】按钮，如图 4-24 所示。

图 4-24

⑪ 单击【保存】按钮，保存更改。然后单击【完成】按钮，返回到站点中。

到这里，成功启用了 CSS 预处理器，也指定了源文件夹和输出文件夹。接下来创建 CSS 源文件。

LESS 还是 Sass，你说了算！

LESS 与 Sass 功能类似，那到底应该使用哪个呢？这很难说。有些人觉得 LESS 易学，但功能没有 Sass 强大。但这两种预处理器都能使手动编写 CSS 的工作变得更轻松、更快捷，而且也都能为 CSS 的后期维护和扩展带来极大便利。至于哪个预处理器更好，有很多不同意见，但最终使用哪个预处理器还是取决于个人的偏好。

Dreamweaver 为 Sass 预处理器提供了两种语法。本课使用 SCSS，它是 Sass 的一种形式，其语法与普通的 CSS 很像。

4.4.2　创建 CSS 源文件

使用预处理器时，不是直接在源文件中编写 CSS 代码，而是编写规则和其他代码，预处理器会把源文件编译成输出文件。接下来创建一个 Sass 源文件，学习一下该语言的一些功能。

❶ 从工作区菜单中选择【标准】。

❷ 在菜单栏中依次选择【窗口】>【文件】，显示出【文件】面板。

在站点列表中选择 lesson04。

❸ 打开 myfirstpage.html 文件，切换到【拆分】视图。

此时，网页未应用任何样式。

❹ 在菜单栏中依次选择【文件】>【新建】，打开【新建文档】对话框。

在【新建文档】对话框中，你可以创建各类 Web 兼容文档。【文档类型】列表包含 LESS、Sass、SCSS 等文件类型，下面的练习会使用 SCSS。

❺ 依次选择【新建文档】>【SCSS】，如图 4-25 所示，然后单击【创建】按钮。

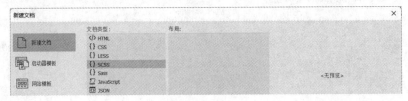

图 4-25

此时，文档窗口中出现一个 SCSS 空白文档。

❻ 把文件以 favorite-styles.scss 为名保存到 Sass 文件夹中，如图 4-26 所示。

图 4-26

这里不必创建 CSS 文件，Dreamweaver 中的编译器会帮你完成这个工作。做好所有准备工作之后，接下来定义变量。变量是一种编程结构，你可以把 CSS 属性值（例如站点主题的颜色）保存到其中，以供多次使用。

一个变量只需定义一次，即可多次使用。需要修改时，只需在样式表中修改一下，该变量的所有实例都会自动更新。

⑦ 在 favorite-styles.scss 文件中，把光标移动到第 2 行，输入 $logoyellow: #ED6; 之后按 Enter 键或 Return 键换行。

这样就创建好了第一个变量，该变量设置站点主题颜色为黄色。

接下来再创建几个变量。

⑧ 创建变量，代码如下：

```
$darkyellow: #ED0;
$lightyellow: #FF3;
$logoblue: #069;
$darkblue: #089;
$lightblue: #08A;
$font-stack: "Trebuchet MS", Verdana, Arial, Helvetica,sans-serif;
```

然后按 Enter 键或 Return 键换行，如图 4-27 所示。

图 4-27

创建多个变量时，一行只创建一个变量，以便阅读和编辑代码，同时又不影响它们正常工作。请注意，一定要在每个变量的末尾添加一个分号"；"。

接下来为 <body> 元素添加样式。大多数情况下，SCSS 标签看起来与普通 CSS 一样，但在使用变量设置字体时是不一样的。

> 💡 注意　你选用的颜色可以和这里不一样。

⑨ 输入 body，按空格键。输入 { 后按 Enter 键或 Return 键。

输入左花括号"{"后，Dreamweaver 会自动添加右花括号"}"。按 Enter 键或 Return 键换行后，光标会有一个缩进。这里按 Enter 键或 Return 键会把右花括号移动到下一行。此外，你还可以使用 Emmet 快速输入代码。

⑩ 输入 ff$font-stack，按 Tab 键，如图 4-28 所示。

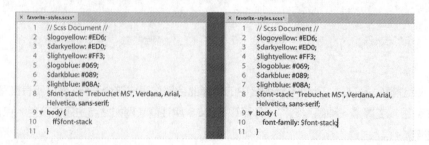

图 4-28

此时，上面的简写代码自动变为 font-family: $font-stack;。

⑪ 在 body 规则中，按 Enter 键或 Return 键换行。输入 c，按 Tab 键，如图 4-29 所示。

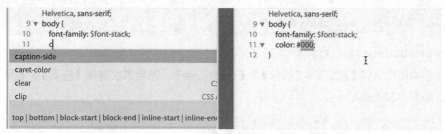

图 4-29

此时，上面的简写代码变为 color: #000;。这里使用默认颜色值。

⑫ 按住 Alt 键或 Cmd 键，按向右箭头键，把光标移动到当前代码行的末尾。

⑬ 按 Enter 键或 Return 键换行。输入 m0，按 Tab 键，如图 4-30 所示。

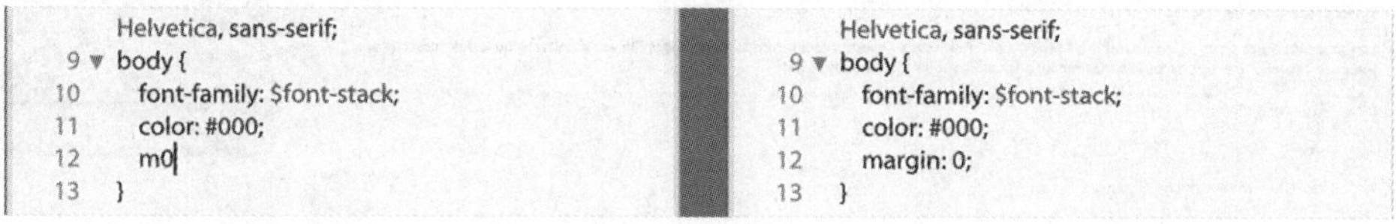

Helvetica, sans-serif;
9 ▾ body {
10   font-family: $font-stack;
11   color: #000;
12   m0
13 }

Helvetica, sans-serif;
9 ▾ body {
10   font-family: $font-stack;
11   color: #000;
12   margin: 0;
13 }

图 4-30

此时，上面的简写代码变为 margin: 0;。到这里，<body> 元素的基本样式就添加好了。接下来在保存文件之前，了解一下预处理器是如何工作的。

4.4.3　编译 CSS 代码

虽然前面已经为 <body> 元素编写了样式，但这些样式都在一个 SCSS 文件中，它们还不是标准的 CSS 样式。接下来介绍 Dreamweaver 内置的编译器是如何将其转换成标准的 CSS 样式的。

❶ 打开【文件】面板，展开站点列表，如图 4-31 所示。

此时，站点列表中包含一个 HTML 文件和 3 个文件夹（Sass、images、css）。

> ♀ 注意　你在自己计算机屏幕上看到的文件顺序可能和这里不一样。

❷ 展开 css 与 Sass 文件夹，如图 4-32 所示。

图 4-31

图 4-32

Sass 文件夹中包含 favorite-styles.scss 与 _base.scss 两个文件。css 文件夹中包含 favorite-styles.css 文件，该文件一开始时并不存在，当你创建好 SCSS 文件，并将其保存到指定的文件夹中时，

Dreamweaver 会自动生成它。当前，CSS 文件中应该什么都没有，网页也没有引用它。

> 💡 **注意** favorite-styles.css 文件是保存 SCSS 文件时 Dreamweaver 自动创建的。如果你看不见 .css 文件，请关闭 Dreamweaver，然后重新启动它。

③ 选择 myfirstpage.html 文件。

在菜单栏中依次选择【查看】>【拆分】>【Code-Live】。然后依次选择【查看】>【拆分】>【水平拆分】，如图 4-33 所示。

图 4-33

此时，文档窗口被拆分成上下两部分，一部分显示渲染页面，另一部分显示代码。当前页面使用的是默认的 HTML 样式。

④ 在【代码】视图中，把光标移动到 <head> 标签之后，按 Enter 键或 Return 键换行。

⑤ 输入 link，按 Tab 键，如图 4-34 所示。

图 4-34

此时，Dreamweaver 会自动插入一个引用样式表的 <link> 标签，它带有 rel 与 href 两个属性。接下来使用 href 属性把页面链接到已经生成的 CSS 文件上。

⑥ 把光标移动到 href 属性的两个引号之间。

⑦ 输入 /css/。

输入过程中，Dreamweaver 会显示一个提示站点文件结构的菜单。一旦输入第二个斜杠，你就会看到预处理器自动生成的 CSS 文件。

⑧ 按向下箭头键，高亮显示 favorite-styles.css。

⑨ 按 Enter 键或 Return 键，如图 4-35 所示。

图 4-35

此时，CSS 输出文件的 URL 出现在 href 属性中，指向样式表的链接就创建好了。

💡 提示 此外，你还可以直接使用光标选择文件名。

网页引用到了 CSS 输出文件，【实时视图】中样式不会有什么变化，但是在相关文件栏中，你能够看到 favorite-styles.css 文件。

💡 注意 在这一步之前，如果你无意中保存了 SCSS 文件，那么你可能会在 HTML 文件中看到样式，并在相关文件栏中看到另一个文件名。

🔟 在相关文件栏中，选择 favorite-styles.css，如图 4-36 所示。

图 4-36

此时，【代码】视图会显示 favorite-styles.css 文件的内容，当前它是空的。favorite-styles.scss 文档选项卡中有一个星号，表示当前文件已经发生更改，但尚未保存。

⓫ 在菜单栏中依次选择【窗口】>【排列顺序】>【垂直平铺】，如图 4-37 所示。

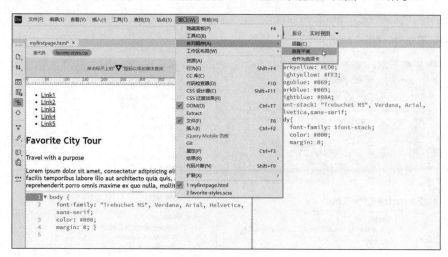

图 4-37

此时，网页与源文件并排显示在软件界面中。

⓬ 把光标放入 favorite-styles.scss 文档窗口中，在菜单栏中依次选择【文件】>【保存全部】。

💡 注意 必须说明的是，在这之前，在 SCSS 文件中做的修改并没有被保存。如果在保存修改之前程序崩溃了，你将不得不重新修改。

片刻之后，myfirstpage.html 文件发生变化，新的字体和边距设置生效。【代码】视图也会随之更新，显示 favorite-styles.css 中的新内容。每次保存 SCSS 源文件，Dreamweaver 就会更新 CSS 输出文件。

4.4.4 嵌套 CSS 选择器

对网页设计师来说，把 CSS 样式精准地应用到某个元素的同时又不影响其他元素并不是件简单的事。为确保样式应用准确，一个常见的方法是使用后代选择器。但是，随着网站和样式表的规模越来越大，正确地创建和维护后代结构变得越来越难。为解决此类问题，各个预处理器都支持某种形式的选择器嵌套。

下面介绍在为导航菜单添加样式时如何嵌套选择器。先为 <nav> 元素设置基本样式。

> **注意** 请确保操作是在 SCSS 文件中进行的。

❶ 在 favorite-styles.scss 文档窗口中，把光标移动到右花括号 "}" 之后。

❷ 按 Enter 键或 Return 键换行，输入 nav {，再按 Enter 键或 Return 键换行。

此时，Dreamweaver 创建了 nav 选择器和声明结构，等待你输入 CSS 属性。使用 Emmet 简写形式，可加快输入 CSS 属性的速度。

❸ 输入 bg$logoyellow，按 Tab 键，再按 Enter 键或 Return 键换行。

按 Tab 键，上面的简写代码变为 background: $logoyellow;，其中 $logoyellow 是前面定义的变量。这条 CSS 规则表示把颜色 #ED6 应用到 <nav> 元素中。

❹ 输入 ta:c，按 Tab 键，再按 Enter 键或 Return 键换行。

上面的简写代码展开为 text-align: center;。

❺ 输入 ov:a，按 Tab 键，再按 Enter 键或 Return 键换行。

上面的简写代码展开为 overflow: auto;。

❻ 保存源文件，如图 4-38 所示。

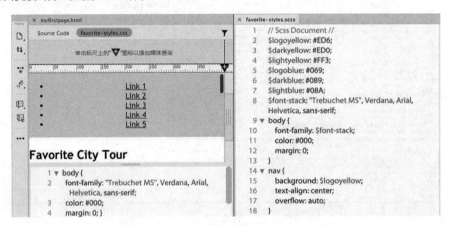

图 4-38

此时，myfirstpage.html 文件中 <nav> 元素的背景变为黄色（#ED6）。现在，导航菜单看上去还不太标准，因为才开始给它添加样式。接下来给 <ul> 元素添加样式。请确保光标仍然在 nav 选择器的声明结构中。

❼ 输入 ul {，按 Enter 键或 Return 键换行。

此时，nav 选择器中出现新的选择器和声明结构。

❽ 输入 lis:n+m5，按 Tab 键。

上面的简写代码展开为 list-style: none;margin: 5px;。这些属性用来重置无序列表的样式，移除了项目符号和缩进。接下来为列表项设置样式。

❾ 按 Enter 键或 Return 键换行，输入 li {，再按 Enter 键或 Return 键换行。

此时，ul 选择器中出现新的选择器和声明结构。

⑩ 输入 d:ib，按 Tab 键，再按 Enter 键或 Return 键换行。

代码 display:inline-block 用于把所有超链接显示在一行中，即在一行中并排显示。最后为 <a> 元素（超链接）添加样式。

⑪ 输入 a {，按 Enter 键或 Return 键换行。

输入 m:0+p:10-15+c:$logoblue+td:n+bg:$lightyellow，然后按 Tab 键。

上面的简写代码创建的样式（margin、padding、color、text-decoration、background）全部在 li 选择器内部。导航菜单的每个样式以合乎逻辑、直观的方式嵌套在一起，最终产生一个满足需要的样式表。

⑫ 保存文件，如图 4-39 所示。

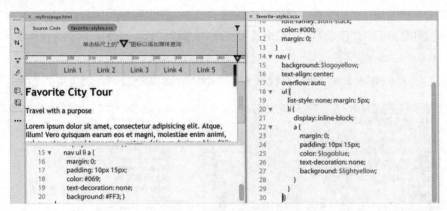

图 4-39

现在，myfirstpage.html 页面中的导航菜单显示在一行中，各菜单项并排显示。CSS 输出文件中也显示了新建的几条 CSS 规则。新规则不像在源文件中那样嵌套着，它们相互独立，且截然不同。而且，菜单后代结构的选择器已经被重新编写，例如 nav ul li a。由此可见，SCSS 源文件中的嵌套规则可以省去我们编写复杂选择器的麻烦。

4.4.5　导入其他样式表

为了更好地管理 CSS 样式，许多设计师会把样式表分拆成多个 CSS 文件，例如，一个文件用于设置导航组件的样式，一个文件用于设置专题文章的样式，一个文件用于设置动态元素的样式等。大公司一般都会有一个通用的标准样式表，各个部门和子公司可以针对自己的产品与用途编写样式表，然后把所有 CSS 文件汇集在一起，供网站中的页面调用。但这样可能会产生一个大问题。

每个链接到页面的资源都会产生一个 HTTP 请求，这些请求可能会使页面和资源的加载陷入停顿。这对小网站或访问量少的网站来说不算什么大事，但对一个访问量很大的网站来说，大量 HTTP 请求可能会导致 Web 服务器过载，甚至造成访问卡顿。这些糟糕的体验会导致大量访客流失，降低回访率。

因此，设计网页时应该尽量减少或消除不必要的 HTTP 调用，如果你负责的是大型企业的网站或热门网站，更应该这样去做。最常用的方法是减少每个页面调用的单个样式表的数量。当一个页面需要链接多个 CSS 文件时，可以指定一个主样式表，然后把其他样式表导入其中，创建一个大型样式表。

在一个普通 CSS 文件中导入多个样式表没有什么好处，因为导入命令也会产生 HTTP 请求，而这是需要极力避免的。使用 CSS 预处理器时，导入命令先于 HTTP 请求执行。导入各种样式表，把它们组合在一起，会使最终样式表变大，但是访问者只需下载一次，然后缓存起来就可以在整个访问期间使用该样式表，以此加快整个过程。

把多个样式表组合成一个 CSS 文件非常容易，操作步骤如下。

❶ 打开 myfirstpage.html 页面，切换到【拆分】视图。

打开 favorite-styles.scss 文件，在菜单栏中依次选择【窗口】>【排列顺序】>【垂直平铺】。

此时，两个文件并排显示，方便编辑 CSS 和查看效果。

❷ 在 myfirstpage.html 页面中，在相关文件栏中选择 favorite-styles.css。

【代码】视图中显示的是 favorite-styles.css 的内容，这些内容由 SCSS 源文件中的规则编译而来。

❸ 在 favorite-styles.scss 中，把光标移动到 body 规则之前（大约在第 9 行）。

输入 @import "_base.scss";，然后按 Enter 键或 Return 键换行。

这个命令会把 _base.scss 文件（存放在 Sass 文件夹中）的内容导入 favorite-styles.scss 文件中。_base.scss 文件是我们事先创建的，用来格式化网页中的其他内容。此时，网页无任何变化，因为尚未保存 favorite-styles.scss 文件。

❹ 保存 favorite-styles.scss 文件，查看 myfirstpage.html 页面的变化，如图 4-40 所示。

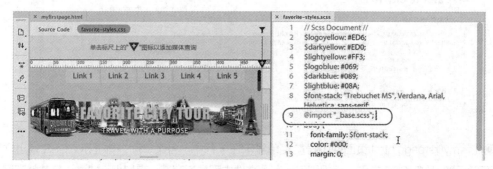

图 4-40

如果前面所有操作准确无误，那么此时网页应该完全格式化好了。查看 favorite-styles.css 文件，你会看到 body 规则之前插入了多条规则。导入的内容是从第 2 行开始添加的，这在一开始可能会令人困惑，因为 SCSS 文件中 body 规则之前有 7 行代码。虽然 @import 命令在 SCSS 文件的第 9 行，但其中的变量并不会直接被传递给最终的 CSS，而会被解析并添加到所影响的每条 CSS 规则中。导入完成后，CSS 的优先级就会生效。请一定要把所有 CSS 规则和文件的引用放到变量之后，否则变量不起作用。

❺ 保存并关闭所有文件。

本小节介绍了如何创建 SCSS 文件和使用 CSS 预处理器，以及各种能提高工作效率的增强功能和高级功能，而且示例中的用法展示的只是这些强大功能中很小的一部分。

4.4.6 实时代码查错

Dreamweaver 具有实时代码查错功能。默认设置下，实时代码查错功能是开启的，即 Dreamweaver 会实时监控界面中的代码，并把其中的错误标出来。

❶ 打开 myfirstpage.html 页面，切换到【代码】视图下。

在相关文件栏中选择【源代码】。

② 把光标移动到 <article> 标签之后，再按 Enter 键或 Return 键换行。

③ 输入 <h1>Insert headline here。

💡 注意　Dreamweaver 会同时创建开始标签和结束标签。如果没有，请跳至第 5 步。

④ 删除结束标签 </h1>。

⑤ 保存文件。

如果 HTML 代码中含有错误，这里是 <h1> 元素缺少结束标签，那么保存页面时，文档窗口底部就会显示一个红色叉号。

⑥ 单击红色叉号（ ⊗ ），如图 4-41 所示。

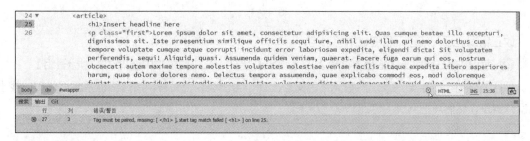

图 4-41

此时，Dreamweaver 会打开【输出】面板，其中显示了代码错误的相关信息，包括错误是什么，以及错误发生在哪一行。本例中，Dreamweaver 指出错误是标签未完成配对，并且认为错误发生在第 27 行，但实际错误发生在第 25 行，这是 HTML 标签的性质和结构造成的。

💡 注意　你可能需要单击【刷新】按钮，才能显示错误或警告信息。

⑦ 双击错误信息，如图 4-42 所示。

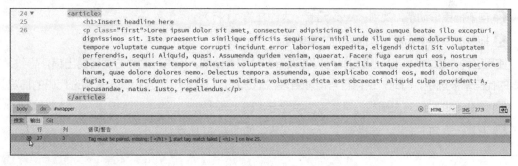

图 4-42

Dreamweaver 在【代码】视图中把焦点放在包含错误的部分。Dreamweaver 试图查找 <h1> 元素的结束标签，并将其标出。但有时错误信息并不准确，Dreamweaver 只能大致确定错误的位置，要想准确地找出错误，还是得靠你自己。

⑧ 把光标移动到代码 <h1>Insert headline here 之后，输入 </h1> 。

💡 注意　第 3 步中，若 Dreamweaver 自动添加了结束标签，则输入 </ 将无法关闭标签。可在【首选项】中检查【代码改写】设置，并根据需要做相应调整。

此时，Dreamweaver 应该已经关闭了 <h1> 标签。

⑨ 保存文件，如图 4-43 所示。

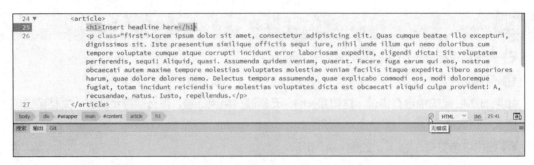

图 4-43

改正错误之后，红色叉号变成绿色对钩。

⑩ 使用鼠标右键单击【输出】面板上的【输出】字样，在快捷菜单中选择【关闭标签组】。

保存文件时，一定要注意观察有无红色叉号出现。若出现红色叉号，请仔细检查网页代码，找出错误并纠正，然后再把网页上传到 Web 服务器。

4.5　选择代码

在 Dreamweaver 中，有好几种方法可用来在【代码】视图下与代码进行交互，以及选择代码。

4.5.1　使用行号

在 Dreamweaver 中，使用光标与代码进行交互的方法有好几种。

❶ 打开 myfirstpage.html 文件，切换到【代码】视图。

❷ 向下拖曳滚动条，找到 <nav> 元素（大约在第 11 行）。

❸ 拖曳选择整个元素，包括里面的菜单项。

使用这种方式，你可以轻松选择代码的某一部分或者全部。但是，这种方式容易出错，导致某些重要的代码未被选中。有时，使用行号能够更轻松地选择整行代码，而且很少出现漏选代码的情况。

❹ 单击 <nav> 标签左侧的行号，可选中整行代码。

❺ 沿着行号向下拖曳，选择整个 <nav> 元素，如图 4-44 所示。

```
 9 ▼ <body>
10 ▼     <div id="wrapper">
11 ▼         <nav><ul>
12                 <li><a href="#">Link1</a></li>
13                 <li><a href="#">Link2</a></li>
14                 <li><a href="#">Link3</a></li>
15                 <li><a href="#">Link4</a></li>
16                 <li><a href="#">Link5</a></li>
17             </ul></nav>
18         <header><h2>Favorite City Tour</h2>
19         <p>Travel with a purpose</p></header>
20 ▼     <main id="content">
21             <aside class="sidebar1"><!--Insert customer testimonials into Sidebar 1-->
22                 <p class="first">Lorem ipsum dolor sit amet, consectetur adipisicing elit. Reiciendis deserunt facilis
                    temporibus labore illo aut architecto quia quis, adipisci eos, tempora, reprehenderit porro omnis maxime ex
                    quo nulla, mollitia. Exercitationem!</p>
```

图 4-44

Dreamweaver 高亮显示 7 行代码。通过行号选择代码能够节省大量时间，避免出现选择错误。但是这种选择方式未考虑元素的真实结构，有些元素是在一行的中间开始或结束的。选择具有逻辑结构的代码时，使用标签选择器会好一些。

4.5.2　使用标签选择器

选择代码最简单、最高效的方法是使用标签选择器，后面的课程中会经常用到这种方法。

❶ 向下拖曳滚动条，找到如下代码：

<a href="#">Link 1</a>

❷ 把光标插入 Link 1 文本之中。

查看文档窗口底部的标签选择器。

在【代码】视图中，标签选择器栏显示的是 <a> 标签及其所有父元素，在【实时视图】或【设计】视图中也是一样。

❸ 选择 a 标签选择器，如图 4-45 所示。

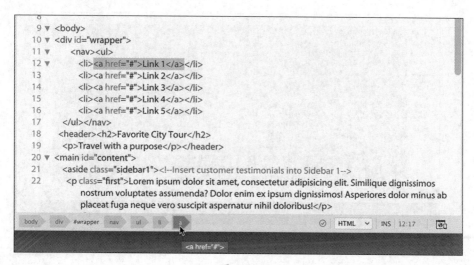

图 4-45

此时，在【代码】视图中，整个 <a> 元素高亮显示。接下来，你就可以轻松地对它做复制、剪切、移动、折叠操作了。标签选择器能够清晰地显示代码结构，不涉及【代码】视图显示。例如，<a> 元素是 <li> 元素的子元素，<li> 元素是 <ul> 元素的子元素，<ul> 元素是 <nav> 元素的子元素，<nav> 元素是 <div#wrapper> 元素的子元素等。

借助标签选择器可以轻松地选择代码的任意一部分。

❹ 选择 ul 标签选择器，如图 4-46 所示。

此时，整个无序列表都被选中。

❺ 选择 nav 标签选择器。

此时，整个导航菜单被选中。

❻ 单击 div#wrapper 标签选择器，如图 4-47 所示。

此时，整个页面被选中。借助标签选择器，你可以轻松地查找和选择页面中任意一个元素的结构，但是使用这种方法时，需要你自己找出并选择父标签。事实上，Dreamweaver 提供了另外一个工具，可以帮你自动完成这项工作。

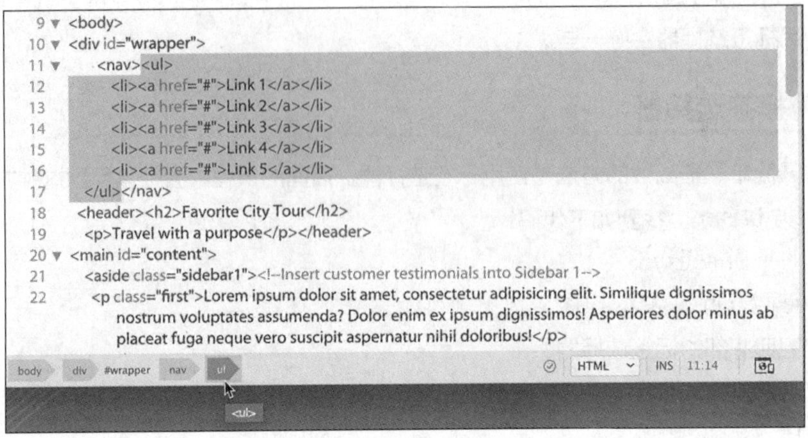

图 4-46

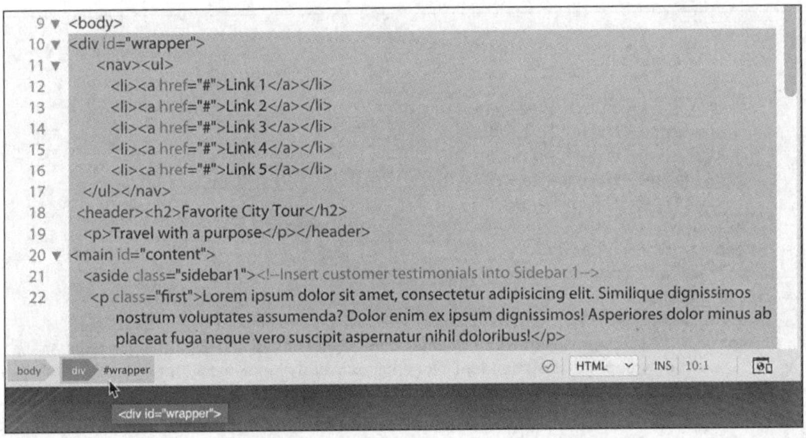

图 4-47

4.5.3 使用父标签选择器

在【代码】视图中，使用父标签选择器可以使选择页面层次结构变得更简单。

❶ 在菜单栏中依次选择【窗口】>【工具栏】>【通用】，显示出通用工具栏。

❷ 把光标插入文本 Link 1 中。

默认设置下，【选择父标签】图标未显示在通用工具栏中，因此需要先将其在通用工具栏中显示出来。若通用工具栏中显示了【选择父标签】图标，请跳到第 4 步。

❸ 单击【自定义工具栏】图标，在【自定义工具栏】对话框中，勾选【选择父标签】复选框，将其添加到通用工具栏中。

❹ 在通用工具栏中，单击【选择父标签】图标（ ），如图 4-48 所示。

此时，整个 <a> 元素高亮显示。

❺ 单击【选择父标签】图标，或者按 Ctrl+[或 Cmd+[（左方括号）快捷键，选择整个 <li> 元素。

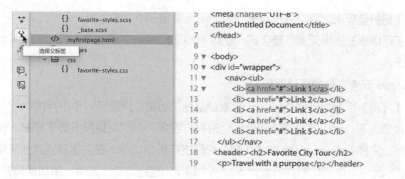

图 4-48

⑥ 单击【选择父标签】图标，如图 4-49 所示。

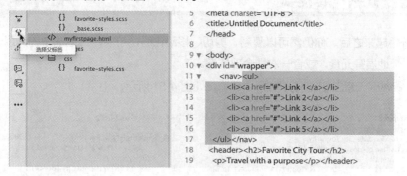

图 4-49

此时，选中整个 <ul> 元素。

⑦ 按两次 Ctrl+[或 Cmd+[（左方括号）快捷键，选中 <div#wrapper> 元素。

每次单击【选择父标签】图标，或者按 Ctrl+[或 Cmd+[（左方括号）快捷键时，Dreamweaver 就会选择当前元素的父元素。选择某个元素之后，你会发现处理长段代码并不容易。为此，【代码】视图提供了一些便捷的选项，可以把长段代码折叠起来，便于处理。

4.6　折叠代码

编写网页代码的过程中，把大段代码折叠起来，可以更轻松地复制或移动大段代码。当你在页面中查找特定元素或某段代码，或者想暂时隐藏某段代码时，你就可以借助选择或逻辑元素，把这段代码折叠起来。

① 选择 <nav> 元素中的前 3 个菜单项。

此时，所选代码左侧出现一个折叠图标（▼），表示当前所选代码处于展开状态。

② 单击折叠图标，把选择的代码折叠起来，如图 4-50 所示。

```
10 ▼ <div id="wrapper">
11 ▼     <nav><ul>
12 ▼         <li><a href="#">Link 1</a></li>
13          <li><a href="#">Link 2</a></li>
14          <li><a href="#">Link 3</a></li>
15          <li><a href="#">Link 4</a></li>
16          <li><a href="#">Link 5</a></li>
17      </ul></nav>
```

```
10 ▼ <div id="wrapper">
11 ▼     <nav><ul>
12 ▶         <li><a href="#">Link 1</a...        <li><a href="#">Link 4</a></li>
16          <li><a href="#">Link 5</a></li>
17      </ul></nav>
18      <header><h2>Favorite City Tour</h2>
19          <p>Travel with a purpose</p></header>
20 ▼ <main id="content">
```

图 4-50

把选择的代码折叠起来之后，只显示第一个 <li> 元素和一个文本片段。

此外，你还可以根据逻辑元素折叠代码，例如 <ul> 或 <nav>。请注意，包含元素开始标签的每一行也有折叠图标。

❸ 单击 <nav> 元素左侧的折叠图标。

此时，在【代码】视图中，整个 <nav> 元素都折叠了起来，只显示一个小片段。

在上面两种情况下，代码既没有被删除，也没有被毁坏，它们只是被折叠了起来，而且仍能正常发挥作用。另外，只有 Dreamweaver 的【代码】视图支持折叠功能，在浏览器或其他应用程序中，这些代码会正常显示出来。展开代码与折叠代码是一个相反的过程，接下来讲一讲如何展开代码。

4.7　展开代码

将代码折叠起来之后，你仍然可以复制、剪切、移动代码，与操作其他选中的元素一样。然后，你可以一个一个地展开元素，或者一次性全部展开。

❶ 单击 <nav> 元素左侧的展开图标（▶），如图 4-51 所示。

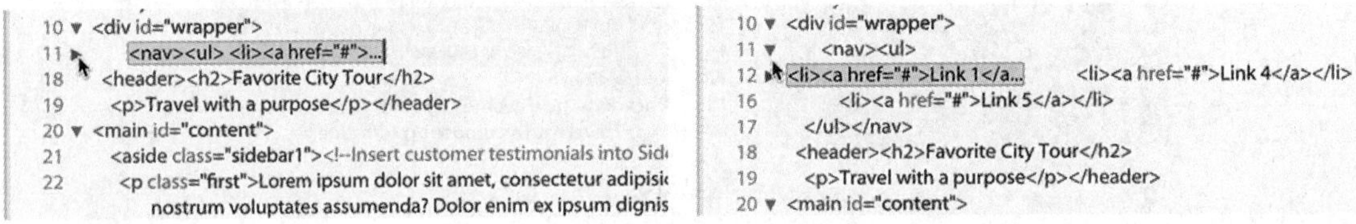

```
10 ▼ <div id="wrapper">
11 ▶     <nav><ul><li><a href="#">...
18 ▶ <header><h2>Favorite City Tour</h2>
19     <p>Travel with a purpose</p></header>
20 ▼ <main id="content">
21     <aside class="sidebar1"><!--Insert customer testimonials into Side
22     <p class="first">Lorem ipsum dolor sit amet, consectetur adipisic
            nostrum voluptates assumenda? Dolor enim ex ipsum dignis
```

```
10 ▼ <div id="wrapper">
11 ▼     <nav><ul>
12 ▶         <li><a href="#">Link 1</a...        <li><a href="#">Link 4</a></li>
16             <li><a href="#">Link 5</a></li>
17         </ul></nav>
18         <header><h2>Favorite City Tour</h2>
19         <p>Travel with a purpose</p></header>
20 ▼     <main id="content">
```

图 4-51

请注意，展开 <nav> 元素之后，其中的前 3 个 <li> 元素仍处于折叠状态。

❷ 单击 <li> 元素左侧的展开图标。

此时，所有被折叠的元素都展开了。而且，前 3 个 <li> 元素左侧的展开图标也一起消失了。

4.8　拆分【代码】视图

编写网页时，开发人员往往喜欢同时在两个窗口中工作。考虑到这一点，Dreamweaver 提供了拆分【代码】视图功能。在拆分后的【代码】视图下，你可以同时在两个不同的文件或者在同一个文件的两个不同区域中工作。

❶ 切换到【代码】视图。

❷ 在菜单栏中依次选择【查看】>【拆分】>【Code-Code】，如图 4-52 所示。

此时，界面中显示出两个【代码】视图，两个视图中显示的都是 myfirstpage.html 页面。

❸ 把光标放入上方的视图中，向下拖曳视图右侧的滚动条，找到 <footer> 元素。

在拆分【代码】视图下，你可以同时查看和编辑同一个文件的两个不同部分。

❹ 把光标移动到下方的视图中，向下拖曳视图右侧的滚动条，找到 <header> 元素，如图 4-53 所示。

你还可以查看和编辑相关文件的内容。

❺ 在相关文件栏中选择 favorite-styles.css。

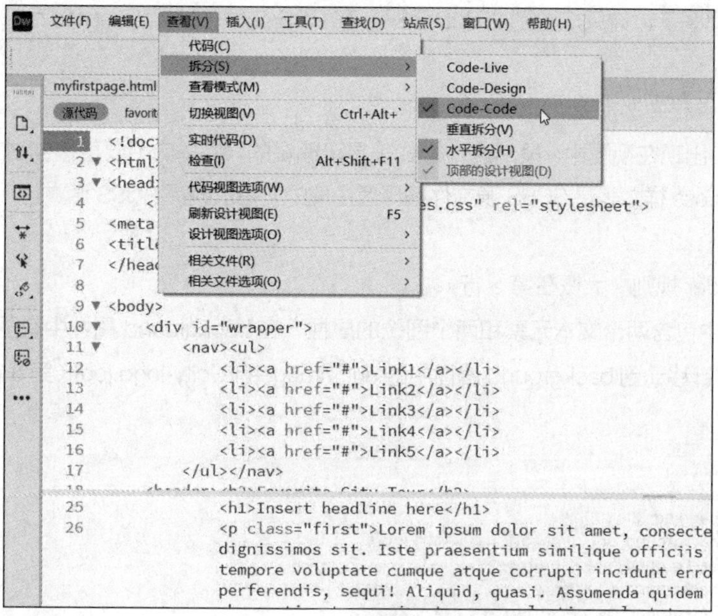

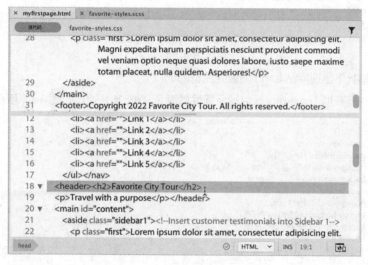

图 4-52

图 4-53

此时，Dreamweaver 把样式表加载到其中一个视图中，你可以在该视图中做更改，然后实时保存你的更改。当你改动了一个文件，但尚未保存更改时，文件名称旁边就会出现一个星号"*"。在菜单栏中依次选择【文件】>【保存】菜单，或者按 Ctrl+S 或 Cmd+S 快捷键，Dreamweaver 就会保存当前文件（指光标当前所在的文件）中的更改。即使文件当前未打开，Dreamweaver 也可以把改动保存到其中。也就是说，在 Dreamweaver 中，你可以编辑和更新那些当前未打开但与网页链接在一起的文件。

4.9　在【代码】视图中预览资源

Dreamweaver 在【代码】视图中提供了可视化预览图形资源和某些 CSS 属性的功能。

❶ 打开 myfirstpage.html 页面，切换到【代码】视图。

在【代码】视图下，你只能看到 HTML 代码。在 CSS 文件（favorite-styles.css）中的图形资源只是一些引用。

❷ 在相关文件栏中选择 favorite-styles.css。

此时，样式表出现在视图中。虽然这个样式表是可编辑的，但是请不要直接编辑它，这是在浪费时间。favorite-styles.css 样式表是 SCSS 源文件编译后生成的，每次编译 SCSS 源文件，favorite-styles.css 样式表都会被重写。

❸ 找到 header 规则（大概在第 5 行）。

header 规则中包含两个文本元素和两个图像的属性。在 background 属性中有图像的引用。

❹ 把鼠标指针移动到 background 属性中的 url(../images/favcity-logo.jpg)（第 8 行）处，如图 4-54 所示。

图 4-54

此时，鼠标指针下出现网站 Logo 图像的缩览图。

❺ 把鼠标指针移动到 background-color 属性的颜色（#ED6）处，如图 4-55 所示。

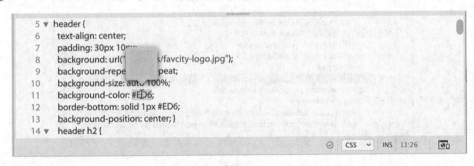

图 4-55

此时出现一个小色块，表示鼠标指针所指颜色。所有颜色、图像的预览方式都是一样的。有了预览功能，不用进入【实时视图】或浏览器，你就能知道选用的图像和颜色分别是什么。

本课介绍了多种轻松和高效的代码编写方法，包括如何使用代码提示和自动补全功能手动编写代码，如何使用 Emmet 简写形式快速编写代码，如何使用 Dreamweaver 内置的查错功能检查代码结构，如何选择、折叠、展开代码，如何添加 HTML 注释，以及如何以不同方式查看代码。

总之，不管你是视觉设计师，还是程序员，都能轻松地使用 Dreamweaver 提供的各种强大功能尽情地创建和编辑 HTML 或 CSS 代码。请你牢记这些方法，并恰当地运用到自己的网页制作实践中。

4.10 复习题

① Dreamweaver 为帮助用户编写代码提供了哪些便利功能？

② Emmet 是什么，它提供了什么功能？

③ 为了在 Dreamweaver 中使用 LESS、Sass、SCSS 预处理器，需要安装什么吗？

④ 保存文件时，Dreamweaver 中的哪个功能会检查并报告代码错误？

⑤ 判断正误：被折叠的代码在展开之前不会出现在【实时视图】或浏览器中。

⑥ 在 Dreamweaver 中如何快速访问与网页相关的文件？

4.11 答案

① 为了帮助用户编写代码，Dreamweaver 提供了代码提示、自动补全（针对 HTML 标签、属性、CSS 样式）功能，同时还支持 JavaScript、PHP 等语言。

② Emmet 是一个用来创建 HTML 代码的脚本工具包，它能够把你输入的简写代码转换成完整的元素、占位符、内容等。

③ 使用 LESS、Sass 或 SCSS 不需要你安装任何软件或服务。Dreamweaver 本身就支持这些 CSS 预处理器。只要在【站点设置对象】对话框中开启相应的编译器，即可使用它们。

④ 每次保存文件，Dreamweaver 的 Linting 功能都会检查 HTML 代码及其结构，当发现错误时，它会在文档窗口底部显示一个红色的叉号。

⑤ 错。在 Dreamweaver 外部，折叠代码不会对代码的显示或运行产生影响。

⑥ 相关文件栏位于文档窗口顶部，在其中你可以快速访问与网页有关的 CSS、JavaScript 等文件。某些情况下，相关文件栏中显示的文件存储在网络中的远程设备中。虽然在相关文件栏中可以查看所有文件的内容，但是编辑时，你只能编辑存储在本地磁盘中的文件。

网页设计基础

课程概览

本课主要讲解以下内容。

- 网页设计基础知识
- 创建缩略图和线框图

学习本课大约需要 **0.5** 小时

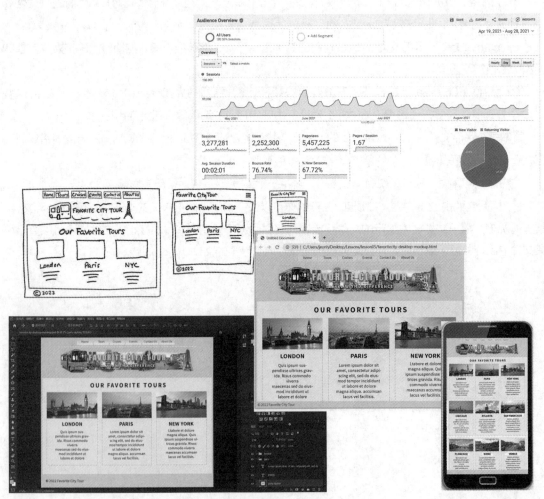

　　无论是一张缩略图、线框图、Photoshop 设计稿，还是一个想法，使用 Dreamweaver 都能快速地把概念设计转换成一个完整的、标准的 CSS 布局。

5.1　开发一个新网站

在做网页设计项目之前，你需要先回答如下 3 个重要问题。

- 创建网站的目的是什么？
- 网站用户是谁？
- 用户如何访问网站？

5.1.1　创建网站的目的是什么

你的网站用于卖产品还是提供服务？你的网站是用来娱乐的还是玩游戏的？你的网站提供信息或新闻吗？你的网站需要使用购物车或数据库吗？你的网站需要支持信用卡支付或电子支付吗？

搞清楚网站的目的，有助于你弄清开发和使用什么样的内容，以及应用什么样的技术。

5.1.2　网站用户是谁

网站用户是成人、孩子、专业人员、业余爱好者、男人、女人，还是所有人？弄清楚网站的用户对于网站的设计和功能规划至关重要。如果网站用户是孩子，那么设计网站时，就要多用一些动画、明快的颜色，多添加一些交互。中年人希望在网站中看到一些严肃的内容和深入的分析。老年人希望网站字体大一些，并提供一些能增强访问便利性的设计。

制作网站时，如果你不知道应该怎么做，那就去看同类网站。例如卖相同产品或提供类似服务的网站，并分析这些网站做得是否成功。你可以借鉴那些做得很成功的网站，但是千万别抄袭。例如，谷歌网站和雅虎网站提供的基本服务一样，但是它们在设计方面有很大的不同，如图 5-1 所示。

图 5-1

5.1.3　用户如何访问网站

用户访问你的网站的方式有很多种。例如，他们使用的是台式机、笔记本电脑、平板电脑，还是智能手机？上网方式是高速网线、无线网络，还是拨号服务？使用得最多的浏览器是什么？显示器的大小和分辨率是多少？

回答完以上问题，有助于你弄清用户希望从网站获得怎样的体验。例如，使用拨号服务或智能手机的用户不希望在网站中看到太多图片或视频，而使用大屏显示器和高速网络的用户则希望在网站中看到高清大图或视频。

那么，你可以从哪里获得这些信息呢？有些信息必须经过大量研究和统计分析才能得到，有些信息你可以根据自己的知识和对市场的了解合理推测得到，还有些信息你可以直接从网上获取。例如，W3School 会记录大量关于网站访问情况的统计数据，并定期进行更新。

重新设计现有网站时，你的网站托管服务商可能会提供一些有价值的统计信息，例如历史访问量和访客的一些信息。如果你是自己管理网站，那么你可以在网站代码中插入第三方统计工具（例如Google Analytics 或 Adobe Analytics）来跟踪获取一些有用的信息，如图 5-2 所示。

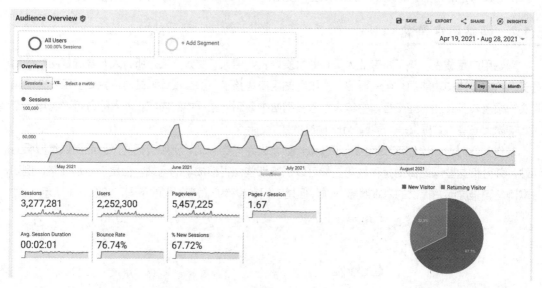

图 5-2

分析工具能够提供有关网站访客的全面统计信息。常用的分析工具是 Google Analytics，如图 5-2所示。

截至 2021 年夏，Windows 台式机仍是使用人数最多的上网设备（74%），用户使用得较多的浏览器依次是 Google Chrome（81%）、Microsoft Edge（6%）、Firefox（5.6%）。绝大多数桌面浏览器（98%）的分辨率高于 1280 像素 ×800 像素。

5.2 一个虚构的旅游网站

出于学习的需要，接下来的课程会为 Favorite City Tour 公司（一家虚构的旅游公司）开发一个网站。这个网站包含各种各样的旅游服务信息，网站由各种类型的网页组成，例如使用 jQuery（一个快速、简洁的 JavaScript 框架）等技术制作的动态网页。

旅游类网站的用户群体是多样化的，涵盖各个年龄段的人群，他们大都有一定的收入，而且受过良好的教育。他们希望从旅游中寻求一种全新的体验，他们对旅游也有着自己独特的看法与认识。

假设大多数网站访客使用的是台式机或笔记本电脑，用的是高速宽带上网服务。访客中只有20%~30%的人使用智能手机或其他移动设备上网，其他访客只是偶尔用一下移动设备上网，例如在旅行过程中。

为简化Dreamweaver的学习过程，本书将使用Dreamweaver内置的初始布局来创建这个旅游网站，并介绍如何把设计主题与现有框架结合起来。

5.3 使用缩略图和线框图

回答了上面3个问题（网站用途、访客分布、访问方式）之后，接下来就该确定网站中网页的数量、各个网页的用途，以及各个网页的外观了。

响应式网页设计

现在，使用移动设备上网的人越来越多了，而且有些人使用移动设备上网的次数大大超过了使用台式机的次数。这给网页设计师带来了一些挑战。例如如何把具有两栏或三栏内容的网页在一个三四英寸（1英寸 ≈ 2.54厘米）的手机屏幕中显示出来，如图5-3所示。

过去设计网页时，通常会根据一个最优的尺寸（以像素表示的高度与宽度）来设计，然后按照这些规格来创建整个网站。但是现在这种做法已经不常见了。现在在制作网站之前，你必须先做一个决定：你的网站是要根据各种尺寸的显示器自动做调整（响应式），还是只支持部分台式机和移动设备的显示器（适应式）？

做决定时要考虑网站呈现的内容及访问设备的性能。如果不对访客的显示器尺寸和访问设备的性能做大量研究，那么想设计出一个支持音频、视频，以及其他动态内容且吸引人的网站是很困难的。"响应式网页设计"

图 5-3

这个说法最早是由波士顿的一位网页开发者伊森·马科特（Ethan Marcotte）提出的。他在《响应式网页设计》（2011年）一书中提出了设计能够自动适应多种屏幕尺寸的网页的想法。本书除了介绍标准技术之外，还会介绍各种响应式网页设计的技术，以及如何在网站设计中应用这些技术。

许多平面设计中的概念并不适合应用在网页设计中，因为你无法控制用户体验。例如，平面设计师预先知道他们要设计的页面尺寸，把页面从纵向旋转成横向时，打印的页面及其内容不会发生变化。另外，那些专为标准大屏显示器精心设计的网页在智能手机上基本是没法用的。

5.3.1 制作缩览图

在正式设计网页之前，许多网页设计师一般都会先在纸张上画一些缩览图。这些缩览图就是要制作的网页。这些缩览图能够大致明确整个网站的导航结构。

缩览图显示的是需要制作的网页，它们之间的连线描述了这些网页是如何组织在一起的，如图 5-4 所示。

大多数网站都有多层结构。通常，第一层结构是从主页开始的，包含主导航菜单中的所有网页，访客从主页可以直接抵达这些网页。第二层包含的网页只能通过特定动作或在特定位置访问到，例如购物车或产品详情页。

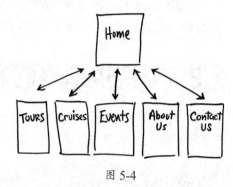

图 5-4

5.3.2 设计网页

搞清楚了网站中有哪些网页，以及呈现什么样的产品和服务之后，接下来就应该具体设计这些网页了。找来纸笔，把每个网页包含的组件写下来，例如页头、页脚、导航、主体区域、边栏等，如图 5-5 所示。除了这些之外，还需要考虑什么因素？如果你设计的网站需要考虑用户使用移动设备访问的情形，那你还得考虑上面这些组件在移动设备中是不是必要的。有些网页组件能够根据用户使用的移动设备的屏幕自动调整尺寸，而有些组件则必须重新进行构思和设计。

1. 水平导航（内部引用，例如Home、About Us、Contact Us）
2. 页头（包括横幅和站标）
3. 页脚（版权信息）
4. 主要内容（一栏或两栏或更多栏）

图 5-5

确定每个网页包含的必需组件，有助于设计出符合需求的网页。

设计企业网站时要考虑是否有企业 Logo、图形意象、指定的颜色主题等，或者企业是否有现成的出版物、宣传册或广告作品。通常，这些材料在网站建设之前就已经有了。把这些资料收集一下，可作为网站建设的参考。分析这些资料，你能从中确定网站的主题。反过来，在某些情况下，你设计的网页也可以成为印刷品的一部分。

确定好每个网页包含的组件之后，你可以继续为这些组件粗略地勾画几种布局。然后根据访客的统计信息，确定你的设计主要针对台式机还是移动设备（例如平板电脑、智能手机等）。

设计网页时，大多数设计师都会选择一种能够兼顾灵活性和美观性的网页设计方案。有些网站的设计倾向于应用多种基本布局。设计网页时，一定要抑制住单独设计每一个网页的冲动。请尽量减少网页设计布局的数量，这样会让你的网站显得专业、统一，而且易于管理。某些领域的专业人员（如医生、飞行员）会穿统一的制服也是这个原因。制作网页时，使用统一的网页设计（或模板）会让访客觉得你的网站很专业，而且值得信赖。确定网页外观时，必须先确定基本组件的尺寸和位置，因为组件的摆放位置与其作用和实用性密切相关。

平面设计中，版面的左上角是最吸引人的地方，通常设计师会把一些重要元素（如 Logo、标题）放在这个位置。这是因为人们阅读时一般都是按照从左到右、自上而下的顺序。此外，版面的右下角也是一个重要区域，因为当人们阅读完毕后目光就停留在这个位置。

但是，上面这个理论在网页设计中却不怎么有效，原因很简单，那就是你永远不知道网站用户是用什么设备来访问网站的，他们用的是 20 英寸的平板电脑，还是 3 英寸的智能手机？

大多数情况下，你唯一可以确定的是，用户能够看到每个网页的左上角。在这个位置放置企业 Logo 还是导航菜单？这是你需要做的决定。设计网页时，你是追求漂亮还是实用，抑或在两者之间寻求一种平衡？

5.3.3　绘制线框图

确定好设计之后，接下来就可以绘制线框图来描述网站中每个网页的结构了。线框图类似于缩览图，但内容比它详细。在每个网页的线框图中，可以看到相关组件的更多细节，例如链接名称、主标题，但是这些组件的设计和样式都是极简的。线框图可以帮助你提前发现一些问题，这样编写代码的时候就能有的放矢。绘制线框图时建议你手绘，因为这样更简单、高效，如图 5-6 与图 5-7 所示。

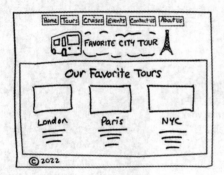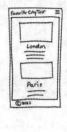

图 5-6

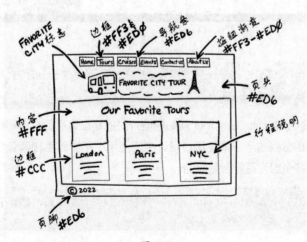

图 5-7

绘制线框图时，你可以轻松尝试不同的网页设计，快速找到满意的设计方案，避免编写代码时浪费时间。

确定好基本设计之后，许多设计师还会多做一步，那就是使用 Photoshop、Illustrator 等软件做一个全尺寸的网站原型。其实，这样做是很有必要的，因为客户一般不会仅凭你的几张手绘稿就认可你的设计或者拨给你预算。而且，在这些软件中制作好网站原型之后，你可以把网站原型导出为全尺寸图像（JPEG、GIF、PNG 格式），然后在浏览器中预览它们，它们看起来与真实的网页差不多，而且制作起来也花不了多少时间。

最终设计的线框图应该包含所有组件，以及相关内容、颜色、尺寸的特定信息。

为了演示如何使用上面的软件制作原型，本书使用 Photoshop 制作了一个示例网页，你可以在第 5 课的 resources 文件夹中找到它。

注意：你可以使用任何一个版本的 Photoshop 打开示例网页。但是，如果你使用的 Photoshop 版本与这里的不一样，那么你看到的 Photoshop 的面板、菜单可能与图 5-8 中不太一样。

❶ 启动 Photoshop 2022。

❷ 打开 lesson05\resources 文件夹中的 favoritecity-desktop-mockup.psd 文件，如图 5-8 所示。

图 5-8

> 💡 注意　原型中使用的字体来源于 Adobe 在线字体服务——Adobe Fonts。若想在 Photoshop 中正常查看最终设计效果，请先下载并安装这些字体。Adobe Fonts 字体服务包含在 Creative Cloud 的订阅包中。

这个 PSD 文件包含的 Favorite City Tour 网站原型针对的是配有平面显示器的台式机。文件包含各种设计组件和图像，它们分别位于不同图层，设计中还使用了不同颜色和渐变效果。你可以自由地开关各个图层，了解一下各个组件是怎么创建的。

> 💡 注意　打开一个包含文字图层的 Photoshop 文件时，你会看到一条信息，要求你更新这些图层。此时，更新一下这些图层即可。

> 💡 注意　如果你的计算机中没有安装 Photoshop，那么你可以打开同名的 HTML 文件看一看。

除了常用功能之外，Photoshop 还专门为网页设计师提供了一些功能，以帮助他们更轻松地制作网站原型。

5.3.4　为移动设备设计网页

根据需求和访客统计数据，有时需要为那些使用智能手机和平板电脑访问网站的用户设计网页，因为这些访问设备的屏幕尺寸各不一样。许多网站的主要用户就是使用移动设备的用户。如果你的网站就是这样的，那么设计网页时，就要采用"移动优先"的策略。

"移动优先"策略要求设计师设计网页时优先考虑那些使用智能手机和平板电脑的用户的需求，然后再考虑使用台式机的用户的需求。这些专门的设计和优化，可以提升网站用户的体验，从而给网站带来更多的流量和收入。

智能手机和平板电脑的屏幕尺寸有限，要在有限的屏幕上有效地显示网页内容，就必须重新考虑网页设计方案。例如，在为大尺寸的横向平面显示器设计网页时，为了强调网页中的图形和图片，一般都会把图形和图片的尺寸设置得很大。但是，这种网页无法应用到智能手机屏幕上，因为智能手机的屏幕一般都比较小，而且是纵向的，用来显示图形和图片的区域往往只有几英寸。

在大屏幕上，网页中的标题和正文能够同时显示出来，但在智能手机上可能需要滚动好几屏才能看全。为移动设备用户编写有效的网站代码不是件容易的事。有时可能需要为使用不同类型设备的用户提供不同内容，可以借助 PHP、ASP、JavaScript 等编程语言编写代码，判断用户使用的设备类型，并根据用户所用设备的屏幕尺寸显示相应内容。

5.3.5　第三种策略

设计网站的第三种策略是同时兼顾台式机用户和移动设备用户。你会发现，许多网站用户会交替使用台式机和移动设备访问网站，有时在同一天里也会频繁地更换访问设备。例如，在家里和办公室里使用台式机或笔记本电脑，而外出时就使用智能手机和平板电脑。

这种策略实施起来最简单，代价也最小，它不需要另外编程，本书会采用这个策略。为了展示这个过程，本书还为示例网站的移动设备版本创建了网站原型。

❶ 启动 Photoshop 2022，进入 lesson05\resources 文件夹，打开 favoritecity-tablet-mockup.psd 文件，如图 5-9 所示。

图 5-9

这个 PSD 文件中包含的网站原型针对的是平板电脑。

❷ 打开 favoritecity-phone-mockup.psd 文件，如图 5-10 所示。

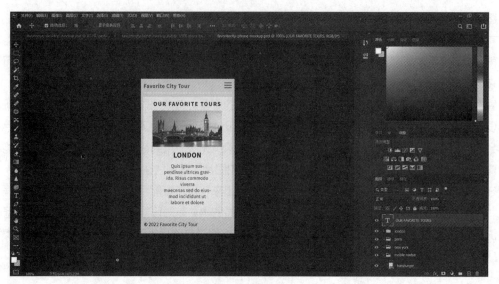

图 5-10

这个 PSD 文件中包含的网站原型针对的是智能手机。

> 💡 **注意** 如果你的计算机中没有安装 Photoshop，那你可以打开同名的 HTML 文件看一看。

这些网站原型都可以在 Photoshop 或 Dreamweaver 中打开。单击文档窗口顶部的文档选项卡，可以在它们之间自由切换，观察不同布局并进行比较，了解每种设计是如何展现相同内容并根据访问设备改变大小和格式的。

Favorite City Tour 网站原型中包含各种基于矢量的设计组件和图像，它们分别位于不同图层，设计中还使用了不同颜色和渐变效果。你可以自由地开关各个图层，了解一下各个组件是怎么创建的。

除了常用功能之外，Photoshop 还专门为网页设计师提供了一些功能，以帮助他们更轻松地制作网站原型。使用 Photoshop 的过程中，你可以使用 Adobe Generator 实时创建图像资源。

下一课将介绍如何根据创建好的网站原型修改 Dreamweaver 中内置的模板。

5.4　复习题

❶ 在动手设计网站之前，需要先回答哪 3 个问题？

❷ 为什么要制作缩览图和线框图？

❸ 设计网页时，为什么要考虑使用智能手机和平板电脑等移动设备的用户？

❹ 什么是响应式设计，为什么要关注它？

❺ 为什么要使用 Photoshop、Illustrator 等软件制作网站原型？

5.5　答案

❶ 3 个问题分别是：创建网站的目的是什么？网站用户是谁？用户如何访问网站？搞清这 3 个问题的答案有助于你确定网站的设计、内容、策略。

❷ 缩览图和线框图用于快速描述网站的设计和结构，有助于你提前发现问题并解决问题，确定好设计方案，避免编写网页时浪费大量时间。

❸ 移动设备用户增长迅猛，大量用户经常使用移动设备访问网站。专为台式机设计的网页在移动设备上的显示效果不佳，移动设备用户无法顺利访问这样的网站。

❹ 响应式设计是一种使网页及其内容得到最有效利用的方法，它可以让网页自动适应不同尺寸的屏幕和不同类型的设备。

❺ 相比于在 Dreamweaver 中编写代码，使用 Photoshop 与 Illustrator 能够快速设计出网站原型。你还可以轻松地把设计好的网站原型导出成图片，供客户查看，以便获得他们的认可。

第 6 课

创建页面布局

课程概览

本课主要讲解以下内容。

- 根据设计原型确定网页结构
- 基于预定义布局创建页面布局
- 向 Creative Cloud 上传 Photoshop 原型
- 从 Photoshop 原型中提取样式、文本、图像
- 把提取的样式、文本、图像应用到 Dreamweaver 中的初始布局上

学习本课大约需要 **1.5** 小时

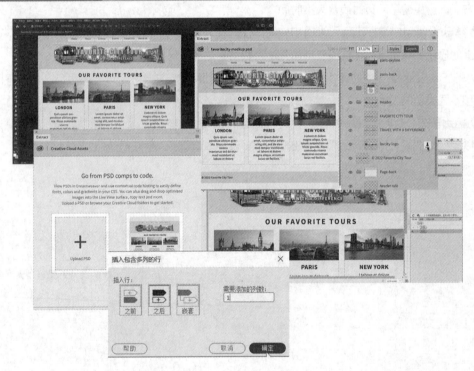

  Dreamweaver 提供了许多功能强大的工具，你可以使用这些工具轻松应用在其他 Adobe 软件（如 Photoshop）中创建的样式、文本、图像资源。

94　**Adobe Dreamweaver 2022 经典教程**

6.1　查看网站原型

上一课介绍了制作网站时如何确定网站的网页、组件和结构。最终的网站设计方案一定在各种因素（如访客类型及其访问方式）之间达成了某种平衡。本课将介绍如何在基本网页布局中实现这些结构和组件。

实现一个页面设计的方法多种多样。接下来创建一个具有简单结构的页面，并确保其使用的HTML5 元素数最少。其实，这样的页面设计很容易实现与维护。先把上一课中提到的网站原型打开，把握一下网页的基本结构。

❶ 在 Dreamweaver 中，打开 lesson06 文件夹中的 favoritecity-mockup.html 文件。

这个 HTML 文件包含了一张图片，它是 Favorite City Tour 网站的设计原型，上一课中已经介绍过了。我们可以把整个页面拆分成几个基本组件：页头、页脚、导航、主体内容。

当我们熟练掌握构建页面布局的技能之后，就可以在 Dreamweaver 中从零开始实现任意一种页面设计。在此之前，我们先从使用 Dreamweaver 内置的预定义布局学起吧。

❷ 关闭 favoritecity-mockup.html 文件，不保存任何修改。

接下来了解一下 Dreamweaver 内置的预定义布局，然后从中选择一个开始设计网页。

6.2　使用预定义布局

长久以来，Dreamweaver 一直致力于为网页设计师提供最新的工具和工作流程，确保每一位网页设计师无论水平如何都能轻松地使用这些工具和流程。例如，Dreamweaver 一直在提供一系列预定义的布局、各种页面组件，以及代码片段，以便网页设计师能够轻松、快速地完成网页设计工作。

通常，建站的第一步是浏览 Dreamweaver 内置的预定义布局，从中找一找是否有满足你的需求的预定义布局。

Dreamweaver 2022 延续了这个传统，提供了多种 CSS 布局和 Web 框架，让你可以使用它们轻松创建不同类型的项目，从【文件】菜单中可以访问这些 CSS 布局和 Web 框架。

> ♀ 注意　参考前言中的内容，为本课新建一个站点，并命名为 lesson06。

❶ 在菜单栏中依次选择【文件】>【新建】，打开【新建文档】对话框。

除了使用 HTML、CSS 和 JavaScript 创建文档外，Dreamweaver 还允许你创建各种兼容 Web 的文档。【新建文档】对话框中显示了许多文档类型，包括 PHP、XML、SVG，还有一些预定义的布局、模板、框架。

❷ 在【新建文档】对话框中，依次选择【启动器模板】>【基本布局】。

【基本布局】包含 3 种布局，分别是【基本 - 单页】【基本 - 多列】【基本 - 简单网格】。

截至本书至写之时，Dreamweaver 2022 提供了 3 种基本布局、6 种 Bootstrap 模板、4 种响应式电子邮件模板、3 种快速响应启动器布局。随着时间的推移，这些布局的数量会不断增加，届时 Creative Cloud 会自动推送更新。这些更新是悄无声息的，你可以随时关注这个列表的变化。

所有布局都是响应式设计，采用的是兼容 HTML5 的结构，这将有助于你获得有关新标准的宝贵经验。只要不需要支持旧版本的浏览器（如 IE5、IE6），你就完全可以放心大胆地使用这些新设计的布局。

③ 选择【基本 - 多列】，观察对话框右侧的预览图片，如图 6-1 所示。

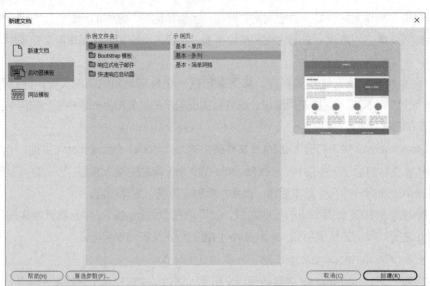

图 6-1

此时，预览图片显示的是包含多列的网页布局。

④ 选择【基本 - 简单网格】，如图 6-2 所示。

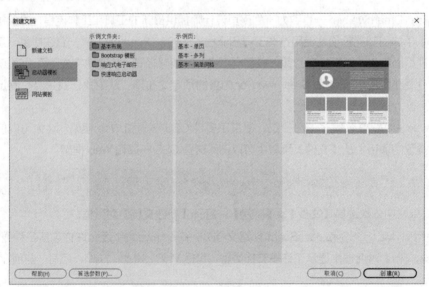

图 6-2

此时，预览图片显示的是一个基于网格的页面。

⑤ 依次选择每一个类别中的每一种布局，在对话框的预览区域中，观察每一种布局的外观。

一种布局对应一种有特定用途的网站。浏览完所有布局之后，发现只有【Bootstrap- 电子商务】布局与本课的网站原型最接近。

⑥ 依次选择【Bootstrap 模板】>【Bootstrap - 电子商务】。

⑦ 单击【创建】按钮，如图 6-3 所示。

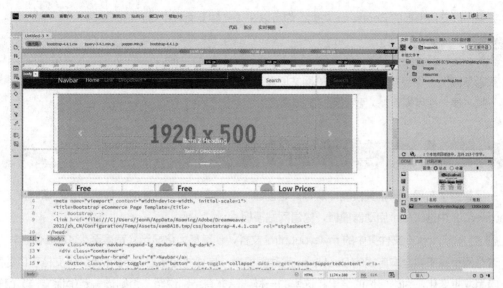

图 6-3

新建的文件是单列布局，包含导航、主体内容、页脚组件。在做下一步操作之前，先保存文件。

❽ 在菜单栏中依次选择【文件】>【保存】。

第一次保存新文件时，无论选择【保存】还是【另存为】都可以，因为此时这两个命令的作用是一样的。如果某个文件已经保存过，选择【另存为】可以把这个文件以一个新名称保存或者保存到另外一个文件夹中。

❾ 在【另存为】对话框中，输入新名称 mylayout.html，将文件保存到 lesson06 文件夹中，如图 6-4 所示。

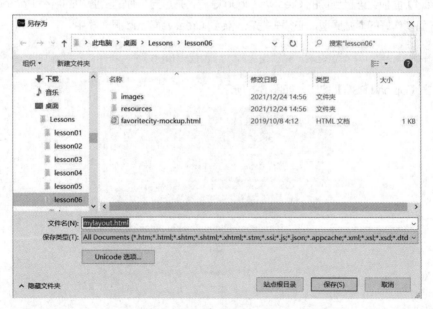

图 6-4

💡 提示　若有必要，你可以单击【站点根目录】按钮，转到 lesson06 站点根目录下。

保存文件时，Dreamweaver 会自动把各种资源（图像占位符、CSS、JavaScript 库）添加到站点文件夹中，以支持模板的 Bootstrap 功能。你可以在【文件】面板中看到这些资源。

> 💡 注意　【文件】面板会自动更新，但需要花一点时间。

查看新网页，你会发现它与本课的网站原型有点类似。接下来根据网站原型调整布局，创建出下一课（第 7 课"使用模板"）要使用的站点模板。

6.3　为预定义布局设置样式

一旦掌握了布局设置相关技能，从零开始创建一个网页布局就会变成一件很简单的事。接下来在 Dreamweaver 中选择一个启动器模板，构建网站模板。

❶ 打开 lesson06 文件夹中的 mylayout.html 文件，使其最大化显示（宽度至少 1200 像素）。

这个网页基于完全响应式的 Bootstrap 启动器模板，其样式会随着 Dreamweaver 文档窗口的宽度和方向而发生变化。为确保你的结果和这里的一样，除非有特别说明，否则请一定确保文档窗口的宽度不小于 1200 像素。关于如何调整窗口尺寸，请阅读第 1 课中的相关内容。

第一步是根据网站原型修改页面布局。通常，传统的做法是手动修改 CSS 代码。这里的网站原型是使用 Photoshop 制作的，Dreamweaver 提供了一个内置的 Extract 功能，使用该功能可以直接从网站原型中提取一些样式。

Extract 功能是 Dreamweaver 前几个版本才加入的，其位于 Creative Cloud 中，在 Dreamweaver 中需要单独打开一个面板才能访问它。

❷ 在菜单栏中依次选择【窗口】>【Extract】，打开【Extract】面板。

【Extract】面板会连接到你的 Creative Cloud 账户，并且显示你的资源中的所有 Photoshop 文件。为了使用前面制作好的网站原型，必须先把它上传到 Creative Cloud 服务器中。

> 💡 注意　打开【Extract】面板之前，必须先运行 Creative Cloud 程序，并且使用自己的账户成功登录。

❸ 单击【Upload PSD】按钮，如图 6-5 所示。

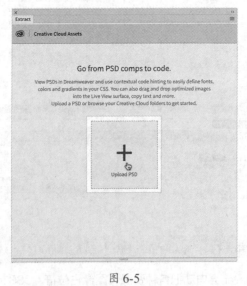

图 6-5

💡 注意　第一次使用【Extract】面板时，你看到的界面可能和这里的不一样。

此时，打开一个文件对话框。

④ 在 lesson06\resources 文件夹中，选择 favoritecity-mockup.psd 文件，单击【打开】按钮。

💡 注意　若Photoshop原型是灰色的，请单击Options按钮，然后从文件类型下拉列表中选择.psd格式。

此时，该文件会被复制到本地的 Creative Cloud Files 文件夹中，然后同步到 Creative Cloud 远程存储设备中。文件上传成功后，你就可以在【Extract】面板中看到它了，如图 6-6 所示。

⑤ 在【Extract】面板中，单击 favoritecity-mockup.psd 文件即可加载该文件，如图 6-7 所示。

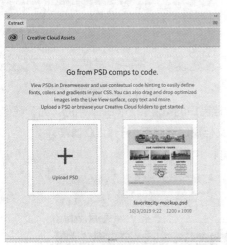
图 6-6

图 6-7

网站原型加载成功后会充满整个面板。在【Extract】面板中，你可以访问网站原型并获取样式信息、图像资源和文本。

6.4　使用【Extract】面板设置元素样式

使用【Extract】面板可以轻松地从 Photoshop 文件获取图像资源和样式数据。这里，只获取样式数据。下面从页面顶部开始，先获取背景颜色。

① 在【Extract】面板中，单击页面的黄色背景，如图 6-8 所示。

单击预览图像，弹出一个面板，你可以在这个面板中选择希望从网站原型中获取的数据。

面板顶部的按钮表示所选组件中有哪些可用数据，如CSS、文本、图像资源等。在这里，【Copy CSS】与【Extract Asset】按钮是可用的，这表示样式和图像资源是可用的。【Copy Text】按钮是灰色的，表示没有可供下载的文本内容。

图 6-8

面板中列出了 CSS 样式，包括宽度、高度、背景颜色属性。每个样式左侧都有一个复选框，勾选某个复选框时，其对应的样式就会被复制到程序内存中。你可以选择所有属性，也可以只选择那些感兴趣的属性。

❷ 取消勾选【width】【height】属性，勾选【background-color】属性。

❸ 单击【Copy CSS】按钮，如图 6-9 所示。

复制了某些属性数据之后，你可以直接在 Dreamweaver 中把它们应用到页面布局中。应用这些属性数据最简单的方法是使用【CSS 设计器】面板。

❹ 在菜单栏中依次选择【窗口】>【CSS 设计器】，打开【CSS 设计器】面板，勾选【显示集】复选框，单击【全部】按钮。

下面把复制的属性应用到当前布局的顶部导航菜单上。在【选择器】窗格中选择相应规则，或者在【实时视图】中选择相应元素来选择导航菜单。

图 6-9

当前页面布局是完全响应式的，其样式是根据文档窗口的宽度和方向来应用的。为了获得正确的样式，必须确保文档窗口把原型设计完全显示出来，文档窗口宽度不小于 1200 像素。

❺ 在【实时视图】中，选择顶部导航菜单，如图 6-10 所示。

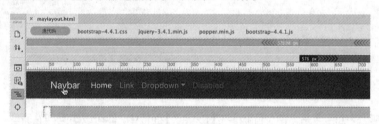

图 6-10

某些情况下，当在文档窗口中选择一个元素时，Dreamweaver 最初选择的元素可能不是你想要的。为了确保选择的元素正确，应该使用标签选择器。

❻ 在标签选择器栏中，选择 nav 标签，如图 6-11 所示。

图 6-11

此时，元素显示框中显示出 <nav> 元素。这个元素有 4 个类，分别是 .navbar、.navbar-expand-lg、.navbar-dark、.bg-dark。【CSS 设计器】面板会把网站中定义的所有 CSS 规则显示出来，包括控制导航菜单的样式，但是不太容易找到它们。

跟踪元素的当前样式时，你会发现该样式可以直接应用于 <nav> 元素，应用于指定的任何一个类，或者在两个或多个规则之间。这里的操作是找出样式来源，然后替换或覆盖它。

❼ 在【CSS 设计器】面板中，选择【当前】模式，如图 6-12 所示。

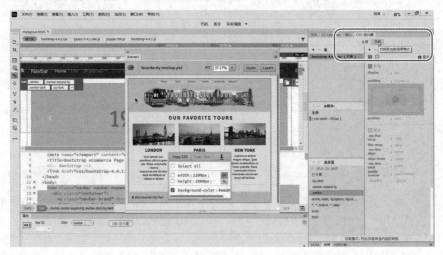

图 6-12

第 3 课中讲过，【当前】模式显示的是应用到所选元素上的所有样式。【CSS 设计器】面板的【选择器】窗格中显示的是应用到当前导航菜单上的 CSS 规则，包括 .bg-dark、.navbar-expand-lg、.navbar。

其中一个规则用来把背景颜色应用到 <nav> 元素上。单击某个选择器，可以查看它的属性。在【CSS 设计器】面板中，列表顶部的规则优先级最高。当出现冲突时，顶部规则中的属性会覆盖其他规则中的属性。

❽ 选择 .bg-dark 规则，查看其【属性】窗格，如图 6-13 所示。

图 6-13

这条规则把背景颜色设置为 #343a40。若普通样式表中包含这条规则，则可以使用网站原型中的背景颜色替换现有颜色。但是这个页面的样式表是由 Bootstrap 框架创建的，而且在【CSS 设计器】面板中是只读的，所以【CSS 设计器】面板中的规则和属性都是灰色的。如果你希望覆盖现有样式，就必须另外创建一个样式表，然后把创建的所有样式添加到新样式表中。

> 💡 **注意** 有些 Windows 用户反馈说，Bootstrap 的样式表是可以编辑的。不管怎样，建议你不要改动 Bootstrap 样式表，而是按照这里的讲解去做。

只读与可编辑

Bootstrap 样式表是只读文件，这是为了防止你意外修改 Bootstrap 框架的样式。有时，你会在界面顶部看到一条警告信息，告诉你 Bootstrap 样式表是只读文件，但是你可以把它变为可编辑状态，如图 6-14 所示。

⚠ "bootstrap-4.4.1.css"为只读。设置为可写   ✕

图 6-14

警告条中有一个【设置为可写】选项，单击它，可以把 Bootstrap 样式表变为可编辑状态。但是不建议你这样做。单击警告条右端的关闭按钮，关闭警告信息。

❾ 在【CSS 设计器】面板的【源】窗格中，单击【添加 CSS 源】按钮（ + ），在弹出的菜单中，可以选择【创建新的 CSS 文件】、【附加现有的 CSS 文件】或者【在页面中定义】。

❿ 选择【创建新的 CSS 文件】，打开【创建新的 CSS 文件】对话框。

⓫ 在【创建新的 CSS 文件】对话框中，输入 favorite-styles.css，单击【确定】按钮，新建样式表，如图 6-15 所示。

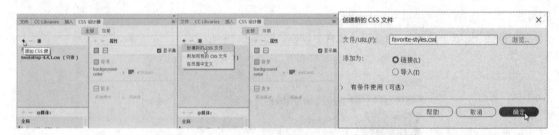

图 6-15

> 💡 **注意** 此时，Dreamweaver 还未创建样式表文件，当你创建好一条 CSS 规则并保存文件时，Dreamweaver 才会创建样式表文件。在此之前，若 Dreamweaver 停止响应，你就必须重新创建这个文件。

单击【确定】按钮后，【CSS 设计器】面板的【源】窗格中就会增加一条对新样式表的引用。虽然新的 CSS 文件尚未创建，但是在网页的 <head> 元素中已经可以看到对新样式表的引用了。当你创建好第一条规则并保存文件时，Dreamweaver 会自动创建样式表文件。

【CSS 设计器】面板自动切换到【全部】模式下，同时选中新创建的样式表。这一点很重要，因为在【当前】模式下是无法新建选择器和属性的。

⑫ 在【源】窗格中，选择 favorite-styles.css，如图 6-16 所示。

当前，【@媒体】和【选择器】窗格都是空的，也就是说，目前 favorite-styles.css 文件中尚未定义任何 CSS 规则或媒体查询。你可以在这个文件中添加一些设计或者对现有设计进行修改。虽然不能直接修改 Bootstrap 样式表，但是可以根据需要在 favorite-styles.css 文件中做相应的修改和设置。

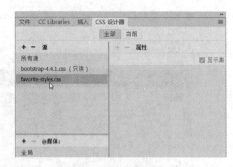

图 6-16

向 <nav> 元素应用当前背景颜色的规则是 .bg-dark。为了覆盖这个样式，需要在新样式表中创建一条一模一样的规则。

⑬ 在【选择器】窗格中，单击【添加选择器】按钮（ + ）。

此时，【选择器】窗格中出现一个输入框，请在其中输入新选择器的名称。其实，Dreamweaver 会根据文档窗口中选择的元素自动生成一个名称。这里的选择器名称用到了 <nav> 元素的 4 个类。由于用来设置背景颜色的规则只使用了其中一个类，所以新规则也应该如此，以避免任何意想不到的后果。

⑭ 输入 .bg，如图 6-17 所示。

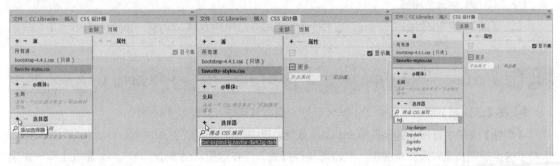

图 6-17

自动选择器高亮显示，它被新输入的文本所取代。请不要忘记，在 CSS 中定义类名时，需要以句点 "." 开始。提示菜单中列出了 HTML 或 CSS 选择器中使用的所有类。在菜单中，你应该可以看到 .bg-dark。

⑮ 在提示菜单中选择 .bg-dark，按 Enter 键或 Return 键。

此时，.bg-dark 选择器出现在 favorite-styles.css 样式表中，但尚未定义任何属性。一旦创建好选择器，你就可以应用从原型中提取的样式了。

⑯ 把鼠标指针移动到 .bg-dark 选择器上，单击鼠标右键。

此时，弹出一个快捷菜单，其中提供了编辑、复制、粘贴 CSS 样式的命令。这里需要粘贴从【Extract】面板中提取的样式。

⑰ 在快捷菜单中选择【粘贴样式】，如图 6-18 所示。

此时，原型的背景颜色属性出现在新的 CSS 规则中。但这里出现了一个问题：导航菜单的背景仍然是黑色的。制作网页时，不同样式表中的规则之间发生冲突很常见。对于一个网页设计师来说，学会排查样式表中的错误很重要。Dreamweaver 也提供了许多有用的错误排查工具。

图 6-18

6.5 排查 CSS 中的冲突

迄今为止，这是本书中的第一个 CSS 样式冲突，但肯定不是最后一个，相信后面还会遇到。为了帮助我们轻松找出这些错误，Dreamweaver 提供了各种各样的排查工具。

❶ 在【CSS 设计器】面板中，选择【当前】模式。

❷ 选择 nav 标签选择器。

【选择器】窗格中列出了许多规则，用于格式化导航菜单及其父元素。窗格中的第一个选择器是 .bg-dark。

> 💡 提示　先在文档窗口中选择导航菜单或它的某个组件，你才能看到 nav 标签选择器。

❸ 在【选择器】窗格中选择 .bg-dark 规则，查看其属性，如图 6-19 所示。

【属性】窗格中第一个显示的是 .bg-dark 规则，其中有刚刚添加的 background-color 属性。通常，这表示这条规则有着较高的优先级，会覆盖其他样式。但在这里，background-color 属性上有一条黑色的删除线，表示出于某些原因，这条规则被禁用了。Dreamweaver 内置的排错功能远不止如此。

❹ 在【CSS 设计器】面板中，把鼠标指针移动到 background-color 属性上，出现提示信息，如图 6-20 所示。

提示信息指出 background-color 属性被禁用的原因是，Bootstrap 模板中的 background-color 属性带有 !important 标记。这个 CSS 属性通常只在紧急情况下使用，用于覆盖无法用其他方式修复的冲突样式。

这个问题有两种解决方法：一是删除 Bootstrap 模板中 background-color 属性的 !important 标记，二是给新属性添加 !important 标记。由于 Bootstrap 样式表是只读的，所以应该选用第二种方法。

❺ 使用鼠标右键单击 .bg-dark 规则，在快捷菜单中选择【转至代码】，如图 6-21 所示。

图 6-19

图 6-20   图 6-21

文档窗口水平拆分，底部是【代码】视图，显示 favorite-styles.css 样式表的内容，当前聚焦在 .bg-dark 规则上。

❻ 把光标移动到颜色值（#eedd66）之后，分号（;）之前。

❼ 按空格键，插入一个空格，输入 !，Dreamweaver 会自动补全 !important 属性，如图 6-22 所示。

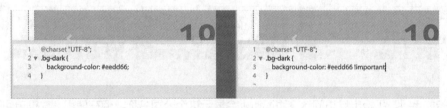

图 6-22

> **💡注意** 不论是否插入空格，都不会影响代码正常工作。插入空格只是为了方便阅读和编辑代码。

一旦样式表中有了这个属性，导航菜单就拥有了原型中的样式。

也许你已经注意到了，!important 属性并未出现在【CSS 设计器】面板中。当你排查其他 CSS 问题时，请务必记住这一点。

❽ 在菜单栏中依次选择【文件】>【保存全部】。

使用【保存全部】命令可以把所有改动保存到网页中，并在站点文件夹中创建 favorite-styles.css 文件。接下来使用【Extract】面板从原型中提取文本内容。

6.6　从原型中提取文本

使用【Extract】面板可以轻松地从原型中提取文本样式及文本内容。动手试一试吧。

❶ 打开 lesson06 文件夹中的 mylayout.html 文件，进入【实时视图】。此时，文档窗口的宽度应该不小于 1200 像素。

❷ 在菜单栏中依次选择【窗口】>【Extract】，打开【Extract】面板。

此时，【Extract】面板中应该显示出网站原型。若非如此，请从资源列表中选择它。

💡 提示　【Extract】面板可能会遮住当前正在处理的页面。你可以随意调整【Extract】面板的位置，或者把它停靠到某个不影响视线的地方。

❸ 查看位于原型顶部的导航菜单。

导航菜单中有 6 个菜单项，分别是 Home、Tours、Cruises、Events、Contact US、About US。Bootstrap 布局中的导航菜单完全不一样，它只有 4 个菜单项，其中一个是下拉菜单，包含更多选项，还有一个带按钮的搜索框。

使用第三方模板时，应尽快删除那些不需要的项目，免得碍事。

Bootstrap 布局中的第一个项目是文本 Navbar，它是一个超链接，并非导航菜单的一部分。在针对台式机的网站原型中没有这样的项目，但是在针对平板电脑与智能手机的网站原型中却有文本元素。在小屏幕上，文本元素会代替页首与 Logo。

❹ 选择 Navbar 文本。

此时，Navbar 文本周围出现橙色边框，表示其文本是可编辑的。

❺ 双击单词"Navbar"。

此时，整个单词高亮显示。

❻ 输入 Favorite City Tour，如图 6-23 所示。

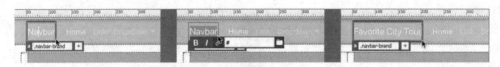

图 6-23

使用智能手机与平板电脑访问这个页面时，会显示这个公司名称，但在使用台式机访问时，它会隐藏起来。这里暂时让它保持可见。

接着看一看 Home 菜单项。也许你注意到了，其样式与其他菜单项不一样。出现这样奇怪的样式一般是因为没有把 CSS 类指定给其他菜单项。

❼ 选择 Home 菜单项，如图 6-24 所示。

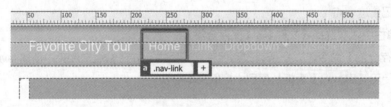

图 6-24

元素显示框中显示 <a> 元素，同时元素周围出现一个黄色边框。

这个元素没什么特别之处。接下来看一看 <li> 元素。若要改变元素显示框中的内容，你可以使用标签选择器、鼠标或键盘。这里使用键盘。

❽ 按 Esc 键。

此时，<a> 元素的边框颜色变成蓝色。此外，你还可以使用键盘改变文档窗口中的焦点。

❾ 按向上箭头键，如图 6-25 所示。

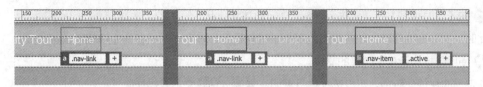

图 6-25

此时，元素显示框中显示 <li> 元素。请注意，这个链接指定了两个类：.nav-item 和 .active。

💡 注意　当元素周围出现蓝色边框时，按向上或向下箭头键，元素显示框中的内容发生变化，把焦点放在文档对象模型（DOM）中出现的元素上。

⑩ 把鼠标指针移动到类 .active 上，单击【删除类 /ID】图标（ × ），如图 6-26 所示。

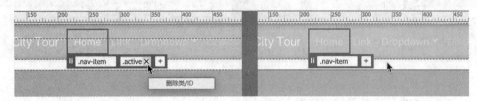

图 6-26

一旦删除 .active 类，Home 菜单项的样式就与 Link 菜单项一样了。

在网站原型中，接下来的一个菜单项是 Tours。在【Extract】面板中，我们可以从原型中提取文本内容及样式。

⑪ 在【Extract】面板中，选择第二个菜单项 Tours。

请确保选择的是文本，而非按钮。

此时，弹出一个面板，面板顶部的 3 个按钮都处于可用状态，这表示你可以从所选部分提取样式、文本、图像资源。

⑫ 单击【Copy Text】按钮，如图 6-27 所示。

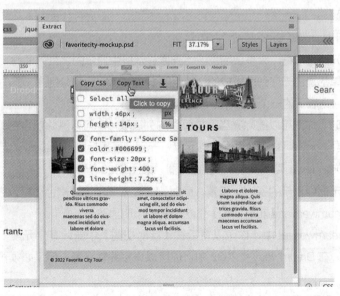

图 6-27

⓭ 在【实时视图】下，双击 mylayout.html 中的 Link。

此时，文本高亮显示，而且周围出现一个橙色线框，表示当前处在文本编辑模式下。

⓮ 使用鼠标右键单击选择的文本。

在弹出的快捷菜单中，可以选择执行剪切、复制、粘贴文本等操作。

⓯ 在快捷菜单中，选择【粘贴】，如图 6-28 所示。

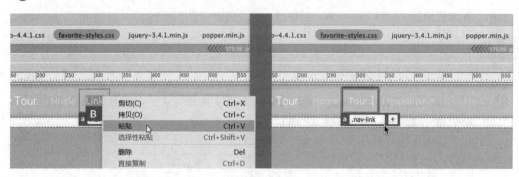

图 6-28

此时，Tours 文本就代替了 Link 文本。

在 Bootstrap 菜单中，下一个菜单项是下拉菜单。由于网站原型中没有这样的菜单项，所以需要把它删掉。

💡 提示　实际上，文本提取功能原本是用来提取大段文本的。类似菜单项这样简短的文本，其实你可以直接手动输入。

6.7　删除模板中的某些组件与属性

若模板中存在不需要的组件，你可以把它们删除。删除组件时，一定要删除整个元素，不要落下任何相关 HTML 代码。

❶ 在文档窗口中，选择 Dropdown 菜单项。

此时，显示出元素显示框。大多数情况下，元素显示框中显示的是菜单项的 <a> 元素。

大部分导航菜单都是由无序列表组成的，使用的 3 个 HTML 元素分别是 <ul>、<li>、<a>。通常，下拉菜单是使用无序列表下的一个列表项创建的。

删除下拉菜单时，你既可以删除充当下拉菜单的列表项，也可以删除包含它的父元素。最简单的方法是删除其父元素。无论何时删除页面中的元素，一定要使用标签选择器确保选中了所有相关标记。

❷ 选择充当 Dropdown 菜单项的 li 标签选择器，如图 6-29 所示。

此时，元素显示框中显示的是 <li> 元素，同时 <li> 元素周围出现橙色边框，表示你可以直接编辑元素内容。这是 Dreamweaver【实时视图】下功能的一个明显改进。

在旧版本的 Dreamweaver 中，你可以直接在【实时视图】中删除某个元素，但是必须双击元素才能进入编辑模式。在 Dreamweaver 2022 中，你可以直接编辑元素，但是必须再选一次，才能删除它们。

❸ 当前元素显示框中显示的是充当 Dropdown 菜单项的 <li> 元素，单击元素显示框，如图 6-30 所示。

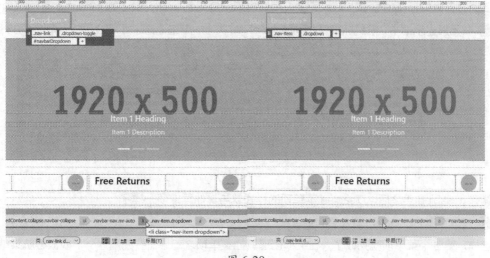

图 6-29

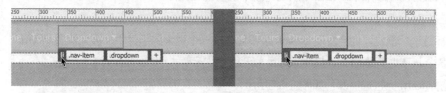

图 6-30

此时，元素边框变成蓝色，表示当前选中的是元素本身，而非元素内容。

❹ 按 Delete 键，如图 6-31 所示。

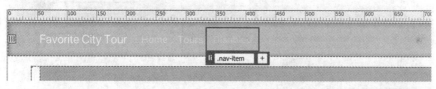

图 6-31

此时，Dropdown 菜单项及其子标签全部被从页面中删除。删除所选元素后，元素显示框会自动显示下一个菜单项——Disabled 菜单项，而且其周围也出现蓝色边框。

Disabled 菜单项的颜色比其他菜单项浅，这是因为它应用了一个名为 .disabled 的特殊类。删除 .disabled 类之后，其样式就与其他菜单项一样了。

.disabled 类应用在 <a> 元素上，但是 <a> 元素在【实时视图】和标签选择器中是不可见的。在【实时视图】中，选择这些不可见元素的方法有好几种。如果你能在【实时视图】中看见蓝色边框，你可以使用前面介绍过的 DOM 选择法。

❺ 按向下箭头键，如图 6-32 所示。

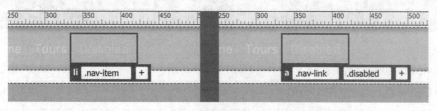

图 6-32

此时，元素显示框中显示出 <a> 元素，同时显示出应用到 <a> 元素上的 .disabled 类。

⑥ 在元素显示框中，把鼠标指针移动到 .disabled 类上，单击【删除类 /ID】图标，如图 6-33 所示。

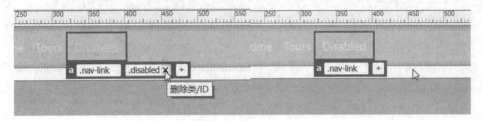

图 6-33

删除 .disabled 类之后，Disabled 菜单项的样式就与其他菜单项一样了。

⑦ 双击文本 Disabled，输入 Cruises。

这样，第三个菜单项就完成了。在继续创建其他菜单项之前，需要先清理一下模板导航菜单中的其他组件。因为网站原型中不包含搜索框，所以需要把它删除。

⑧ 选择 Search 按钮。

查看标签选择器栏，你会发现 Search 按钮包含在一个更大的组件中。搜索框由 <form>、<input>、<button> 3 个 HTML 元素组成，其中 <form> 元素是父元素。

⑨ 选择 form 标签选择器，如图 6-34 所示。

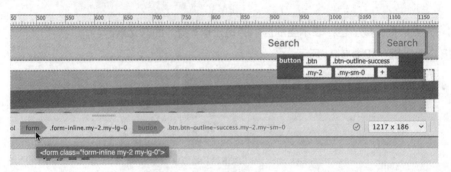

图 6-34

此时，元素显示框中显示出 <form> 元素，同时元素周围出现橙色边框。

> ○ 注意　选择 <form> 元素后，其周围可能出现蓝色边框。若如此，请直接跳到第 11 步。

⑩ 单击元素显示框，如图 6-35 所示。

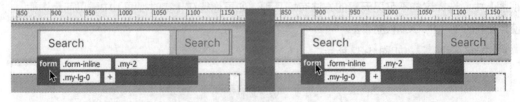

图 6-35

此时，元素边框变成蓝色。

⑪ 按 Delete 键，如图 6-36 所示。

此时，整个搜索框就被从页面中删除了，并且创建好了 3 个菜单项。接下来需要再创建 3 个菜单项。

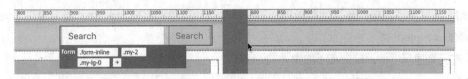

图 6-36

6.8 创建新菜单项

本课的导航菜单由一个无序列表组成。在 Dreamweaver 中，创建一个新菜单项是很容易的。

❶ 在文档窗口中，选择第三个菜单项——Cruises。

大多数情况下，当你选择一个菜单项时，元素显示框会显示出 <a> 元素，同时 <a> 元素周围出现橙色边框。此处的 <a> 元素有一个名为 .nav-link 的类。

❷ 按 Esc 键。

此时，选中的对象由元素内容变成了元素本身。为了创建新的菜单项，必须复制当前的 HTML 结构。

❸ 按向上箭头键。

此时，元素显示框中显示出 <li> 元素，它有一个名为 .nav-item 的类，如图 6-37 所示。

图 6-37

在 Dreamweaver 中，创建新菜单项的方法有好几种。

❹ 在菜单栏中依次选择【插入】>【列表项】，弹出定位辅助面板。

❺ 单击【之后】，如图 6-38 所示。

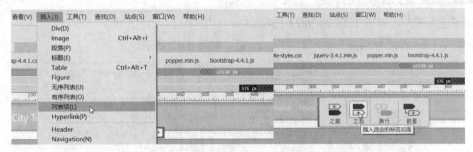

图 6-38

此时，出现一个新的菜单项，其中包含占位文本。

❻ 选择占位文本"此处显示 li 的内容"，输入 Events，如图 6-39 所示。

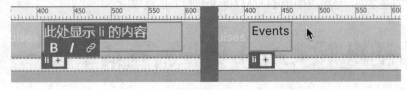

图 6-39

此时，新菜单项的样式与其他菜单项都不一样，其他菜单项都有 .nav-item 类。接下来向 Events 菜单项添加 .nav-item 类。

❼ 在元素显示框中，单击【添加类 /ID】图标。

❽ 输入 .nav-item，如图 6-40 所示。

图 6-40

在你输入内容时，Dreamweaver 会打开一个提示菜单，其中显示着 HTML 文件或样式表中定义的类。在提示菜单中选择某个类，即可将其添加到所选元素上。

此时，新菜单项的样式与其他菜单项还是不一样，因为它还缺少一个超链接组件。由于当前菜单项的链接目标还没确定，因此可以暂时使用井号"#"作为链接目标。

❾ 选择菜单项文本 Events。

此时，弹出文本工具栏。在文本工具栏中，你可以选择向所选文本添加粗体、斜体样式和添加超链接。

❿ 单击【超链接】图标（🖉），输入井号"#"，然后按 Enter 键或 Return 键，如图 6-41 所示。

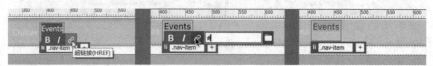

图 6-41

此时，元素显示框中显示出 <a> 元素。

⓫ 单击菜单项文本中的 Events，选择 <a> 元素。

在元素显示框中，单击【添加类 /ID】图标。

⓬ 输入 .nav-link，然后按 Enter 键或 Return 键，如图 6-42 所示。

图 6-42

向 <a> 元素添加 .nav-link 类之后，Events 菜单项的样式就与其他菜单项一样了。

除了上述方法之外，还可以使用【DOM】面板创建新的菜单项。

6.9 使用【DOM】面板新建菜单项

【DOM】面板显示着页面的整个 HTML 结构，包括类、ID，但不显示网页内容。你可以在【DOM】

面板中调整页面结构，包括编辑、移动、删除、新建元素。

> 💡 注意 本节内容承接上一节内容。若你是跳读到本节的，请先在【实时视图】下选择 Events 菜单，然后再学习本节内容。

❶ 在菜单栏中依次选择【窗口】>【DOM】，打开【DOM】面板。

此时，【DOM】面板中高亮显示在文档窗口中选择的元素，即 Events 菜单项的 <a> 元素。为了插入另外一个菜单项，必须先选择 <li> 元素。

❷ 在【DOM】面板中，选择充当 Events 菜单项的 <li> 元素，如图 6-43 所示。

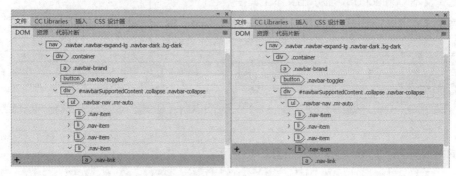

图 6-43

❸ 在【DOM】面板中，单击【添加元素】图标（➕）。

❹ 选择【在此项后插入】，如图 6-44 所示。

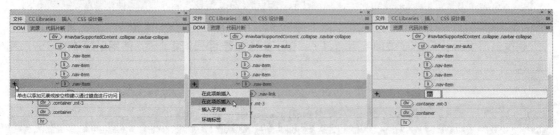

图 6-44

此时，【DOM】面板中出现一个新的 <div> 元素，并且新元素处于高亮显示和可编辑状态。若按 Enter 键或 Return 键，就会创建 <div> 元素。但是，这里需要创建的是 <li> 元素。

❺ 输入 li，然后按 Tab 键。

此时，<li> 元素替换掉了 <div> 元素，光标移动到了属性输入框中。

在【DOM】面板中，你可以轻松地添加 HTML 元素、类、ID。

❻ 输入 .nav-item，按 Enter 键或 Return 键，如图 6-45 所示。

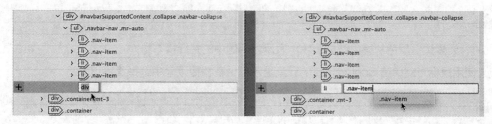

图 6-45

此时，文档窗口中出现新的菜单项，其中包含占位文本。

⑦ 选择占位文本，输入 Contact US，如图 6-46 所示。

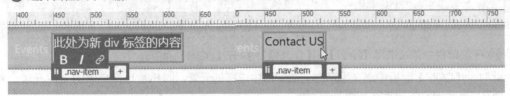

图 6-46

⑧ 选择文本 Contact US，显示出文本工具栏。

⑨ 单击【超链接】图标，输入 #，按 Enter 键或 Return 键，如图 6-47 所示。

图 6-47

⑩ 向 <a> 元素添加 .nav-link 类，如图 6-48 所示。

图 6-48

到这里，Contract US 菜单项就添加好了。接下来添加最后一个菜单项，使用最简单的方法：复制和粘贴。

6.10　使用复制和粘贴添加菜单项

前面添加菜单项的方法多少都有点麻烦。下面使用最简单的一种方法（复制和粘贴）添加最后一个菜单项。

① 选择 Contact US 菜单项。

② 选择 li 标签选择器，如图 6-49 所示。

此时，元素显示框中显示的是 <li> 元素，其周围出现橙色边框。

③ 按 Esc 键，如图 6-50 所示。

💡提示　按 Esc 键后，若元素边框颜色没有变成蓝色，请单击元素显示框。

此时，元素边框颜色从橙色变成蓝色，表示当前选中的是元素本身。

④ 使用鼠标右键单击 Contact US 的元素显示框，在快捷菜单中选择【拷贝】。

💡注意　使用快捷菜单之前，请务必把鼠标指针放到元素显示框中的标签之上。有时元素显示框中显示的内容会变成 <a> 元素，这种情况下执行粘贴操作，会引发一个错误。

图 6-49

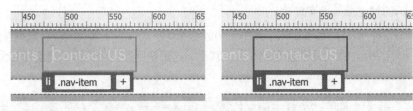

图 6-50

在文档窗口中选择一个元素，执行复制和粘贴操作后会把新元素作为同级元素直接插入所选元素之后。

⑤ 使用鼠标右键单击 Contact US 的元素显示框，在快捷菜单中选择【粘贴】，如图 6-51 所示。

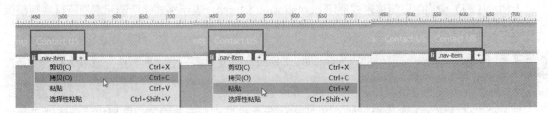

图 6-51

此时，在 Contact US 菜单项右侧出现一个与其相同的菜单项，它们的样式也是一样的。

> 💡 注意　与前面一样，在快捷菜单中选择【粘贴】之前，一定要确保鼠标指针在元素显示框中的标签之上。

⑥ 双击新菜单项中的文本 Contract。

⑦ 输入 About，然后按 Esc 键，如图 6-52 所示。

到这里，所有菜单项就添加好了。

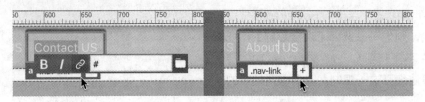

图 6-52

⑧ 在菜单栏中依次选择【文件】>【保存全部】。

各菜单项的内容添加好之后，接下来就该给导航菜单中的文本和按钮添加样式了。

6.11 提取文本样式

当前，导航菜单中的文本是白色的。当导航菜单是黑色背景时，使用白色文本，可识别性非常好。但是，当把导航菜单背景颜色变成黄色时，再使用白色文本，可识别性就不太好了。本节将介绍如何使用【Extract】面板从原型中提取文本样式和按钮样式。

应用从原型提取的样式之前，必须有一个地方可以粘贴样式。Bootstrap 样式表是只读的，也就是说，我们必须先创建 CSS 规则，才能粘贴样式。

① 打开 mylayout.html 文件，确保文档窗口宽度不小于 1200 个像素。

② 在导航菜单中选择一个菜单项。

导航菜单由 5 种 HTML 元素组成，分别是 <nav>、<div>、<ul>、<li>、<a>。文本样式可以应用到其中任意一种元素上，或者同时应用到 5 种元素上。这里使用原型中的样式覆盖掉 Bootstrap 样式表中的设置。

💡注意 选择文本时，请确保当前显示的是 <a> 元素。一般需要单击 2 ~ 3 次，才能显示出正确的元素。

③ 在【CSS 设计器】面板中，选择【当前】模式。

【选择器】窗格中显示出控制着所选文本样式的 CSS 规则。位于列表最顶部的 CSS 规则的优先级最高，这通常也是修改样式的目标。

此时，【源】窗格中以粗体形式显示 bootstrap-4.4.1.css，表示格式化所选元素的所有规则都保存在这个文件中。

💡注意 Bootstrap 版本号可能会发生变化，但不会另行通知。所以，你看到的 Bootstrap 版本号可能和这里不一样。

虽然位于【选择器】窗格顶部的 CSS 规则的优先级最高，但是它不一定是格式化所选元素的CSS 规则。导航菜单这类动态元素默认有 4 种CSS 格式化状态：链接、已访问、悬停、活动。相关内容将在第 10 课中详细讲解。这里只需提取菜单项的默认状态——链接。

④ 使用鼠标右键单击选择器 .navbar-dark .navbar-nav .nav-link，如图 6-53 所示。

弹出的快捷菜单中有一些命令，其中有些处于灰色不可用状态。若当前 Bootstrap 样式表不是只读的，则你可以选择【直接复制】，把需要的选择器复制到 favorite-styles.css 中。接下来需要设法绕开这一限制，以便得到相同的结果。

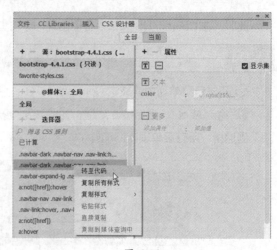

图 6-53

⑤ 在快捷菜单中选择【转至代码】，如图 6-54 所示。

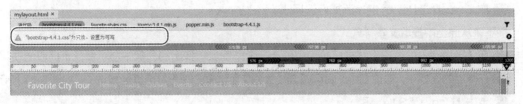

图 6-54

> 💡 注意　有些 Windows 用户反映，他们的 Bootstrap 样式表不是只读的。

文档窗口水平拆分，【代码】视图位于底部，其中显示 Bootstrap 样式表，并聚焦到目标规则上。你可能需要稍微向上滚动一下【代码】视图，才能看到选择器。文档窗口顶部出现一条信息，指出 Bootstrap 样式表当前是只读的，但同时给出了一个【设置为可写】选项，选择它可以把 Bootstrap 样式表变为可编辑状态。选择该选项，查看样式表。

⑥ 选择并复制选择器，如图 6-55 所示。

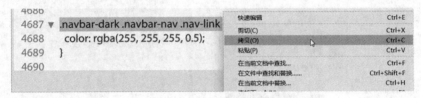

图 6-55

复制好用于格式化菜单项默认状态的选择器之后，接下来需要在 favorite-styles.css 中重建它。

⑦ 在【CSS 设计器】面板中，选择【全部】模式。

此时，文档窗口的焦点在【代码】视图上，其中显示的是 Bootstrap 样式表。为了在【CSS 设计器】面板中显示 favorite-styles.css，必须把焦点放到【实时视图】上。

⑧ 在【实时视图】中，选择任意一个菜单项。

⑨ 在【源】窗格中，选择 favorite-styles.css。

⑩ 单击【添加选择器】图标。

此时，打开一个输入框，用于输入新选择器的名称，里面有一个示例选择器。

⑪ 按 Ctrl+V 或 Cmd+V 快捷键，如图 6-56 所示。

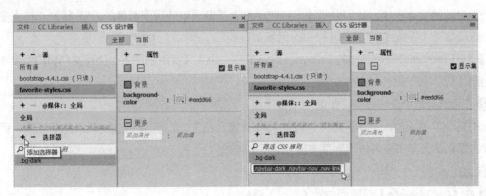

图 6-56

此时，前面第 6 步中复制的选择器替换掉了示例选择器。

⑫ 按 Enter 键或 Return 键，添加好选择器。

接下来从原型中提取文本样式。

⑬ 在【Extract】面板中，从导航菜单中任选一个菜单项，弹出的面板中显示着各个提取选项。

⑭ 在弹出的面板中，勾选【font-family】与【color】复选框，取消勾选其他复选框，如图 6-57 所示。

⑮ 单击【Copy CSS】按钮。

从原型复制好 CSS 规则之后，还必须在模板中找出那些用来格式化菜单项文本的 CSS 规则。这可不太容易，因为有时候文本样式十分复杂，而且一个文本元素可能会受到多条 CSS 规则的控制。当然，这并不是说你无法顺利格式化一个项目，而只是提醒你在应用新样式时必须加倍小心。

⑯ 使用鼠标右键单击第 12 步中创建的 CSS 规则，在快捷菜单中选择【粘贴样式】，如图 6-58 所示。

图 6-57

图 6-58

此时，【属性】窗格中显示出 font-family 与 color 属性，6 个菜单项中的文本样式就与原型中的一致了。接下来格式化菜单按钮。

6.12 使用【Extract】面板创建渐变背景

导航菜单中的按钮带有渐变背景，从深黄色自上而下逐渐变为淡黄色，这在【Extract】面板的预览图中不太容易看出来。

与菜单项的文本一样，我们必须找出那些用来为菜单项创建背景颜色的 CSS 规则。在大多数情况下，这些 CSS 规则都应用到 <li> 或 <a> 元素上。

❶ 打开 lesson06 文件夹中的 mylayout.html 文件，进入【实时视图】。确保文档窗口宽度不小于 1200 像素。

❷ 在导航菜单中任选一个菜单项。

单击某个菜单项时，默认选择的一般是 <a> 元素。由于 <a> 元素是 <li> 元素的子元素，因此可以通过选择 <a> 元素来查看应用到菜单项上的所有样式。

❸ 选择 a 标签选择器，如图 6-59 所示。

❹ 在【CSS 设计器】面板中选择【当前】模式。

图 6-59

⑤ 在【CSS 设计器】面板中，勾选【显示集】复选框。

⑥ 在【选择器】窗格中，依次单击每条规则，如图 6-60 所示。

图 6-60

查看每条规则时，【属性】窗格会显示应用到菜单结构上的所有样式。从 <a> 元素开始，最终显示应用到 <li> 与 <ul> 元素上的样式。接下来，查找所有背景属性。

查看每一条规则之后，你会发现，菜单元素上没有设置任何背景属性。你可以选择向 <li> 元素或 <a> 元素应用样式。这里向 <li> 元素应用按钮样式。

先创建应用样式的 CSS 规则。按照下面的步骤操作，确保正确地创建新 CSS 规则。

⑦ 单击 li 标签选择器。

⑧ 在【CSS 设计器】面板中，选择【全部】模式。

⑨ 在【源】窗格中，选择 favorite-styles.css。

⑩ 单击【添加选择器】图标。

打开选择器输入框，里面是 Dreamweaver 自定义的选择器。默认设置下，这些选择器的优先级很高，你可以按向上或向下箭头键来改变它们的优先级。虽然要将选择器对准到菜单项，但是选择器并不需要这么长。

> 💡 注意　有时必须按向下箭头键，才能找到需要的选择器。

⑪ 不断按向上箭头键，直到出现如下选择器：

`.navbar-nav .mr-auto .nav-item`

⑫ 把选择器修改为 .navbar-nav .nav-item，按 Enter 键或 Return 键，如图 6-61 所示。此时，按钮样式规则就准备好了。

⑬ 在菜单栏中依次选择【窗口】>【Extract】，选择 favoritecity-mockup.psd。

⑭ 选择原型中导航菜单的任意一个菜单按钮，请确保选择的是按钮而不是其中的文本，如图 6-62 所示。

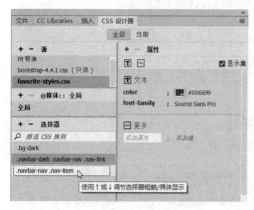

图 6-61

图 6-62

接下来提取背景和边框样式。

⑮ 在弹出的面板中，勾选【width】复选框，取消勾选【height】复选框。

⑯ 单击【Copy CSS】按钮，如图 6-63 所示。

图 6-63

⑰ 使用鼠标右键单击 .navbar-nav .nav-item 规则，在快捷菜单中选择【粘贴样式】，如图 6-64 所示。

此时，从原型中复制的样式出现在【属性】窗格中，各个菜单项有了与原型一样的渐变背景，清晰的边框、宽度。但是按钮还需要做一点调整。

⑱ 在【CSS 设计器】面板中，取消勾选【显示集】复选框。【属性】窗格会显示应用到某个元素上的所有 CSS 属性。当前，.navbar-nav .nav-item 规则应该仍处于选中状态，如图 6-65 所示。

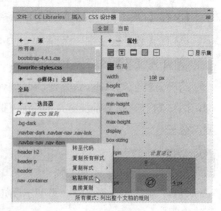

图 6-64

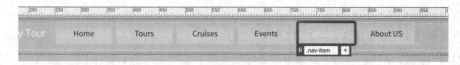

图 6-65

原型中，按钮之间有一些空隙，但是 Photoshop 并不支持这种样式，因此你必须自己创建它。

⓳ 在【属性】窗格中，单击【布局】图标（▤），如图 6-66 所示。

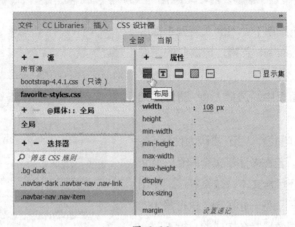

图 6-66

⓴ 把左边距和右边距均设置为 4px，如图 6-67 所示。

图 6-67

㉑ 在【属性】窗格中，单击【文本】图标（▨）。

㉒ 在【text-align】中，单击【center】图标（▤），如图 6-68 所示。

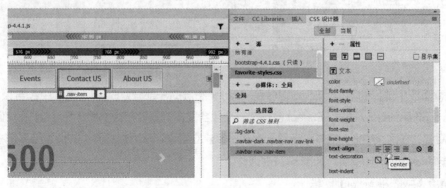

图 6-68

此时，菜单按钮中的文本是居中对齐的。

㉓ 在菜单栏中依次选择【文件】>【保存全部】。

到这里，导航菜单就制作好了。接下来在导航菜单下面添加一个 Logo 图像。通常，这样的图像需要插入 <header> 元素中。Bootstrap 模板中没有这个元素，需要手动添加它。

6.13 从原型中提取图像资源

公司 Logo 位于导航菜单下。下面从原型中提取图像，然后添加一个 <header> 元素，把提取的图像放入其中。

❶ 在【Extract】面板中，选择 Logo 图像，如图 6-69 所示。

虽然选择的是 Logo 图像，但不要认为使用 Extract 功能只能导出图像。若图像属于某个 Photoshop 编组，而且这个编组中还包含文本、效果等，则使用 Extract 功能可以把它们同图像一起导出。执行导出操作之前，最好检查一下图像是怎么构成的。检查时，不需要使用 Photoshop 检查所选元素的组成情况。【Extract】面板能够读取和显示 Photoshop 文件中的图层内容。

图 6-69

❷ 单击【Layers】按钮，如图 6-70 所示。

图 6-70

请注意面板中选择的图层。Logo 图像是 Header 图层的一部分，Header 图层中包含公司名称和公司宗旨。若选择 Header 图层，Extract 会创建一个包含文本的图像，某些情况下，这正是我们希望的，但这里不需要。在网页中插入文本，有助于搜索引擎建立索引，从而提高网页的搜索结果排名。

❸ 选择 favcity-logo 图层，如图 6-71 所示。

❹ 单击【Extract Asset】图标。

此时,在【Extract】面板中可以设置图像名称、输出图像类型,以及保存位置。第9课将详细讲解 Web 兼容图像的方方面面,以及如何使用它们。这里选择 JPEG 格式输出图像。

❺ 在【Folder】中选择 lesson06 中的 images 文件夹。

此时,【Save as】中显示的应该是 favcity-logo,该名称来自 Photoshop 中的同名图层。如果显示的不是 favcity-logo,请一定检查一下是否选错了图层。

❻ 单击【JPG】按钮。

图 6-71

> ❓注意　【Extract】面板只能输出 PNG 和 JPEG 格式的图像。

❼ 把【Optimize】的值设置为 80,如图 6-72 所示。

图 6-72

❽ 单击【Save】按钮。

若定义 lesson06 站点时指定了图像文件夹,Logo 图像就会自动被保存到其中。接下来添加 <header> 元素。

6.14　添加 <header> 元素

从原型中可以看到,页面头部与导航菜单一样横贯整个屏幕,而其他页面组件并非如此。Bootstrap 使用行与列来分割屏幕。向导航菜单添加一行,该行会自动使用与导航菜单相同的宽度。

Dreamweaver 简化了向 Bootstrap 组件添加新行的过程,只需要单击一下就行了。

❶ 在导航菜单中选择任意一个菜单项。

❷ 选择 nav 标签选择器，如图 6-73 所示。

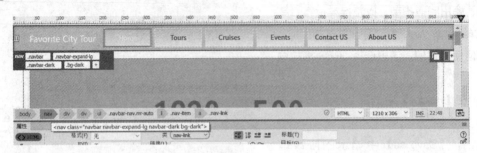

图 6-73

此时，元素显示框显示的是 <nav> 元素。

❸ 单击元素显示框，或者按 Esc 键。然后在菜单栏中依次选择【窗口】>【插入】，打开【插入】面板。

❹ 在【插入】面板的下拉菜单中选择【Bootstrap 组件】。

你可以把各种 Bootstrap 组件添加到网页布局中。这些 Bootstrap 组件同时支持台式机、平板电脑和智能手机，而且开箱即用。

❺ 单击【Grid Row With Column】，弹出【插入包含多列的行】对话框。

❻ 单击【之后】，在【需要添加的列数】中输入 1，如图 6-74 所示。

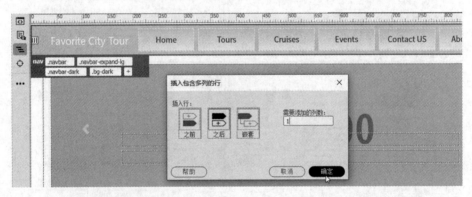

图 6-74

❼ 单击【确定】按钮，如图 6-75 所示。

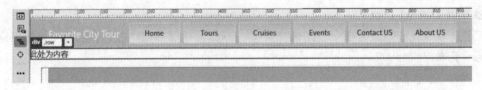

图 6-75

此时，导航菜单下出现一个 <div .row> 元素，其中有占位文本。

制作网页头部时，使用 <div> 元素完全没有问题，但是 HTML5 专门提供了一个 <header> 元素，该元素比 <div> 元素更有语义价值。

❽ 按 Ctrl+T 或 Cmd+T 快捷键，打开【编辑标签】工具。

❾ 把 div 修改为 header，按 Enter 键或 Return 键，如图 6-76 所示。

图 6-76

此时，div .row 变为 header .row。

⑩ 选择占位文本，输入 FAVORITE CITY TOUR。

这段文本没有应用任何 HTML 元素。从语义上说，公司名称应该是一个标题。根据实践经验，一个网页应该只有一个 <h1> 标题，而且这个标题应该是主页标题。因此，公司名称应该使用 <h2> 标题。格式化文本最简单的方法是使用【属性】面板。

⑪ 在菜单栏中依次选择【窗口】>【属性】，在【属性】面板的【格式】下拉列表中选择【标题2】，如图 6-77 所示。

图 6-77

> 💡 注意　若【属性】面板处于浮动状态，你可以把它停靠到文档窗口底部。

⑫ 在【Extract】面板中，单击【Layers】按钮，关闭【Layers】面板，选择公司名称。

⑬ 取消勾选【font-weight】和【line-height】复选框，单击【Copy CSS】按钮，如图 6-78 所示。

复制好样式之后，接下来还要为公司名称创建一条 CSS 规则。

⑭ 在【CSS 设计器】面板中，选择 favorite-styles.css。新建一个选

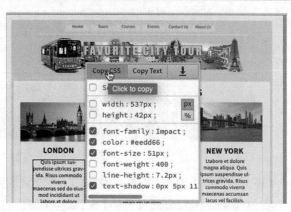

图 6-78

择器 header h2，然后粘贴第 13 步中复制的样式，如图 6-79 所示。

图 6-79

此时，公司名称得到了很好的格式化，但是它是左对齐的。

⑮ 选择规则 header h2。

⑯ 在【CSS 设计器】面板的【属性】窗格中，单击【文本】图标。

⑰ 在【text-align】中，单击【center】图标，如图 6-80 所示。

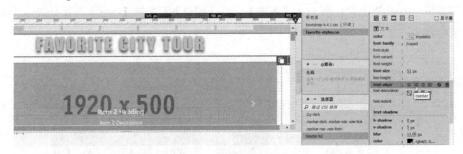

图 6-80

⑱ 在【Extract】面板中，选择 TRAVEL WITH A DIFFERENCE，取消勾选【line-height】复选框，单击【Copy CSS】按钮复制 CSS。

⑲ 将光标移动到公司名称最后。

⑳ 按 Enter 键或 Return 键换行。

㉑ 输入 TRAVEL WITH A DIFFERENCE。

㉒ 新建一条 CSS 规则：header p。

㉓ 把样式复制到新 CSS 规则上，添加属性 text-align: center，如图 6-81 所示。

图 6-81

到这里，网页头部中的文本就添加好了，可能还需要做一点调整，但是这里暂时不做。

㉔ 在菜单栏中依次选择【文件】>【保存全部】。

接下来向网页头部添加背景图像——公司 Logo。

6.15 向 \<header\> 元素添加背景图像

可以把公司名称和公司宗旨添加到图像上，或者把图像作为背景插入网页头部。背景由一个或多个图像和至少一种整体颜色组成。当堆叠多种效果时，必须确保属性顺序正确。

❶ 在【实时视图】下，打开 mylayout.html 文件，并确保文档窗口宽度不小于 1200 像素。

❷ 在【CSS 设计器】面板中，选择【全部】模式，取消勾选【显示集】复选框。

❸ 新加一条规则：header。

❹ 在新规则中，单击【背景】图标（▨）。

❺ 在【background-color】中，输入 #ED5，按 Enter 键或 Return 键，如图 6-82 所示。

图 6-82

此时，\<header\> 元素的背景颜色与导航菜单一样了。接下来添加 Logo 图像。

❻ 在【background-image】属性中，单击【浏览】图标（▤），如图 6-83 所示。

❼ 从 lesson06 下的 images 文件夹中，选择 favcity-logo.jpg，单击【确定】按钮，如图 6-84 所示。

图 6-83

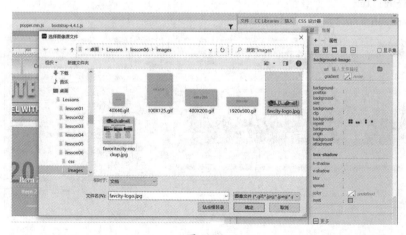

图 6-84

此时，Logo 图像出现在 <header> 元素中，但是底部被截断了，而且沿水平方向有重复。默认设置下，背景图像会在水平方向和垂直方向上重复。某些情况下，背景需要重复，但这里不需要。接下来调整一下 CSS 规则，让背景得到更好的展现。

❽ 在 header 规则中，添加如下属性（见图 6-85）：

```
background-position: center center
background-repeat: no-repeat
background-size: 80% auto
```

此时，背景图像好看多了，但是底部和顶部仍有截断现象。

❾ 单击【布局】图标。

❿ 在 header 规则中，添加如下属性（见图 6-86）：

```
height: 212px
```

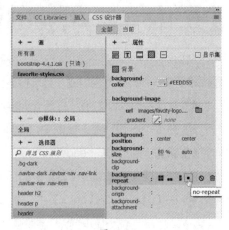

图 6-85

图 6-86

此时，网页头部高度增加，整个 Logo 完整地显示出来。相对于背景图像，公司名称和公司宗旨显示在垂直方向上未居中。接下来，继续设置文本元素和 <header> 元素的属性。

⓫ 在 header h2 规则中，修改或添加如下属性（见图 6-87）：

```
margin-top: 1em
font-size 350%
line-height: 1em
letter-spacing: 0.12em
```

图 6-87

这些属性使公司名称和原型中的公司名称变得一致。接着再调整一下公司宗旨的属性。

⓬ 在 header p 规则中，修改或添加如下属性（见图 6-88）：

font-size: 150%

line-height: 1em

letter-spacing: 0.4em

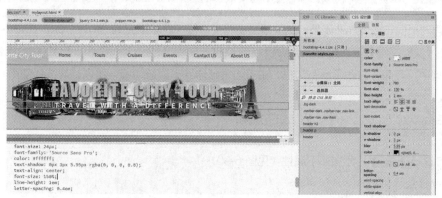

图 6-88

此时，公司宗旨出现在背景图像之上，且与原型中的公司宗旨一样字母之间有了间距。

原型中，导航菜单与网页头部之间有一条淡黄色的线条。请注意，这条淡黄色线条两端并未延伸到页面边缘。为了添加这样的淡黄色线条，需要在页面中找到拥有同样宽度的元素。

你会发现页面中，页面头部左右延伸到了页面边缘，但是导航菜单没有。

⓭ 在导航菜单中，单击任意一个菜单项。

div.container 包含整个导航菜单，适合在其中添加淡黄色线条。

⓮ 选择 div.container 标签选择器。

此时，元素显示框中显示 div.container，它没有延伸到页面左右边缘。

⓯ 创建规则 nav .container。

nav 后面要添加一个空格。

⓰ 在新规则中，添加如下属性（见图 6-89）：

padding-bottom: 10px

border-bottom: 2px solid #FF3

图 6-89

到这里，针对台式机显示器的网页头部就制作完成了。

⑰ 在菜单栏中依次选择【文件】>【保存全部】。

后面的课程将介绍如何调整页面组件使其适合台式机、智能手机和平板电脑的屏幕。

6.16 最后的调整

本节再对页面布局做几处调整。这些都是小调整，很快就可以完成。

❶ 在【实时视图】下，打开 mylayout.html 文件，确保文档窗口宽度不小于 1200 像素。

在原型中，页面左右两侧都有边框。由于边框延伸到了屏幕边缘，所以最好选择使用 <body> 元素来制作。

❷ 在 favorite-styles.css 中，添加如下规则：

body

❸ 在 body 规则中，添加如下属性（见图 6-90）：

border-right: 15px solid #ED5
border-left: 15px solid #ED5

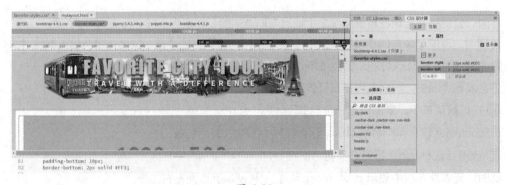

图 6-90

此时，页面左右两侧出现边框。

下一课将添加页面的主要内容。这里再调整一下页脚文本。首先从原型中获取页脚文本。

❹ 在【Extract】面板中，选择与复制页脚文本。

❺ 在 mylayout.html 中选择页脚中的占位文本，粘贴上一步复制的页脚文本，如图 6-91 所示。

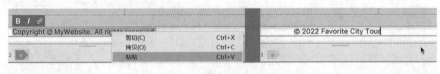

图 6-91

当前，页脚文本是居中对齐的。默认设置下，HTML 中的文本是左对齐的。也就是说，这里存在某个设置覆盖了默认设置。

❻ 选择 footer 标签选择器。

<footer> 元素的类是 .text-center，正是它把页脚文本居中对齐了。

❼ 将 <footer> 元素的类 .text-center 删除，如图 6-92 所示。

图 6-92

此时，页脚文本靠左对齐。下面调整背景颜色。

❽ 在 favorite-styles.css 中，添加如下规则：

footer

❾ 在 footer 规则中，添加如下属性（见图 6-93）：

padding-top: 5px
color: #069
background-color: #ED5

图 6-93

❿ 在菜单栏中依次选择【文件】>【保存全部】。

至此，本课内容就介绍完了。本课介绍了如何从用 Photoshop 制作的原型中提取样式，以及如何把它们应用到预定义的 Bootstrap 模板上。后面课程会继续调整和格式化网页内容，介绍各种 HTML、CSS 的小技巧。下一课将把这个 Bootstrap 启动器布局转换成 Dreamweaver 站点模板。

6.17　复习题

① Dreamweaver 为初学者提供了哪些辅助设计功能？

② 使用响应启动器布局有什么好处？

③ 【Extract】面板有什么用？

④ 在【Extract】面板中能下载 GIF 格式的图像资源吗？

⑤ 判断对错：【Extract】面板生成的所有 CSS 属性都是精确的，均可用来格式化网页内容。

⑥ 一个元素可以应用多少个背景图像？

6.18　答案

① 为了帮助初学者设计网页，Dreamweaver 2022 提供了 3 种基本布局、6 种 Bootstrap 模板、4 种响应式电子邮件模板和 3 种快速响应启动器布局。

② 响应启动器布局提供了完整的布局，包括预定义的 CSS 和占位内容，有助于我们快速着手网站设计或布局设计。

③ 借助【Extract】面板，我们能够从网页原型（使用 Photoshop 与 Illustrator 制作）中轻松获取 CSS 样式、文本内容，以及图像资源。

④ 不能。【Extract】面板只支持 PNG、JPEG 图像格式。

⑤ 错。虽然许多 CSS 属性完全可用，但是 Photoshop、Illustrator 中的样式是用于打印输出的，有些样式并不适合网页应用。

⑥ 使用 CSS 可以为一个元素应用多个背景图像，但是只能应用一种背景颜色。

第 7 课

使用模板

课程概览

本课主要讲解以下内容。

- 创建 Dreamweaver 模板
- 插入可编辑区域
- 制作子页面
- 更新模板与子页面

学习本课大约需要 **1.5** 小时

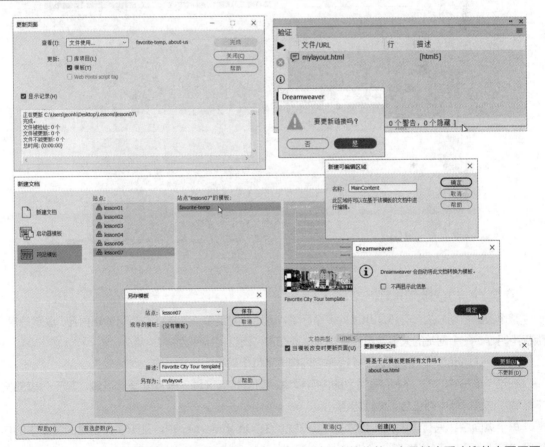

Dreamweaver 的站点管理功能和高效的生产力工具是其最大的优势，也是其大受欢迎的主要原因。

7.1 Dreamweaver 模板概述

Dreamweaver 模板是一种页面母版,你可以基于它创建多个子页面。使用 Dreamweaver 模板能够确保整个网站的外观、风格一致,同时可以快速、轻松地制作网站内容。在 Dreamweaver 中,模板与常规的 HTML 页面不一样。

在普通网页中,你能使用 Dreamweaver 编辑整个页面。但是在一个模板中,指定的区域会被锁定,无法进行编辑。模板可以用在团队项目中,允许多个团队成员创建和编辑网页内容,同时允许网页设计师控制页面设计和特定元素,确保它们不发生变化。

下面看一个布局示例,找出页面中哪些区域被锁定了,哪些区域可编辑。

❶ 启动 Dreamweaver 2022。

❷ 打开 lesson07 文件夹中的 mylayout.html 文件,进入【实时视图】。确保文档窗口宽度不小于 1200 像素,如图 7-1 所示。

图 7-1

❸ 自上而下查看页面布局。

整个页面被划分成具有不同用途的多个区域,例如导航菜单、企业 Logo、可编辑内容、联系信息、版权声明等。一个网站的大多数页面中都有这些元素,而且保持一致。

通常,这些元素称为"样板",因为它们构成了每个网页的基本结构。

在这个模板中,有 3 种不同类型的内容模块:图像轮播区域、卡片式图像区域、基于列表的文本区域。这些区域中都包含可编辑内容。

每个页面中,只有可编辑内容才是可更改的。在 Dreamweaver 中,基于模板创建的页面中的样板区域被锁定了,不允许编辑。

在把页面布局转换成 Dreamweaver 模板之后,包含可编辑内容的区域会变成可编辑区域。但在这么做之前,还有一些工作要做。由于模板一般都比较精简,仅包含必要组件,但当前的网页布局太拥挤了,因此需要删除一些不必要的组件。

7.2　删除不必要的组件

模板应该是非常精简的，一般只包含少量基本元素或占位符，这样在创建子页面时，可以最大限度地降低清理的工作量。接下来创建卡片式区域。

如果你的文档窗口宽度不小于 1200 像素，你应该能够看到分成两行排列的 6 个卡片元素。后面课程中会使用这些元素添加旅游描述。但是，模板中不需要同时保留 6 个元素，只留下 3 个就够了。

❶ 单击第二行第一个元素中的 400 像素 ×200 像素占位图像，将其选中，如图 7-2 所示。

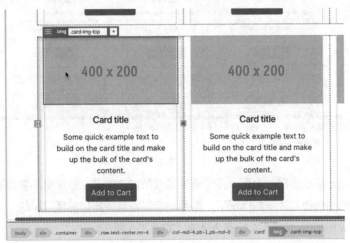

图 7-2

此时，元素显示框中显示的是 <img> 元素。

查看标签选择器栏，你会发现占位图像有 4 个 <div> 父元素。分析 HTML 内容的结构时，标签选择器是最得力的工具之一。

❷ 选择占位图像的第一个父元素——div .card 标签选择器，如图 7-3 所示。

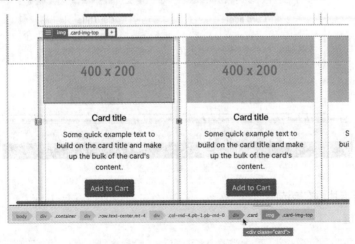

图 7-3

此时，元素显示框中显示出 div .card。从蓝色边框可以看出，第一个卡片元素的大部分内容被选中了。这里的目标是选中整行元素。

❸ 选择 div.col-md-4.pb-1.pb-md-0 标签选择器，第一个卡片整体被选中。

④ 选择 div.row.text-center.mt-4 标签选择器。

此时，第二行卡片被整体选中，但是这个标签选择器上还有一层 div.container 标签选择器。

⑤ 选择 div.container 标签选择器，如图 7-4 所示。

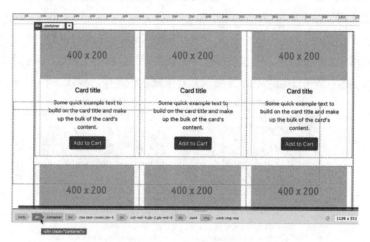

图 7-4

选择 div.container 标签选择器之后，整个卡片区域都被选中了。但这里不需要选择整个卡片区域，而是需要回到上一次的选择，大多数情况下，最后一个标签选择器仍然是可见的。

⑥ 选择 div.row.text-center.mt-4 标签选择器，如图 7-5 所示。

如果在标签选择器栏中看不到这个标签选择器，请重复步骤 1~4，将其选中。

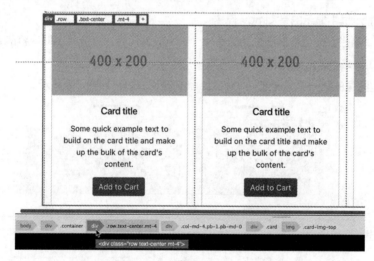

图 7-5

此时，第二行卡片再次被选中。

⑦ 按 Delete 键。

💡 注意　删除元素时，请确保元素周围有蓝色边框。当元素周围出现橙色边框时，表示当前选中的是元素的内容，而非元素本身。

此时，第二行卡片整体被删除，页面上只剩下一行卡片。接下来处理基于列表的内容。

基于列表的区域与卡片区域不太一样。删除这些元素的方法稍微有点不同，但是使用的仍然是标签选择器。基于列表的区域中有 3 行元素，这里只需要留下一行。

❽ 单击第三行第一个元素的占位图像，如图 7-6 所示。

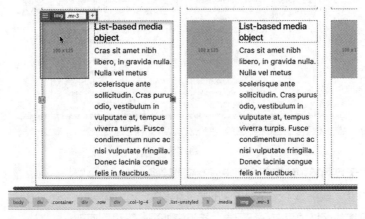

图 7-6

查看标签选择器栏，你会发现，占位图像位于一个无序列表中，但是不能通过删除无序列表来删除第三行元素。

❾ 选择 ul 标签选择器，如图 7-7 所示。

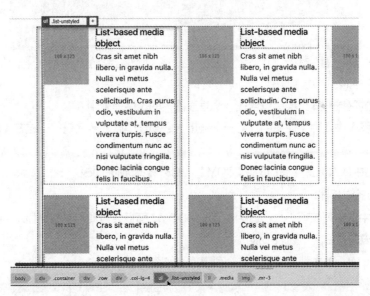

图 7-7

此时，元素显示框中显示的是列表区域的整个第一列。实际上，列表区域的 3 行就是 3 个无序列表，每个无序列表中的列表项都是垂直排列的。为了删除列表区域的第二行和第三行，必须把每个无序列表的最后两个列表项删除。

与以前一样，第一个无序列表中的第三个列表项（li 标签选择器）应该是可见的。

💡提示 若看不见 li 标签选择器，请从第 8 步开始重新选择。

❿ 选择 li 标签选择器，按 Delete 键，如图 7-8 所示。

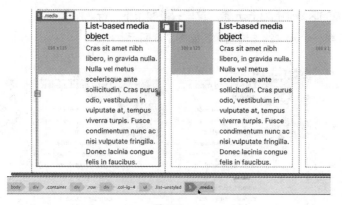

图 7-8

此时，第一个无序列表中的第三个列表项就被删除了。

⓫ 重复第 10 步，删除每个无序列表中的第二个和第三个列表项。

此时，基于列表的区域中只有一行元素。接下来处理一下页面底部。

页脚上方区域包含 3 列链接和一个地址块。

⓬ 单击第一列链接中的最后一个链接，查看标签选择器栏，如图 7-9 所示。

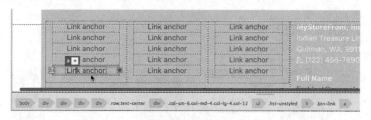

图 7-9

与基于列表的区域一样，链接包含在 3 个垂直排列的无序列表中。

在【实时视图】中，为了使每列只有一个链接，必须逐个删除多余链接。这在【DOM】面板中操作起来更快捷。

⓭ 在菜单栏中依次选择【窗口】>【DOM】，打开【DOM】面板。

⓮ 选择 li 标签选择器。

在文档窗口中选择列表项（<li> 元素）之后，【DOM】面板会自动将其高亮显示。此时，在【DOM】面板中，无序列表的最后一个列表项被选中。

⓯ 按住 Shift 键，单击列表中的第二个列表项，如图 7-10 所示。

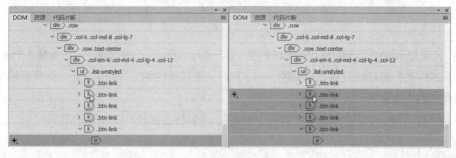

图 7-10

此时，4 个列表项同时被选中。

16 按 Delete 键，如图 7-11 所示。

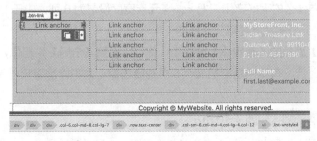

图 7-11

此时，前面选择的 4 个列表项被删除。

17 重复步骤 14~16，删除所有不需要的链接，如图 7-12 所示。

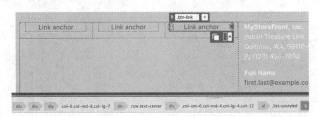

图 7-12

18 保存文件。

删除不必要的链接之后，页面左下方出现大片空白区域。如果 3 个链接横跨页面底部，页面会更好看。接下来调整 Bootstrap 页面布局。

7.3 调整 Bootstrap 页面布局

Bootstrap 使用行与列控制元素分割页面的方式，其以一个 12 列的网格为基础，为每个元素分配一定数量的列。不仅如此，你还可以为用于浏览页面的各种尺寸的屏幕分配列数。

Bootstrap 使用存放在样式表中的预定义类来分配列。这些预定义类一般会被指定给用来包装内容的 <div> 元素。在当前页面中，你可以看到大量用作包装的 <div> 元素。在【DOM】面板中，仔细观察刚刚编辑的结构，你应该能够找出 3 个无序列表的 Bootstrap 父元素。

1 在【DOM】面板中，选择 div.col-6.col-md-8.col-lg-7，如图 7-13 所示。

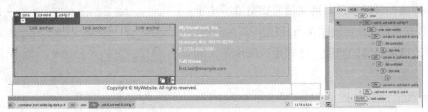

图 7-13

2 在【CSS 设计器】面板中，选择【当前】模式。

在【属性】窗格中，勾选【显示集】复选框。

你可以在【CSS 设计器】面板的【选择器】窗格中看到指定的类。

❸ 选择 .col-6 规则，如图 7-14 所示。

这条规则是用来做什么的呢？它用来把 <div> 元素宽度设置为 6 列。由于 Bootstrap 使用的是 12 列的网格，所以 <div> 元素的宽度是其父元素的一半。

在【CSS 设计器】面板的【@ 媒体】窗格中，你可以看到【全局】是粗体，表示 .col-6 规则设置的是元素的默认尺寸。若没有其他规则把 .col-6 规则覆盖掉，则不管屏幕尺寸是多少，<div> 元素总是占 6 列。

❹ 选择 .col-md-8 规则，如图 7-15 所示。

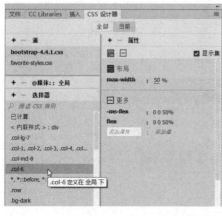

图 7-14

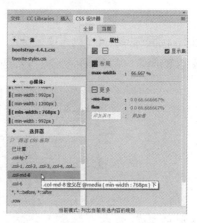

图 7-15

这条规则用来把 <div> 元素的宽度设置为 8 列。但这条规则还有另外一个修饰符——md，它是"medium"（中）的缩写，更准确地说，它指的是中等尺寸的屏幕。

前面提到 Bootstrap 使用网格来分割屏幕，那么这些屏幕的尺寸是多少？ Bootstrap 定义了几种默认的屏幕尺寸：xs（超小）、sm（小）、md（中）、lg（大）。单击各个规则后，你可以在【@ 媒体】窗格中看到这些尺寸。单击 .col-md-8 规则，【@ 媒体】窗格中会突出显示 min-width:768px，表示当屏幕宽度最小为 768 像素时，这个类就会被激活。

> 💡注意 某些情况下，可能存在多个基于相同宽度的媒体查询，其中加粗的那个就是所选规则的样式。

❺ 选择 .col-lg-7 规则，如图 7-16 所示。

这条规则用来在大屏幕上把 <div> 元素的宽度设置为 7 列（最小宽度为 992 像素）。请注意，这条规则出现在选择器列表的顶部。当文档窗口宽度不小于 1200 像素时，这条规则就会发挥作用，覆盖掉其他规则。

为了更改链接区域的宽度，必须更改应用于大屏幕的类。

❻ 在元素显示框中，把 .col-lg-7 修改为 .col-lg-12，然后按 Enter 键或 Return 键，使修改生效，如图 7-17 所示。

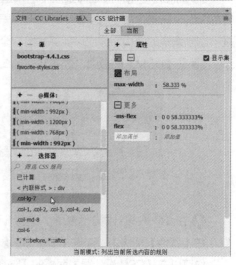

图 7-16

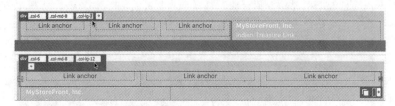

图 7-17

此时，链接区域延伸到整个页面底部。同时地址区域因无法继续待在页面右侧而移动到下一行，但是占据的区域仍和以前一样。

这就是 Bootstrap 的工作方式。每个元素都占用一定数量的列，不管其他元素怎么样，它们都保持这一宽度。接下来继续调整地址区域的宽度。

❼ 单击 \<address\> 元素。

在标签选择器栏或【DOM】面板中，你应该能够看到 Bootstrap 包装器。

❽ 选择 div.col-md-4.col-lg-5.col-6 标签选择器，如图 7-18 所示。

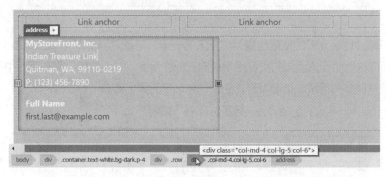

图 7-18

在大屏幕上，这个地址区域占 5 列。为使其填满右侧空间，需要修改一下 lg 类。

❾ 把 .col-lg-5 修改为 .col-lg-12，按 Enter 键或 Return 键，使修改生效，如图 7-19 所示。

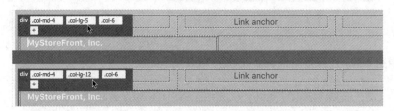

图 7-19

经过修改之后，div 包装器的宽度延伸到了整个页面宽度。虽然地址区域变宽了，但是其中的地址是纵向排列的，这浪费了大量空间。

地址区域中包含两个地址，上方是街道地址，下方是电子邮件地址。借助 Bootstrap 类可以让两个地址横向排列，将右侧空间充分利用起来。

通常，Bootstrap 类是要指定给 div 包装器的，但是其实也可以把它们直接应用到一个元素上。

❿ 单击公司地址，选择 address 标签选择器。

此时，元素显示框中显示出 \<address\> 元素。

⓫ 单击【添加类 /ID】图标，输入 .col-lg-6，按 Enter 键或 Return 键，如图 7-20 所示。

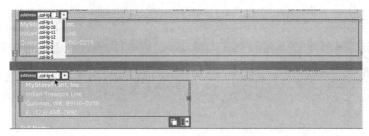

图 7-20

此时，<address> 元素的宽度变为父元素的一半。接下来向电子邮件地址应用相同的样式。

⑫ 单击电子邮件地址，选择 address 标签选择器。

⑬ 添加 .col-lg-6 类，如图 7-21 所示。

图 7-21

此时，电子邮件地址元素的宽度也变为父元素的一半。但是，当前两个 <address> 元素仍然是纵向排列的。上面向这两个元素添加的类只用来控制它们的宽度，并不能控制其在页面中的排列方式。

检查链接或其他多列区域，你会发现，它们的包装器元素上都有一个 .row 类。

⑭ 选择 div.col-md-4.col-lg-12.col-6 标签选择器，如图 7-22 所示。

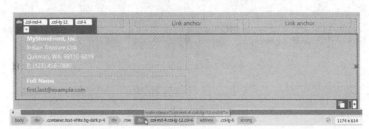

图 7-22

这个 <div> 元素包含两个 <address> 元素，但却没有 .row 类。

⑮ 向选中的 <div> 元素添加 .row 类，如图 7-23 所示。

图 7-23

此时，两个 <address> 元素就并排显示了。

到这里，页面布局问题就暂时解决了，但是地址文本仍然是白色的，将其改成深色会更合适。

7.4 修改 Bootstrap 元素中的文本样式

要修改某个元素的样式，先要找出控制这个元素的样式的规则。

① 单击公司地址，选择 address 标签选择器。

② 在【CSS 设计器】面板中，选择【当前】模式。

此时，【选择器】窗格中显示出格式化 <address> 元素的所有规则。自上而下检查规则，找到控制颜色的规则。

规则 .text-white 用来应用白色（#fff），但是这个类并未应用到 <address> 元素上。下面看看这个类应用到了哪里。

③ 在标签选择器栏中找到带有 .text-white 类的元素，如图 7-24 所示。

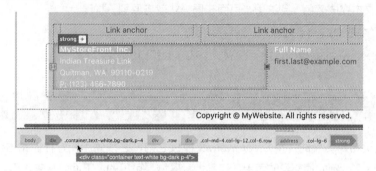

图 7-24

.text-white 类出现在 div.container.text-white.bg-dark.p-4 标签选择器上，这个 <div> 元素包裹着链接区域和地址区域。

④ 选择 div.container.text-white.bg-dark.p-4 标签选择器。

这个区域被格式化为 Logo 颜色。这里不再需要使用白色作为文本颜色，因此只要把 .text-white 类删除即可。

⑤ 单击【删除类 /ID】图标，如图 7-25 所示。

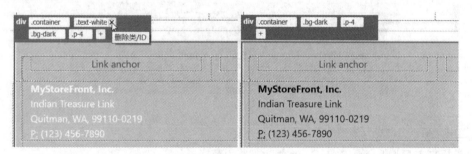

图 7-25

删除 .text-white 类之后，地址文本的颜色变成黑色。根据站点主题，地址文本的颜色应改成蓝色，为此需要添加一条新规则。

⑥ 选择 address 标签选择器。

⑦ 在【CSS 设计器】面板中，选择【全部】模式。

⑧ 选择 favorite-styles.css，单击【添加选择器】图标，出现一个自定义选择器名称。

⑨ 将选择器名称改为 address。该选择器只对 <address> 元素起作用。

⑩ 在 address 规则中，添加如下属性（见图 7-26）：

```
color: #069
```

图 7-26

此时，地址文本变成蓝色。到这里，页面布局样式就与原型一样了。

⓫ 在菜单栏中依次选择【文件】>【保存全部】。

为了创建 Dreamweaver 模板，接下来需要添加样板和占位内容。

7.5 添加样板和占位内容

在把一个网页布局转换成一个 Dreamweaver 模板之前，必须先添加好样板和占位内容。这里有些样板已经添加好了，例如顶部导航菜单。当前地址区域是可见的，下面先从它入手。

❶ 打开 lesson07 文件夹中的 mylayout.html 文件，进入【实时视图】。确保文档窗口宽度不小于 1200 像素。

❷ 选择文本 MyStoreFront, Inc.，输入 Favorite City Tour，将其替换。

❸ 选择文本 Indian Treasure Link，输入 City Center Plaza，将其替换。

❹ 选择文本 Quitman, WA, 99110-0219，输入 Meredien, CA 95110-2704，将其替换。

❺ 选择 P:(123) 456-7890，输入 (408) 555-1212，将其替换，如图 7-27 所示。

图 7-27

到这里，第一个地址元素就修改好了。

❻ 选择文本 Full Name，输入 Contact Us，将其替换。

❼ 选择文本 first.last@example.com，输入 info@favoritecitytour.com，将其替换，如图 7-28 所示。

图 7-28

至此，两个地址元素都修改好了。接下来回到页面顶部的导航菜单。

在导航菜单中，公司名称是白色的。第 10 课将介绍更多有关超链接的内容，那时再处理公司名称的样式，目前暂且不动它。下一个样板位于轮播图像之下，在 Free Shipping、Free Returns、Low

Prices 文本中。

虽然原型中没有出现类似文本，但是可以通过这些链接进一步改善原有的概念设计。

❽ 选择文本 Free Shipping，输入 Get a Quote，如图 7-29 所示。

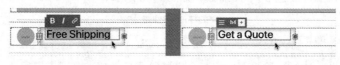

图 7-29

❾ 把 Free Returns 修改为 Book a Tour，把 Low Prices 修改为 Bargain Deals。

❿ 选择标题 RECOMMENDED PRODUCTS，输入 INSERT HEADLINE HERE，将其替换，如图 7-30
所示。

图 7-30

⓫ 在第一个卡片元素中，选择文本 Card title，输入 Product Name，将其替换。

⓬ 在卡片描述中，选择文本 card title，将其修改为 product name，把 card's content 修改为
product description。

⓭ 选择按钮文本 Add to Cart，输入 Get More Info，将其替换，如图 7-31 所示。

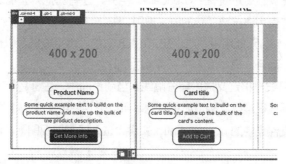

图 7-31

这样，第一个卡片元素就制作好了。

⓮ 重复步骤 11~13，对其他卡片元素做同样的处理，如图 7-32 所示。

图 7-32

至此，3 个卡片元素全部更新完毕。

> 💡提示　修改其他两个卡片元素时，你可以从第一个卡片中把整段描述复制粘贴到其他卡片中。

⑮ 选择标题 FEATURED PRODUCTS，输入 INSERT HEADLINE HERE，将其替换。

⑯ 选择文本 List-based media object，输入 Insert Name Here，将其替换。

⑰ 重复上一步，修改其他几个列表标题，如图 7-33 所示。

图 7-33

到这里，文本样板就制作好了。

⑱ 保存全部文件。

接下来修改页面中的一些语义错误，这些错误有的看得见，有的看不见。

<h1>7.6 修改语义错误</h1>

随着 HTML5 的发展，人们开始重视围绕代码元素及其形成的结构制定语义规则。前面为公司名称和 Logo 图像添加了一个语义元素——<header>。另外，还有其他一些语义元素散布在网页之中。当前布局中的某些元素的使用违背离了新的语义规则。

当前布局中有几个 <hr> 元素用得不对。在 HTML5 之前，水平线既可以作为图形元素使用，也可以作为内容分隔线使用。而且，根本没人在乎两者之间的差别。

新的语义规则把水平线严格定义成内容分隔线。当前页面中，主标题上下方的水平线被错误地用成了图形元素。这些水平线很难在文档窗口中看到，所以需要使用【DOM】面板。

① 打开 lesson07 文件夹中的 mylayout.html 文件，进入【实时视图】。确保文档窗口宽度不小于 1200 像素。

② 选择页面顶部的文本 INSERT HEADLINE HERE。

③ 在菜单栏中依次选择【窗口】>【DOM】，打开【DOM】面板。

此时，【DOM】面板中高亮显示出 <h2> 元素（标题）。该元素上方与下方各有一个 <hr> 元素。标题上方的水平线符合语义规则，而下方的水平线则不符合。这里需要把两条水平线都删除。

④ 在【DOM】面板中，选择并删除 <hr> 元素，如图 7-34 所示。

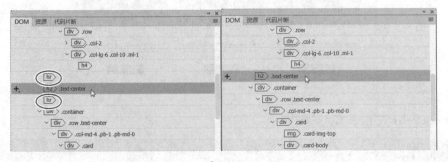

图 7-34

❺ 选择页面底部的标题，在【DOM】面板中，选择并删除 <hr> 元素。

仔细查看【DOM】面板，你会发现页脚附近还有一个 <hr> 元素，把它也删除。

❻ 在【DOM】面板中，选择其他所有 <hr> 元素，删除它们。

到这里，网页中的所有 <hr> 元素就删完了。

检查【DOM】面板，你会发现另一个语义问题，即各个内容区域的标题位于 div 包装器之外。

虽然不会有人注意到这一点，但从语义上讲，把标题放入包装器内才是正确的做法，而且这么做也方便一起移动或删除页面内容。

❼ 选择卡片区域上方的标题。

此时，【DOM】面板中高亮显示 <h2> 元素。<h2> 元素之下就是 div.container。若 div.container 处于折叠状态，可将其展开，显示其结构。

❽ 单击 div.container 左侧的箭头，如图 7-35 所示。

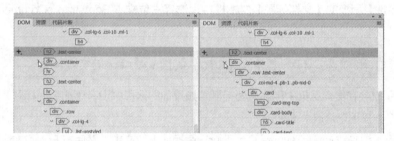

图 7-35

此时，div.container 的结构显现出来。在【DOM】面板中，你可以添加、编辑、删除、重排页面中的 HTML 元素。刚开始拖曳元素可能不太容易，若错了，请在菜单栏中选择【编辑】>【撤销拖放】，然后再次尝试。

❾ 把 <h2> 元素拖入 div.container 中，如图 7-36 所示。

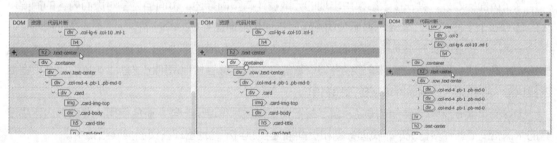

图 7-36

拖曳 <h2> 元素时，你会看到一条绿线。请确保这条绿线在 div.container 与 div.row.text-center 之间。这样，当拖放完成后，标题就进入 div.container 中，且位于占位内容之上。

❿ 重复步骤 7~9，把第二个标题放到正确的位置。

此时，两个标题都被放到了相应的 div.container 中。

⓫ 在菜单栏中依次选择【文件】>【保存全部】。

到这里，页面中的可见内容就处理好了。接下来还要创建一些不可见的内容，进一步完善页面。虽然很少有用户会注意这些不可见的内容，但事实证明，这些内容关乎网站的成功与否。

7.7 插入元数据

一个设计精良的页面会包含一些用户看不到的重要组件，其中之一便是元数据。元数据一般添加在页面的 <head> 元素中。元数据是一些描述网页及其内容的信息，浏览器、搜索引擎等应用程序会用到这些信息。

建议你在页面中添加元数据，不仅因为这是一种好做法，还因为页面中的元数据（如页面标题）有助于搜索引擎收录你的页面及提升你的页面排名。页面标题主要用来描述页面的具体内容或目的。但是，许多网页设计师还会在其中添加公司或组织名称，以帮助提高公司或组织的知名度。在模板中添加占位标题和公司名称后，你就不需要再在每个子页面中输入它们了，这能节省很多时间。

① 打开 mylayout.html 文件，进入【实时视图】。

② 在菜单栏中依次选择【窗口】>【属性】，然后把【属性】面板停靠到文档窗口底部。

③ 在【属性】面板的【文档标题】文本框中，选择占位文本 Bootstrap eCommerce Page Template。

> 💡 提示　不管在哪种视图下，【属性】面板中的【文档标题】文本框都是可用的。

许多搜索引擎会在搜索结果中用到页面标题。如果你的网页中没有添加页面标题，那么搜索引擎会自动挑选一个。接下来修改页面标题。

④ 输入 Insert Title Here - Favorite City Tour，替换掉占位文本。然后按 Enter 键或 Return 键，使修改生效，如图 7-37 所示。

图 7-37

除了页面标题外，会在搜索结果中出现的元数据还有页面描述。页面描述是对页面内容的摘要，大约有 160 个字符。2017 年末，谷歌公司把页面描述长度增加到 320 个字符。

多年来，一些网页开发人员试图通过编写误导性的标题和描述来为他们的网站带来更多流量。这里给大家提个醒：现在的搜索引擎已经变得很智能，它们能够轻松地识别出这些"花招"，并根据情况把这些"耍花招"的网站降级或拉入黑名单。

为提高页面在搜索结果中的排名，请尽量把页面描述写得准确一些，避免使用一些网页内容中没有的术语和词汇。许多情况下，页面标题和页面描述会原封不动地出现在页面搜索结果中。

⑤ 在菜单栏中依次选择【插入】>【HTML】>【说明】，打开【说明】对话框。

⑥ 输入 Favorite City Tour - add description here，单击【确定】按钮，如图 7-38 所示。

图 7-38

至此，Dreamweaver 已经向页面中添加好两个元数据。

7 切换到【代码】视图。

在 <head> 元素中找到添加好的页面描述，如图 7-39 所示。

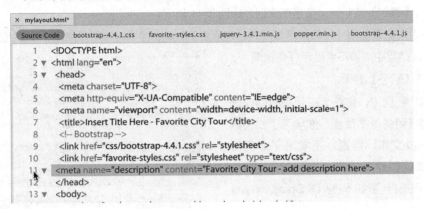

图 7-39

在第 11 行中，你可以看到已经添加好的页面描述。

8 在菜单栏中依次选择【文件】>【保存全部】。

到这里，把网页布局转换成模板的准备工作差不多都做完了。在使用模板创建新页面之前，还需要验证一下创建好的 HTML 代码。

7.8 验证 HTML 代码

制作网页时，要确保网页代码能够在当前所有浏览器中正常运行。当我们修改页面时，有可能在不经意间损坏了某个元素，或者创建了无效标记。这些意外的更改会降低网页代码质量，甚至影响页面在浏览器中的显示结果。

因此，在把网页布局转换成模板之前，必须做一下检查，确保网页代码结构正确，且符合当今网页标准。

1 在 Dreamweaver 中打开 mylayout.html 文件，切换到【实时视图】。

2 在菜单栏中依次选择【文件】>【验证】>【当前文档 (W3C)】，如图 7-40 所示。

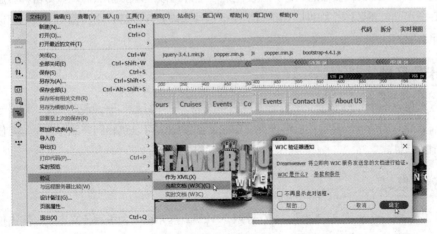

图 7-40

此时，弹出【W3C 验证器通知】对话框，提示你 Dreamweaver 会把当前文档上传到 W3C 的在线验证服务器中。单击【确定】按钮之前，请确保你的计算机已经连接到了互联网上。

③ 单击【确定】按钮，上传当前文档，如图 7-41 所示。

片刻之后，你会收到一个验证结果报告，里面会列出当前文档中的所有错误。若前面的操作正确无误，在验证结果中应该不会显示任何错误。

④ 关闭【验证】面板。

恭喜你！到这里，你就为项目模板制作好了一个切实可用的基本页面。你学习了如何插入组件、占位文本、标题，还学习了如何修改 CSS 样式、创建新规则，以及验证 HTML 代码。接下来学习如何创建 Dreamweaver 模板。

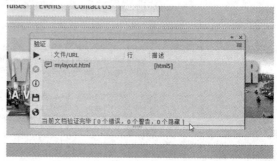

图 7-41

7.9 定义可编辑区域

创建模板时，Dreamweaver 会把所有现存内容看作总体设计的一部分。基于模板创建的子页面完全一样，而且所有内容都被锁定，处于不可编辑状态。

这种做法对页面中那些重复性的组件很友好，例如导航菜单、Logo 图像、版权信息、联系信息等。但是同时也让你无法向各个子页面添加内容。这个问题可以通过在模板中定义可编辑区域来解决。

当把一个页面保存为模板时，Dreamweaver 会自动创建两个可编辑区域，一个针对 <title> 元素，另一个针对元数据或脚本（需要加载到页面的 <head> 元素中）。其他可编辑区域必须自定义。

想一想页面中哪些区域应该被锁定，应该怎样使用它们。在示例页面中，中间部分包含一个图像轮播组件和两个示例内容区域。

7.9.1 图像轮播组件

页面中，图像轮播组件用于动态地显示一系列图像与文本。设计的原型或线框图中没有这个组件，它是前面选择的 Bootstrap 模板的一部分。使用这个组件可以展示旅游照片，宣传各种旅游产品，但是并不是每个页面都需要这个组件。如果某个模板组件只需要在少数几个页面中出现，可以考虑把它做成一个可选组件。

7.9.2 卡片区域

卡片区域包含一个 400 像素 ×200 像素的占位图像、一个标题、一段说明文本，以及一个按钮。这个区域非常适合用来展示及宣传旅游产品。单击底部按钮，可以跳转到产品详情页，方便用户获得更多产品相关信息。

7.9.3 列表区域

列表区域包含一个小的占位图像（100 像素 ×125 像素）和一大段宣传文本。纵向占位图像更适合放置头像，而不适合放置旅游照片。你可以在这个区域放置工作人员和导游的个人简介。

现存的内容区域是为销售和宣传旅游产品准备的。页面中没有地方可用来插入描述性或说明性文字。因此需要在模板中插入一个文本区域。

7.9.4 插入新的 Bootstrap 元素

上网浏览一下，你就会发现，大部分产品介绍网站都有一段或多段介绍性文本。为了添加介绍性文本，可以在图像轮播组件的下方添加一个新的区域。这里使用最简单的方法，即在【DOM】面板中插入新的 HTML 结构。

❶ 切换到【实时视图】。

在页面中，选择文本 Get a Quote。

此时，在【DOM】面板中，文本元素高亮显示。当选中某个子元素时，其所在的整个结构都会显示出来。这里要添加的文本内容区域与所选文本元素的终极父元素是同级的。添加元素时，最好先把同级元素折叠起来。

❷ 在【DOM】面板中，选择 div.container，单击其左侧的箭头图标，如图 7-42 所示。

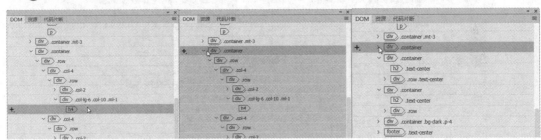

图 7-42

当所选 <div> 元素折叠起来时，你能看到其他内容区域，它们也分别包含在一个个 div.container 之中。

❸ 单击【添加元素】图标。

在弹出的菜单中选择【在此项后插入】，如图 7-43 所示。

此时，Dreamweaver 在页面中插入一个新的 <div> 元素。接下来为创建的 <div> 元素添加一个类，使其拥有与其他内容区域一样的结构。

❹ 按 Tab 键，把光标移动到【类/ID】字段中。

输入 .container，按 Enter 键或 Return 键，如图 7-44 所示。

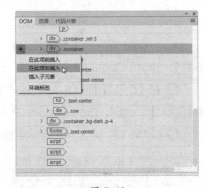

图 7-43

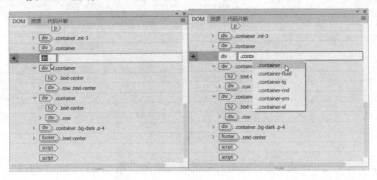

图 7-44

添加新的 <div> 元素的同时，Dreamweaver 在其中添加了一段占位文本。此时，占位文本没有任何标签。接下来把占位文本替换成新文本区域的标题文本。

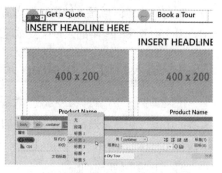

❺ 选择占位文本，输入 INSERT HEADLINE HERE。在【属性】面板的【格式】下拉列表中选择【标题 2】，如图 7-45 所示。

此时，Dreamweaver 就把刚刚输入的标题文本置入 <h2> 元素中。为使标题文本居中对齐，下面向 <h2> 元素添加 .text-center 类。

图 7-45

❻ 在【DOM】面板中，把光标置于 <h2> 元素的【类 /ID】字段中。

❼ 输入 .text-center，按 Enter 键或 Return 键，如图 7-46 所示。

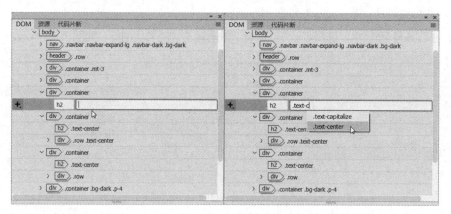

图 7-46

.text-center 是一个 Bootstrap 类，用于居中对齐标题文本。接下来添加容纳文本内容的结构，它由两个 <div> 元素组成，并且与标题文本是同级的。

❽ 在【DOM】面板中，单击 <h2> 元素左侧的【添加元素】图标，在弹出的菜单中选择【在此项后插入】。此时，Dreamweaver 在 <h2> 元素之下添加一个 <div> 元素。

❾ 按 Tab 键，输入 .row，然后按 Enter 键或 Return 键，如图 7-47 所示。

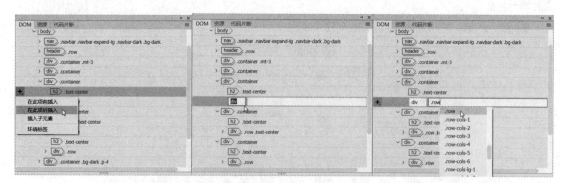

图 7-47

这个新添加的 <div> 元素是文本区域最外层的容器。与往常一样，Dreamweaver 也会在这个元素中添加占位文本。接下来利用占位文本创建内层容器。

⑩ 选择占位文本，输入 Insert content here。在【属性】面板的【格式】下拉列表中选择【段落】，如图 7-48 所示。

此时，【DOM】面板中出现一个 <p> 元素。

⑪ 单击【添加元素】图标，在弹出的菜单中选择【环绕标签】，向新的 <div> 元素添加类 .col-lg-12，如图 7-49 所示。

到这里，新的文本内容区域就添加好了。

⑫ 保存所有文件。

接下来在页面中添加可编辑区域。

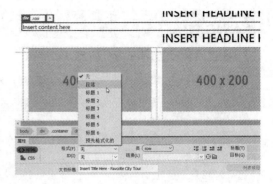

图 7-48

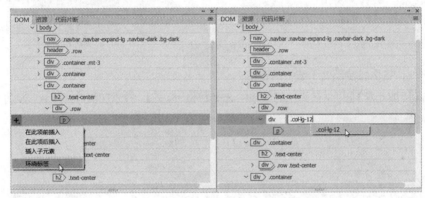

图 7-49

7.9.5 插入可编辑区域

前面讲过，大多数可编辑内容是插入在可编辑区域中的。由于图像轮播组件不会出现在每一个页面中，所以把它添加到一个可编辑的可选区域中。而其他 3 个内容区域要放入一个单独的可编辑区域中。把它们 3 个放入一个区域中后，创建子页面时，你就可以轻松删除那些不合适的相应子页面的区域。

❶ 打开 lesson07 文件夹中的 mylayout.html 文件，进入【实时视图】。确保文档窗口宽度不小于 1200 像素。

在 Dreamweaver 中，虽然可以把 3 个内容区域添加到一个可编辑区域中，但是却不能同时把可编辑区域应用到多个元素上。为了解决这个问题，先把 3 个内容区域置入一个元素中，然后再向这个元素应用可编辑区域。

❷ 选择新文本区域的标题，如图 7-50 所示。

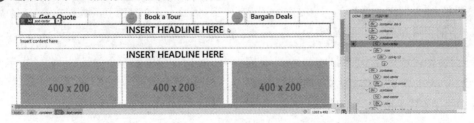

图 7-50

此时，在【DOM】面板中，文本内容区域的标题元素处于选中状态。

💡 提示 在【DOM】面板中，所选元素的父元素总是在其上方。

③ 选择 <h2> 元素的父元素 div.container。

按住 Shift 键，选择其他两个 div.container，如图 7-51 所示。

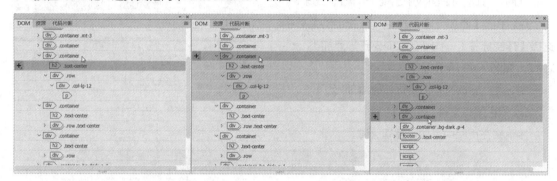

图 7-51

此时，3 个内容区域全部处于选中状态。

④ 单击【添加元素】图标，在弹出的菜单中选择【环绕标签】，并添加类 .wrapper，如图 7-52 所示。

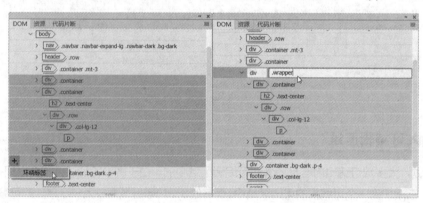

图 7-52

此时，Dreamweaver 使用一个 <div> 元素把 3 个内容区域包裹起来。接下来就可以把它们添加到一个可编辑区域中了。

⑤ 切换到【设计】视图。

⑥ 在【DOM】面板中，选择 div .wrapper。在菜单栏中依次选择【插入】>【模板】>【可编辑区域】，如图 7-53 所示。

💡 注意 编写本书时，这个模板工作流仅能在【设计】视图和【代码】视图下正常工作。也就是说，你不能在【实时视图】下执行这些操作。

由于可编辑区域只能添加到 Dreamweaver 模板中，所以你会看到一个提示对话框，提示你保存文件时 Dreamweaver 会自动将此文档转换为模板。

⑦ 单击【确定】按钮，如图 7-54 所示。

此时，弹出【新建可编辑区域】对话框，在【名称】文本框中为可编辑区域输入一个名字。

⑧ 在【名称】文本框中输入 MainContent，如图 7-55 所示。

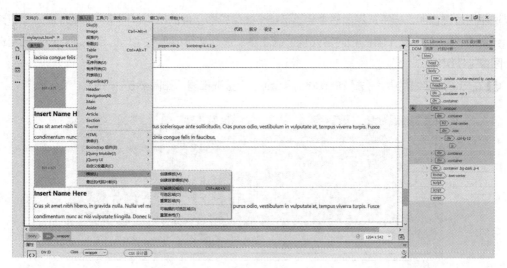

图 7-53

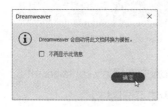

图 7-54

图 7-55

　　每个可编辑区域的名称必须是唯一的，除此之外，没有其他什么特殊规定。不过，强烈建议你取一个简短的描述性名称。这个名称只在 Dreamweaver 中使用，不会对 HTML 代码产生影响。

❾ 单击【确定】按钮，如图 7-56 所示。

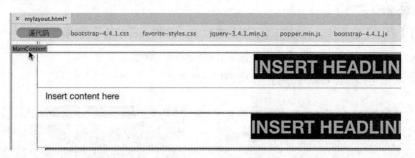

图 7-56

　　在【设计】视图下，指定区域上方的蓝色选项卡中会显示区域名称，表示它是一个可编辑区域。在【实时视图】下，子页面中的选项卡为橙色。可编辑区域包括 div .wrapper 及其包含的所有内容区域。

　　保存文件之前，还需要把图像轮播组件添加到一个可编辑的可选区域中。

7.9.6 插入一个可编辑的可选区域

　　有些内容只在某些页面中存在，并非所有页面中都有。这种情况下，可以把这些内容放入一个可编辑的可选区域中。接下来把图像轮播组件放入一个可编辑的可选区域中。

❶ 在文档窗口中，单击图像轮播组件中的占位图像，将其选中。

选中占位图像时，标签选择器栏中会显示整个图像轮播组件的结构。图像轮播组件是一个复杂的 Bootstrap 组件，包含若干容器和内容元素。请注意，在添加可编辑的可选区域之前，一定先要选中整个图像轮播组件。

② 在标签选择器栏中，选择 div.container.mt-3 标签选择器，如图 7-57 所示。

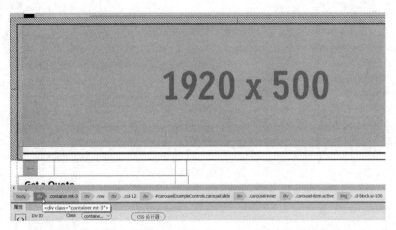

图 7-57

如果你习惯使用【DOM】面板，也可以在【DOM】面板中选择 div.container.mt-3。

③ 在菜单栏中依次选择【插入】>【模板】>【可编辑的可选区域】。

此时，弹出一个对话框，提示你 Dreamweaver 会自动把文件转换为模板。

④ 单击【确定】按钮。

此时，弹出【新建可选区域】对话框。编写本书时，Dreamweaver 有一个 Bug，即不允许你修改对话框中显示的默认名称。如果碰到这个问题，请先单击【高级】选项卡，然后单击【基本】选项卡，这样就可以修改默认名称了。

⑤ 单击【高级】选项卡，再单击【基本】选项卡。此时，名称处于可编辑状态。

⑥ 输入 MainCarousel，单击【确定】按钮，如图 7-58 所示。

到这里，两个可编辑区域就添加好了，如图 7-59 所示。

图 7-58

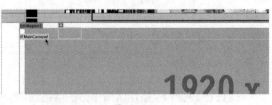

图 7-59

⑦ 在菜单栏中依次选择【文件】>【保存】，弹出【另存模板】对话框。

⑧ 在【描述】文本框中，输入 Favorite City Tour template，如图 7-60 所示。

⑨ 在【另存为】文本框中，输入 favorite-temp，单击【保存】按钮，如图 7-61 所示。

💡 提示　虽然文件名后面的 temp 后缀没有要求必须加，但是加上它有助于你把这个文件与站点文件夹中的其他文件轻松地区分开。

图 7-60

图 7-61

此时，弹出一个对话框，询问是否要更新链接，如图 7-62 所示。

模板都保存在一个单独的文件夹（Templates）中，Dreamweaver 会在站点根目录下创建这个文件夹。

⑩ 单击【是】按钮，更新链接。

由于模板保存在站点文件夹的一个子文件夹中，因此有必要更新代码中的链接，确保创建子页面时模板仍能正常工作。这样不管你把文件保存到站点内的什么地方，Dreamweaver 都会自动解析并重写链接。

图 7-62

保存模板后，虽然当前页面什么也没有变，但是根据文档选项卡中的文件扩展名 .dwt（该扩展名是 Dreamweaver template 的缩写），可以看出它是一个模板。

最后还需要处理一下 <head> 元素中的一个小错误。在把一个页面保存为模板时，页面标题和描述性元数据应该插入各自的可编辑区域中。编写本书时，Dreamweaver 有一个 Bug 会导致描述性元数据丢失。

⑪ 切换到【代码】视图，找到描述性元数据占位符，大致在第 13 行。

如果描述性元数据位于可编辑区域之外，那么在所有基于模板创建的子页面中你都无法修改它。

⑫ 选择整个 <meta> 元素，将其拖入 <!-- TemplateBeginEditable name="head" --> 与 <!-- TemplateEndEditable --> 两个标签之间，如图 7-63 所示。

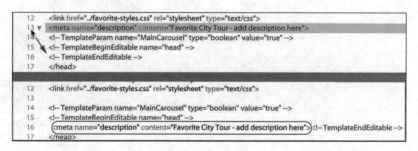
图 7-63

⑬ 保存并关闭所有文件。

到这里，整个模板就全部制作好了。接下来基于这个模板创建一些子页面。

> ♀ 注意　这个过程中可能会弹出一个对话框，询问是否更新所有基于该模板的页面。你可以忽略它。

Dreamweaver 模板是动态的，Dreamweaver 会在模板与基于模板创建的所有页面之间维护一个链接。当你在模板动态区域中添加或修改内容然后保存时，Dreamweaver 会自动把这些改变传递给所有子页面，使其保持最新状态。

7.10　创建子页面

Dreamweaver 模板就是用于创建子页面的。在 Dreamweaver 中，基于模板创建子页面时，子页面中只有可编辑区域中的内容允许修改，其他区域都处于锁定状态，不可修改。但是，请注意，只有 Dreamweaver 和部分 HTML 编辑器有这种限制。在 Notepad、TextEdit 等文本编辑器中，这些限制将不复存在，所有代码都可以自由编辑。

7.10.1　新建一个子页面

制作网页时，是否使用 Dreamweaver 模板应该在设计一开始就做好决定。若决定使用，则网站中的所有页面都要在这个模板的基础上创建。事实上，这正是创建模板的初衷，即为网站中的所有页面确定一个基本结构。

① 启动 Dreamweaver 2022。在【新建文档】对话框中，你可以看到各种网站模板。

② 在菜单栏中依次选择【文件】>【新建】，或者按 Ctrl+N 或 Cmd+N 快捷键，打开【新建文档】对话框。

③ 在【新建文档】对话框中，选择【网站模板】。

④ 在站点列表中选择 lesson07。

⑤ 在【站点 "lesson07" 的模板】中，选择 favorite-temp。

⑥ 勾选【当模板改变时更新页面】复选框，如图 7-64 所示。

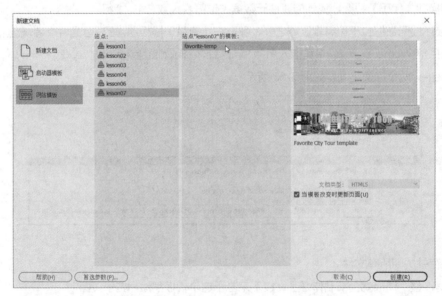

图 7-64

⑦ 单击【创建】按钮。

此时，Dreamweaver 会基于所选模板新建一个页面。

⑧ 切换到【设计】视图，如图 7-65 所示。

打开新文档时，Dreamweaver 会默认进入你上一次使用的视图（【代码】视图、【设计】视图或【实时视图】）。在【设计】视图下，模板名称显示在文档窗口右上角。修改页面之前，应该先保存一下。

图 7-65

💡 注意 有些用户反映在文档窗口右上角看不见模板名称，也许你也会遇到类似情况。

⑨ 在菜单栏中依次选择【文件】>【保存】，打开【另存为】对话框。

💡 提示 【另存为】对话框中有一个【站点根目录】按钮，单击它，即可进入站点根目录下。

⑩ 在【另存为】对话框中，转到站点根目录下，把文件命名为 about-us.html，然后单击【保存】按钮，如图 7-66 所示。

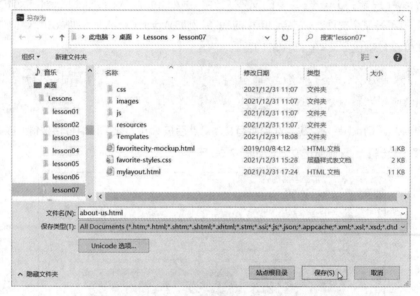

图 7-66

此时，Dreamweaver 就把子页面保存到了站点根目录下。当把某个页面保存到站点根目录下时，Dreamweaver 会更新指向外部文件的所有链接和引用。接下来向基于模板创建的子页面中添加内容。

7.10.2　向子页面中添加内容

在基于模板创建的子页面中，Dreamweaver 只允许你修改可编辑区域。

💡 警告 在一个普通文本编辑器中打开一个模板，你可以编辑里面的所有代码，包括那些不可编辑区域的代码。

❶ 打开 about-us.html 文件，进入【设计】视图。

模板的许多功能只有在【设计】或【代码】视图下才能正常工作，在【实时视图】下可以添加或编辑可编辑区域中的内容。

② 把鼠标指针移动到页面中的各个区域中，观察鼠标指针有何变化，如图 7-67 所示。

当把鼠标指针移动到页面中的不可编辑区域（例如导航菜单、网页头部、页脚）中时，鼠标指针会变成一个锁定图标（ ⊘ ）。在 Dreamweaver 中，子页面中的不可编辑区域处于锁定状态，无法修改。而 MainCarousel、MainContent 等可编辑区域是可以修改的。

③ 选择第一个占位文本 INSERT HEADLINE HERE，输入 ABOUT FAVORITE CITY TOUR，将其替换，如图 7-68 所示。

图 7-67　　　　　　　　　　　　　　　　图 7-68

④ 在【文件】面板中，双击 lesson07\resources 文件夹中的 aboutus-text.rtf 文件，将其打开。

Dreamweaver 只能打开一些简单的文本文件，例如 .html、.css、.txt、.xml、.xslt 文件等。当 Dreamweaver 打不开某个文件时，它会调用相应程序（例如 Word、Excel、WordPad、TextEdit 等）打开它。aboutus-text.rtf 文件中包含文本区域中的内容。

> ♡ 注意　尽管你可以使用任意一种文字处理程序打开 aboutus–text.rtf 文件，但还是建议你使用 Tex–tEdit、Notepad、Windows 写字板这类简单的文字处理程序打开它。

⑤ 按 Ctrl+A 或 Cmd+A 快捷键，选择所有文本。然后按 Ctrl+C 或 Cmd+C 快捷键，或者在【主页】选项卡中选择【复制】，复制所选文本，如图 7-69 所示。

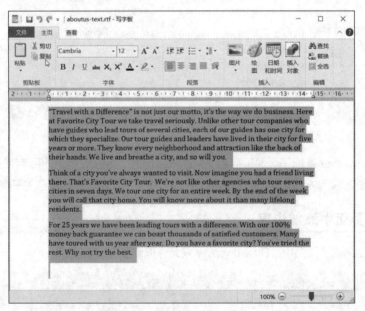

图 7-69

> ♡ 注意　你可以使用任意一种熟悉的方法来完成选择和复制文本的操作。

⑥ 返回 Dreamweaver 中。

⑦ 单击占位文本 Insert content here，在标签选择器栏中选择 p 标签选择器。

⑧ 按 Ctrl+V 或 Cmd+V 快捷键，或者在菜单栏中依次选择【编辑】>【粘贴】，粘贴复制的文本，如图 7-70 所示。

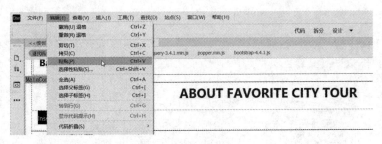

图 7-70

此时，原来的占位文本被新内容替换。

⑨ 保存文件，如图 7-71 所示。

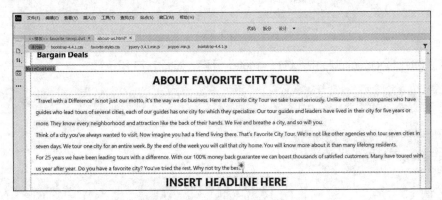

图 7-71

到这里，我们就向页面中添加好了可见的文字内容。接下来向子页面中添加元数据等一些不可见内容。

7.10.3 向子页面中添加元数据

前面在模板中添加好了元数据占位符。本小节还需要向页面中添加元数据，这样一个页面才算真正制作完成。

① 打开【属性】面板。

② 在【文档标题】文本框中，选择占位文本 Insert Title Here。

③ 输入 About Favorite City Tour，然后按 Enter 键或 Return 键，如图 7-72 所示。

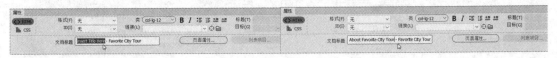

图 7-72

修改后的标题不会直接显示在页面上，但你可以在代码中看到页面标题已经被成功修改。接下来修改描述性元数据。你可以在【代码】视图中修改，也可以使用【DOM】面板进行修改。

④ 在【DOM】面板中，展开 <head> 元素。

<head> 元素中包含几个 <meta> 元素，其中一个就是描述性元数据。在【DOM】面板中，选择某个 <meta> 元素，其内容就会在【属性】面板中显示出来。

⑤ 在【DOM】面板中，展开位于 mmtinstance:param 元素下方的 mmtinstance:editable 元素，如图 7-73 所示。

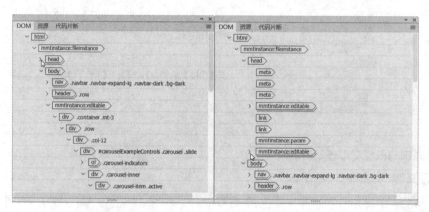

图 7-73

⑥ 在 mmtinstance:editable 中，选择 <meta> 元素，如图 7-74 所示。

💡 注意 你可能需要多次单击 <meta> 元素，才能将其内容在【属性】面板中显示出来。

图 7-74

此时，【属性】面板显示出所选 <meta> 元素的内容。

⑦ 选择文本 add description here，输入 For 25 years Favorite City Tour has been showing people how to travel with a difference. It's not just a motto, it's a way of life.，如图 7-75 所示。

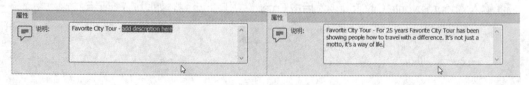

图 7-75

⑧ 保存文件。

接下来修改一下模板的各个地方，了解一下子页面是如何跟着模板更新的。这有助于你更好地理解模板的工作原理。

7.11 更新模板

模板会自动更新所有基于它创建的子页面，但更新的只是可编辑区域之外的部分。接下来修改一下模板中的可编辑区域和不可编辑区域，了解一下 Dreamweaver 是如何工作的。

❶ 在【文件】面板中，双击 Templates 文件夹中的 favorite-temp.dwt，将其打开。确保文档窗口宽度不小于 1200 像素，如图 7-76 所示。

❷ 切换到【设计】视图。

❸ 在导航菜单中，选择文本 Home，输入 Home Page，将其替换。

❹ 选择文本 Events，输入 Calendar，将其替换，如图 7-77 所示。

图 7-76

❺ 选择 MainContent 可编辑区域中的文本 INSERT，全部替换为 ADD，如图 7-78 所示。

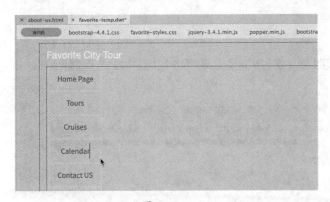

图 7-77

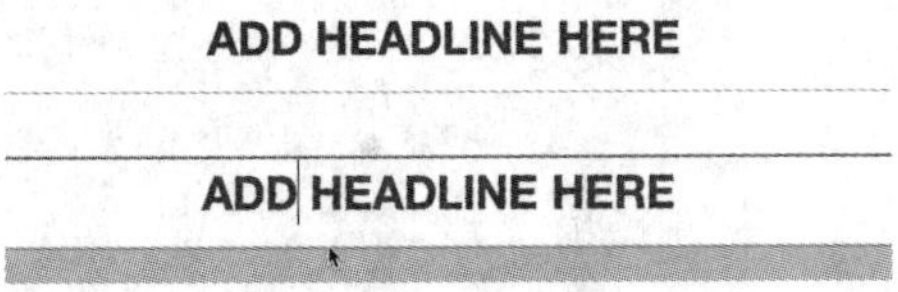

ADD HEADLINE HERE

ADD HEADLINE HERE

图 7-78

❻ 切换到【实时视图】，如图 7-79 所示。

图 7-79

此时，你可以清楚地看见导航菜单和内容区域的变化。

❼ 保存文件，如图 7-80 所示。

此时，弹出【更新模板文件】对话框，about-us.html 出现在待更新的页面列表中。待更新的页面列表中显示着所有基于当前模板创建的页面。

⑧ 单击【更新】按钮，弹出【更新页面】对话框。

⑨ 勾选【显示记录】复选框，如图 7-81 所示。

图 7-80

图 7-81

对话框底部显示的信息将指出哪些页面更新了，哪些页面没有更新。当前显示 about-us.html 页面更新成功。

> 💡 **注意** 有时更新页面要花很长时间才能完成。更新过程中，若卡住不动了，你可以单击对话框中的【停止】按钮，退出更新。

⑩ 关闭【更新页面】对话框。

⑪ 单击 about-us.html 文档选项卡，切换到【实时视图】，观察这个页面中发生了哪些变化，如图 7-82 所示。

图 7-82

在模板中修改的导航菜单在，其变化 about-us.html 页面中体现了出来，但是对主要内容区域的修改却被忽略了，该区域仍然保持原来的样子。

也就是说，你可以放心地修改可编辑区域中的内容，或者向其中添加内容，而不用担心模板会删掉它们。同时，页眉、页脚、导航菜单等元素都会保持统一样式，并会根据模板的实际情况做相应的更新。

⑫ 切换到 favorite-temp.dwt。

⑬ 进入【设计】视图。

⑭ 在导航菜单中，从 Home Page 文本中删除 Page，把 Calendar 改回 Events。

⑮ 保存模板，更新相关文件。

⑯ 在文档选项卡栏中，单击 about-us.html，观察页面中发生了哪些变化。

> 💡 提示　更新期间，即使子页面处于打开状态，Dreamweaver 也会进行更新，但不会保存更新，文档
> 选项卡栏中的文件名称旁边将显示一个星号。

此时，导航菜单又恢复为原来的样子。如你所见，即使链接的文件处于打开状态，Dreamweaver 仍然会更新它们。但是，需要注意的是，有些更改未被保存下来。文件名称旁边出现一个星号时，表示该文件已经发生更改，但尚未保存。

这个时候，若你的 Dreamweaver 或计算机崩溃了，则你做的所有更改都会丢失。这种情况下，你必须手动更新页面，或者在下一次修改模板时启用自动更改功能。

> 💡 提示　若当前打开了多个文件，且一个模板同时更新它们，请一定要使用【保存全部】命令。大多数
> 情况下，最好还是先把所有子页面关闭再更新模板，这样 Dreamweaver 会自动保存它们。

> 💡 注意　上一个版本的 Dreamweaver 添加了一个自动备份功能。因此，当 Dreamweaver 崩溃时，你
> 所做的部分更改或全部更改仍然会被保留下来。

⑰ 在菜单栏中依次选择【文件】>【保存】。

⑱ 关闭 favorite-temp.dwt 文件。

在新页面中添加好内容之后，就可以把不需要的内容区域删掉了。接下来先处理一下可编辑的可选区域。

7.11.1　从子页面中删除可选区域

对于可选区域和可编辑的可选区域，删除和添加它们的方法是一样的。<head> 元素中有一个条件引用，用于控制它们的显示和隐藏。

❶ 打开 about-us.html 文件，进入【代码】视图，如图 7-83 所示。

大约在第 14 行，有一个对 MainCarousel 的引用，其中一个属性是 value="true"。当 value 的值为 true 时，图像轮播组件就会在页面中显示。当 value 的值为 false 时，图像轮播组件会从页面中移除。

```
13
14 ▼    <!-- InstanceParam name="MainCarousel" type="boolean" value="true" -->        I
15       <!-- InstanceBeginEditable name="head" -->
```

图 7-83

❷ 选择 true，将其修改为 false，如图 7-84 所示。

```
13
14       <!-- InstanceParam name="MainCarousel" type="boolean" value="false" -->
15       <!-- InstanceBeginEditable name="head" -->
```

图 7-84

从页面中移除图像轮播组件时，需要使用模板更新命令。

③ 切换到【设计】视图。

找到页面顶部的图像轮播组件。

> 💡 注意　模板更新命令只在【设计】与【代码】视图下可用。

④ 在菜单栏中依次选择【工具】>【模板】>【更新当前页】，如图 7-85 所示。

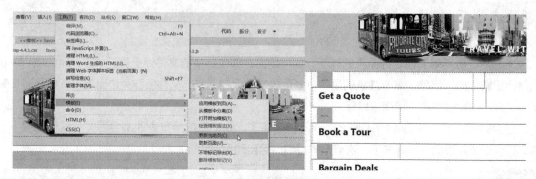

图 7-85

页面更新之后，图像轮播组件从页面中消失。如果你希望把图像轮播组件再添加回来，把 value 的值改成 true 即可。

⑤ 保存页面。

接下来删除不用的卡片区域和列表区域。

7.11.2　从子页面中删除不用的区域

从一个页面中删除组件的方法有好几种。最简单的方法是使用标签选择器栏或【DOM】面板。

① 切换到【实时视图】。

② 在卡片区域中，选择任意一个占位图像（400 像素 × 200 像素）。

找到整个卡片区域的父元素。

③ 选择 div.container 标签选择器，如图 7-86 所示。

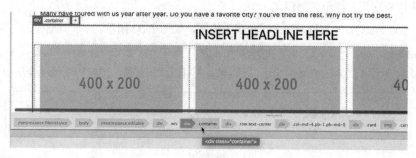

图 7-86

④ 按 Delete 键。

删除整个卡片区域。接下来使用【DOM】面板删除列表区域。

⑤ 在列表区域中，单击标题占位文本。

在【DOM】面板中，h2.text-center 高亮显示。

❻ 选择父元素 div.container，按 Delete 键，将其删除，如图 7-87 所示。

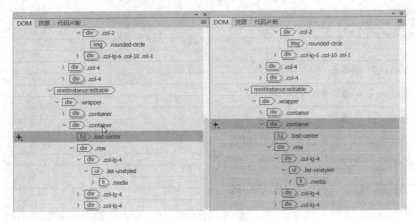

图 7-87

此时，列表区域被删除。

❼ 上下滚动，浏览一下页面，如图 7-88 所示。

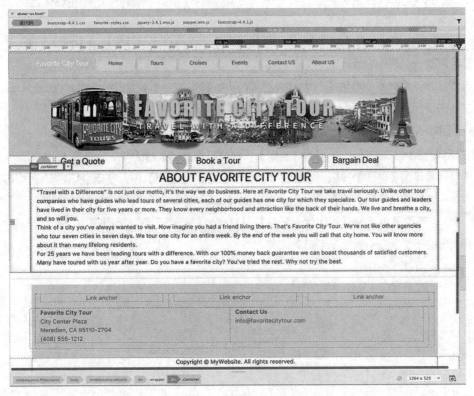

图 7-88

此时，页面中空白的区域都被删除了。到这里，页面中的所有内容元素就都制作好了。

❽ 保存文件。

借助 Dreamweaver 模板，我们可以轻松、快速地创建页面，并自动更新页面。接下来的课程将使用制作好的模板创建网站中的各个页面。新建一个网站时，先要决定是否使用模板。使用模板的好处很多，不仅可以提高建站效率，还可以使站点的维护工作变得简单、快捷。

7.12　复习题

① Dreamweaver 模板有什么用？

② 如何通过一个现有页面创建模板？

③ 为什么模板是动态的？

④ 要向模板中添加什么，才能使模板有用？

⑤ 如何基于一个模板创建子页面？

⑥ 模板能够更新处于打开状态的子页面吗？

7.13　答案

① 模板就是一个预定义好的 HTML 页面，其中包含图片、占位文本。借助模板，你可以轻松、快速地创建多个子页面。

② 在菜单栏中依次选择【文件】>【另存为模板】，然后在【另存为模板】对话框中，输入模板名称，即可创建一个模板（.dwt 文件）。

③ 因为 Dreamweaver 会维护一个模板到所有子页面的链接。当模板更新时，Dreamweaver 会把更改反映到子页面的锁定区域中，并且不修改可编辑区域。

④ 必须向模板中添加可编辑区域。否则，无法向子页面中添加特有内容。

⑤ 在菜单栏中依次选择【文件】>【新建】，在【新建文档】对话框中，选择【网站模板】，选择要使用的模板，单击【创建】按钮。或者在【资源】面板的【模板】中，使用鼠标右键单击模板名称，在快捷菜单中选择【从模板新建】。

⑥ 可以。不论子页面处于关闭状态还是打开状态，模板更新后，所有子页面都会更新。但是，处于打开状态的子页面在更新后不会自动保存。

第8课

使用文本、列表与表格

课程概览

本课主要讲解以下内容。

- 输入标题、段落文本
- 插入来自其他源的文本
- 创建项目列表
- 插入和修改表格
- 对网站做拼写检查
- 查找和替换文本

学习本课大约需要 **3** 小时

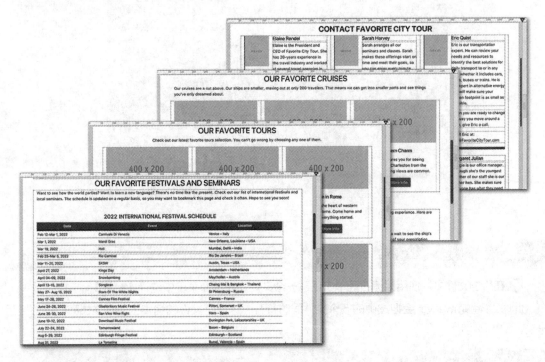

　　不论网页内容是在 Dreamweaver 中制作的，还是从其他程序导入的，我们都可以使用 Dream-weaver 提供的大量工具轻松地创建、编辑、格式化网页内容。

8.1 预览最终页面

为了做到心里有数，先在 Dreamweaver 中预览一下最终制作好的页面。

① 启动 Dreamweaver 2022。若已经打开 Dreamweaver，请关闭所有文件。

② 根据前言中介绍的步骤，新建一个站点 lesson08。

③ 按 F8 键，打开【文件】面板，在站点列表中选择 lesson08。

在 Dreamweaver 中可以同时打开多个文件。

> 💡 注意 按住 Shift 键，选择连续的多个文件，可以同时把它们打开。若要选择的文件不是连续的，你可以按住 Ctrl 键或 Cmd 键，然后单击各个文件，把它们同时选中。

④ 展开 finished 文件夹。

⑤ 选择 tours-finished.html 文件，如图 8-1 所示。

按住 Ctrl 键或 Cmd 键，然后选择 events-finished.html、cruises-finished.html、contactus-finished.html、aboutus-finished.html 文件。

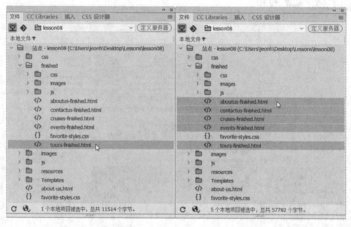

图 8-1

> 💡 注意 你看到的上面这些文件的显示顺序可能和这里不一样。

⑥ 在所选文件中，使用鼠标右键单击任意一个文件，在快捷菜单中选择【打开】。

此时，Dreamweaver 会把选中的 5 个文件同时打开。这 5 个文件的名称也会在文档窗口顶部显示出来。

> 💡 注意 请务必在【实时视图】下浏览每个页面。

⑦ 在文档选项卡栏中，单击 tours-finished.html，将该页面显示出来，进入【实时视图】，如图 8-2 所示。

请注意观察页面中使用的标题和文本元素。

⑧ 在文档选项卡栏中，单击 cruises-finished.html，将该页面显示出来，如图 8-3 所示。

请注意观察页面中使用的项目列表元素。

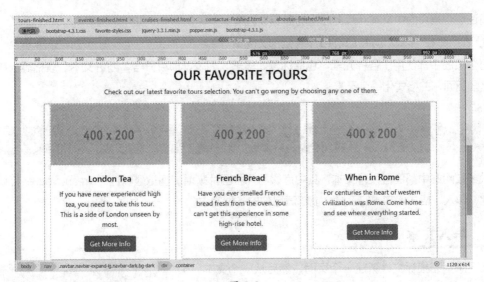

图 8-2

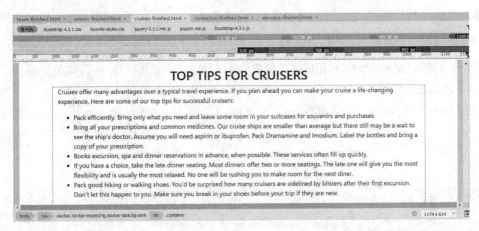

图 8-3

❾ 在文档选项卡栏中，单击 events-finished.html，将该页面显示出来，如图 8-4 所示。
请注意观察页面中的两个表格。

图 8-4

❿ 在文档选项卡栏中，单击 contactus-finished.html，将该页面显示出来。

请注意观察页面中文本元素上应用的自定义边框。

⓫ 在菜单栏中依次选择【文件】>【全部关闭】。

每个页面中都使用了各种元素，包括标题、段落、列表、项目符号、缩进文本、表格等。接下来创建这些页面，并格式化每个元素。

8.2　创建与格式化文本

大多数网站中都包含大量文本，其中点缀着几张图片来增加视觉趣味性。Dreamweaver 提供了各种创建、导入、格式化文本的工具，能够满足你的各种需求。

8.2.1　导入文本

接下来基于模板文件新建一个页面，然后从一个文本文件向页面中插入一些标题和段落文本。

❶ 在菜单栏中依次选择【窗口】>【资源】，打开【资源】面板。在【资源】面板中，单击【模板】图标（🗒）。使用鼠标右键单击 favorite-temp，在快捷菜单中选择【从模板新建】，如图 8-5 所示。

此时，Dreamweaver 基于所选模板新建一个页面。

图 8-5

💡 提示　打开【资源】面板时，它可能以独立的浮动面板形式显示。为了节省屏幕空间，你可以把它停靠到屏幕右侧。要了解相关内容，请阅读第 1 课中"自定义工作区"一节。

💡 注意　【资源】面板中的【模板】图标仅在下面两种情况下才会显示：（1）没有打开任何文档；（2）打开文档后，处于【设计】或【代码】视图下。

❷ 在【另存为】对话框中，把刚刚创建的页面命名为 tours.html，然后保存在站点根目录下。确保文档窗口宽度不小于 1200 像素。

创建好页面之后，最好马上更换页面中的各种元数据占位文本。当你忙着为主要内容创建文本与图像时，可能会忘记或忽略这些内容。接下来修改一下网页标题。

💡 提示　在默认工作区下，【属性】面板不会显示出来。需要使用【属性】时，你可以从【窗口】菜单中打开它，然后将其停靠到文档窗口底部。

❸ 在菜单栏中依次选择【窗口】>【属性】，打开【属性】面板。

在一个打开的页面中，如果未选择任何元素，那么大多数时候【属性】面板中都会显示【文档标题】文本框。

❹ 在【文档标题】文本框中，选择占位文本 Insert Title Here，输入 Our Favorite Tours，按 Enter

键或 Return 键，使修改生效，如图 8-6 所示。

图 8-6

每个页面中都包含一个描述页面的 <meta> 元素，用于向搜索引擎提供与页面内容相关的信息。你可以直接在【代码】视图中编辑它，也可以辅以【DOM】面板在【属性】面板中编辑它。

⑤ 在菜单栏中依次选择【窗口】>【DOM】，打开【DOM】面板。

描述页面内容的 <meta> 元素位于页面的 <head> 元素之中。

⑥ 在【DOM】面板中，展开 <head> 元素。

展开 <head> 元素后，你可以看到其中包含的各种元素，包括 3 个 <meta> 元素、两个链接、两个可编辑区域。其中一个可编辑区域包含标题，另一个可编辑区域包含描述页面内容的元数据。

⑦ 展开第二个可编辑区域，如图 8-7 所示。

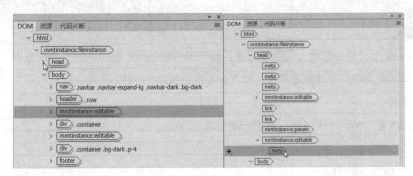

图 8-7

在其中，你可以看到一个 <meta> 元素。

⑧ 在【DOM】面板中，单击 <meta> 元素，将其选中。

此时，所选 <meta> 元素的内容出现在【属性】面板中。

⑨ 选择文本 add description here，输入 We worked hard to develop these tours for you. They are guaranteed to be your favorite, too!，如图 8-8 所示。

图 8-8

修改好元数据之后，接下来修改页面的主要内容。

⑩ 在【文件】面板中，双击 lesson08\resources 文件夹中的 favorite-tours.rtf 文件。

此时，Dreamweaver 自动启动相应程序打开 favorite-tours.rtf 文件，如图 8-9 所示，其中包含的文本未进行格式化，每个段落之间都有一条分隔线。此处这些分隔线是有意添加的。当你从另外一个程序复制粘贴文本时，出于某些原因，Dreamweaver 会把一个段落中的换行符换成
 标签。在源文本中多添加一个段落换行符会迫使 Dreamweaver 使用段落标签替换
 标签。

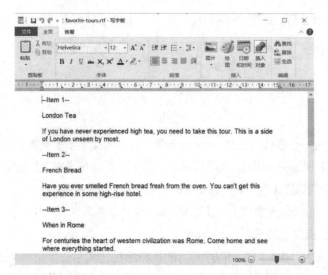

图 8-9

💡 提示　借助剪贴板把文本从其他程序粘贴到 Dreamweaver 中时，如果想保留段落换行符，那么可以使用【实时视图】或【设计】视图。

favorite-tours.rtf 文件中包含 9 段旅游描述。接下来把它们添加到页面的卡片区域中。

⑪ 在文本编辑器或文字处理程序中，把光标移动到文本 London Tea 之前。

⑫ 拖选标题。

⑬ 按 Ctrl+X 或 Cmd+X 快捷键，剪切标题文本。

⑭ 返回 Dreamweaver 中。

⑮ 切换到【实时视图】。

页面的中间区域中有 3 个卡片，每个卡片中都包含一段标题为 Product Name 的占位文本。接下来把刚刚从 favorite-tours.rtf 文件中剪切的标题文本插入第一个占位文本处。

⑯ 在卡片区域中，选择文本 ADD HEADLINE HERE，输入 OUR FAVORITE TOURS，将其替换，然后按 Enter 键或 Return 键。

在【实时视图】下，按 Enter 键或 Return 键，Dreamweaver 会自动在页面中添加一个 <p> 元素。

⑰ 输入 Check out our latest favorite tours selection. You can't go wrong by choosing any one of them.。

这个说明文本在标题之下最好是居中对齐的。可以向 <p> 元素添加 .text-center 这个 Bootstrap 类，使文本居中对齐。

⑱ 在新段落的元素显示框中，单击【添加类 /ID】图标。

⑲ 输入 .text-center，按 Enter 键或 Return 键，把 .text-center 类应用到 <p> 元素上，如图 8-10 所示。

图 8-10

㉔ 在第一个卡片中，选择标题文本 Product Name。

㉑ 按 Ctrl+V 或 Cmd+V 快捷键，把从 favorite-tours.rtf 文件中剪切的文本（见第 13 步）粘贴进来，如图 8-11 所示。

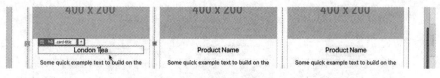

图 8-11

此时，London Tea 把占位文本替换掉。

㉒ 切换到 favorite-tours.rtf 文件中。

选择 Item 1 下的行程说明文本。

㉓ 按 Ctrl+X 或 Cmd+X 快捷键，剪切所选文本。

㉔ 切换到 Dreamweaver，选择第一个卡片中的大段占位文本。

💡 提示　选择文本时，请不要选择段落末尾的换行符。否则，粘贴之后会多出一个空行。

㉕ 按 Ctrl+V 或 Cmd+V 快捷键，粘贴文本，如图 8-12 所示。

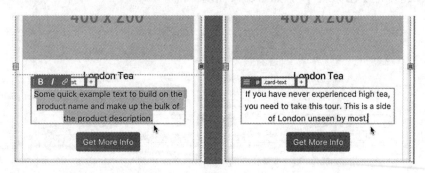

图 8-12

此时，复制自 favorite-tours.rtf 文件的文本替换了占位文本。这样，第一个卡片中的内容就修改好了。

㉖ 切换到 favorite-tours.rtf 文件。

重复步骤 22~25，把 Item 2 与 Item 3 中的文本添加到 tours.html 页面中。

㉗ 保存 tours.html 页面。

到这里，3 个卡片中的内容（包括标题和说明文本）就修改好了。接下来再添加两行卡片，然后把 favorite-tours.rtf 文件中的其余文本填充进去。

8.2.2　添加两行卡片

为了支持多种屏幕尺寸，需要在页面中手动创建行列布局，但这是项很乏味的工作。为此，Dreamweaver 提供了一个易用的工具，以帮助我们轻松地完成这项任务。接下来介绍如何在页面中再添加两行卡片。

❶ 在卡片区域中，选择任意一个占位图像。

❷ 在标签选择器栏中，选择 div .row.text-center，如图 8-13 所示。

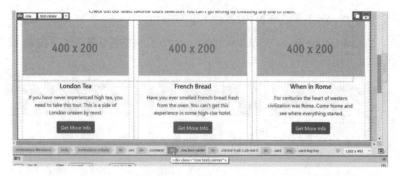

图 8-13

　　此时，在所选元素的右下角或右上角的位置，元素显示框额外显示出两个图标。单击这两个图标，可以执行【复制行】与【添加新行】操作。若单击【添加新行】图标（📑），则你必须重新创建卡片中的所有元素。由于第一行卡片中已经包含了所有要用的元素，所以这里单击【复制行】图标复制它，这可以节省大量时间和精力。

> 💡提示　当把鼠标指针放到【复制行】或【复制列】图标上时，你会看到一个"+"，表示你可以复制所选项目。

❸ 单击【复制行】图标（🔲），如图 8-14 所示。

图 8-14

　　此时，当前卡片行下方出现一行新卡片，其内容和结构与当前卡片行一模一样，而且新卡片行与当前卡片行紧紧相连。接下来在它们之间加一点间距。前面已经向页面中的多个元素添加过 Bootstrap 的 .mt-4 类，这个类用于向一个元素添加 margin-top 属性。

❹ 在第二行卡片中，选择任意一个占位图像。

❺ 在标签选择器栏中，选择 div.row.text-center。

❻ 在元素显示框中，单击【添加类 /ID】图标。

❼ 输入 .mt-4，按 Enter 键或 Return 键，完成添加，如图 8-15 所示。

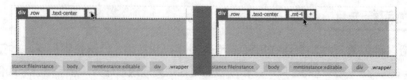

图 8-15

　　此时，整行卡片往下移动。创建并格式化好第二行卡片之后，接下来添加第三行卡片。根据第二行卡片在文档窗口中的位置，【复制行】图标可能会出现在所选区域的右下角或右上角。

❽ 单击【复制行】图标，如图 8-16 所示。

图 8-16

此时，第二行卡片下方出现一行新卡片。接下来向这两行卡片中添加文本内容。

> ◯ 注意　当所选元素显示橙色边框时，复制命令失效。这时，请单击元素显示框，使元素显示出蓝色边框。

❾ 在 favorite-tours.rtf 文件中复制其他标题和说明文本，分别粘贴到相应卡片中，如图 8-17 所示。

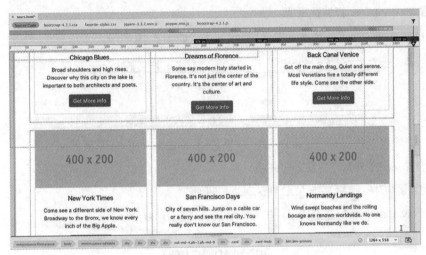

图 8-17

❿ 关闭 favorite-tours.rtf 文件，但不要保存更改。

不保存 favorite-tours.rtf 文件中的更改，其内容就会一直存在。这样，当你需要重新学习本课内容时，就可以再次使用它。

⓫ 保存 tours.html 文件。

到这里，向页面中添加卡片，并在各个卡片中添加相应内容的操作就完成了。接下来删除页面中那些不需要的元素。

8.2.3　删除不用的 Bootstrap 组件

前面创建的模板中包含一个图像轮播组件和 3 个内容区域。制作 tours.html 页面时，用到了卡片内容区域。下一课将介绍如何向图像轮播组件中添加图片，所以这里在模板中保留图像轮播组件。由于图像轮播组件下方的文本区域和列表区域用不到，因此要把它们删除。

❶ 在文本区域中，选择文本 ADD HEADLINE HERE。

❷ 选择 div.container 标签选择器，按 Delete 键，如图 8-18 所示。

💡提示 有时要删除元素并不容易。删除所选元素时，请一定确保元素周围是蓝色边框。若是橙色边框，则表示选中的是元素内容。此时，再次单击标签选择器或者元素显示框，元素边框会变成蓝色。当然，删除元素时，使用【DOM】面板操作起来会更轻松。

图 8-18

此时，你选择的文本区域就被删除了。同时，卡片区域往上移动，与图像轮播组件下方的链接区域紧紧地贴在了一起。要使它们之间有一些间距，添加一个 .mt-4 类即可。

❸ 选择标题 OUR FAVORITE TOURS。

❹ 选择 div.container 标签选择器。

❺ 在元素显示框中，向 <div> 元素添加 .mt-4 类，如图 8-19 所示。

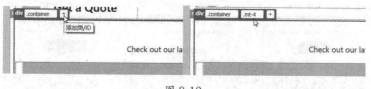

图 8-19

此时，整个 <div> 元素往下移动了一些。

❻ 在列表区域中，选择文本 ADD HEADLINE HERE。

❼ 选择 div.container 标签选择器，按 Delete 键，如图 8-20 所示。

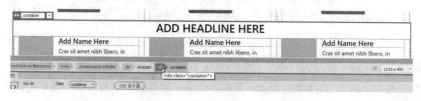

图 8-20

按 Delete 键之前，请确保 <div> 元素周围是蓝色边框。把整个列表区域删除后，整个页面布局就完成了。

❽ 保存文件后关闭文件。

接下来介绍如何创建 HTML 列表。

8.3 创建列表

添加样式（格式化）的目的是让页面中的内容含义明确、组织有序、清晰易读。还有一个方法可以实现这一目的，那就是使用 HTML 中的列表元素。列表是页面中最常用的元素之一，使用它可以提高文本的可读性，还可以提高查找信息的速度。

❶ 打开【资源】面板。

在【模板】类别下，使用鼠标右键单击 favorite-temp，在快捷菜单中选择【从模板新建】。

此时，Dreamweaver 基于所选模板新建一个页面。

> 💡 注意　当文件处于打开状态时，在【实时视图】下，【资源】面板中的【模板】类别不可见。为了创建、编辑、使用 Dreamweaver 模板，必须切换到【设计】视图或【代码】视图，或者关闭所有打开的 HTML 文件。

❷ 保存页面，在【另存为】对话框中，输入文件名称 cruises.html，将其保存到站点根目录下。切换到【实时视图】，确保文档窗口宽度不小于 1200 像素。

❸ 在【属性】面板的【文档标题】文本框中，选择占位文本 Insert Title Here，输入 Our Favorite Cruises，将其替换，然后按 Enter 键或 Return 键。

❹ 切换到【代码】视图。

找到名为 description 的 <meta> 元素，选择占位文本 add description here。

❺ 输入 Our cruises can show you a different side of your favorite cities，然后保存文件，如图 8-21 所示。

图 8-21

此时，新输入的文本替换掉了原来的占位文本。

❻ 在【文件】面板中，双击 lesson08\resources 文件夹下的 cruise-tips.rtf 文件。

此时，cruise-tips.rtf 文件在 Dreamweaver 外部打开，其中包含一系列提高游玩体验的小技巧。

❼ 在 cruise-tips.rtf 文件中，先按 Ctrl+A 或 Cmd+A 快捷键选择文本，再按 Ctrl+X 或 Cmd+X 快捷键剪切文本。关闭 cruise-tips.rtf 文件，不保存文件更改。

❽ 返回 Dreamweaver 中，进入【实时视图】。

❾ 在图像轮播组件下方的文本内容区域中，选择 ADD HEADLINE HERE，输入 TOP TIPS FOR CRUISERS，将其替换。

❿ 单击占位文本 Add content here.。

此时，元素显示框中显示的是 <p> 元素，占位文本周围出现橙色边框。

⓫ 按 Esc 键，占位文本周围变成蓝色边框。

出现蓝色边框，表示选中的是 HTML 元素。

⓬ 按 Ctrl+V 或 Cmd+V 快捷键。

此时，从 cruise-tips.rtf 文件中复制的文本出现在占位元素之下，如图 8-22 所示。在处理这些文本之前，需要先删除占位文本。

⓭ 选择占位文本 Add content here.，按 Delete 键将其删除。

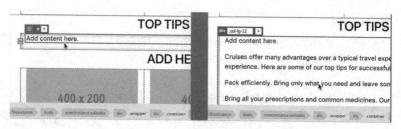

图 8-22

此时，取自 cruise-tips.rtf 文件的文本被完全格式化为 HTML 段落。在 Dreamweaver 中，我们可以很轻松地把这些文本转换为一个 HTML 列表。HTML 列表有两类：有序列表（编号列表）和无序列表。

8.3.1 创建有序列表

下面把一些段落文本转换成一个 HTML 有序列表。

❶ 选择所有文本。在【属性】面板中，单击【编号列表】图标（ ），如图 8-23 所示。

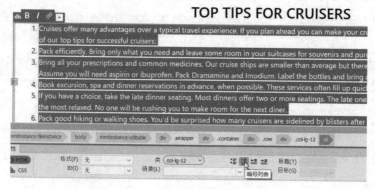

图 8-23

此时，Dreamweaver 自动在各段落文本前面添加了一个数字编号。在语义上，编号列表为每段文本指定了一个唯一的编号，确定了每段文本的先后顺序。但是，从内容上看，这些文本之间没有先后顺序，每段文本之间是平行的。当各个项目之间没有明显的先后顺序时，建议使用无序列表。在把有序列表变成无序列表之前，先看一下有序列表都包含哪些标记。

❷ 切换到【拆分】视图，如图 8-24 所示。

在文档窗口的【代码】视图中，观察有序列表的结构。

有序列表由 <ol> 和 <li> 两种元素组成。每段文本包含在一个 <li>（列表项）元素中，所有列表项都包含在一个 <ol> 元素中。把有序列表变为无序列表的操作很简单，在【代码】视图或【设计】视图中就可以轻松完成。

在标签选择器栏中，单击 ol 标签选择器，选中整个有序列表。

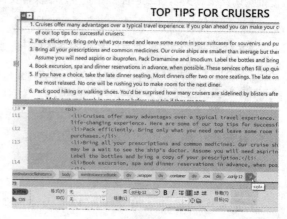

图 8-24

8.3.2 创建无序列表

下面把前面创建的有序列表转换成无序列表。

❶ 在【属性】面板中，单击【无序列表】图标（ ▤ ），如图 8-25 所示。

💡提示 除了单击【无序列表】图标之外，还可以在【代码】视图中手动修改列表标签，把有序列表变为无序列表。修改标签时，起始标签和结束标签都要修改，不要漏掉了。

💡提示 选择整个列表最简单的方法是：在标签选择器栏中单击 ol 标签选择器。

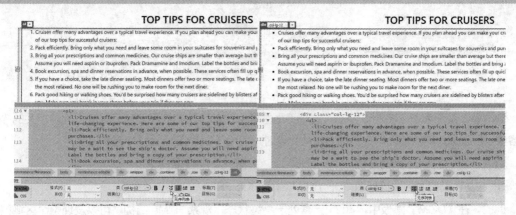

图 8-25

此时，每个列表项左侧的数字编号都变成了项目符号。

查看无序列表标签，你会发现，它与有序列表只有一个区别，那就是最外层的标签由 <ol> 变成了 <ul>。

接下来继续完善页面内容。

❷ 在卡片区域中，选择占位文本 ADD HEADLINE HERE。

❸ 输入 OUR FAVORITE CRUISES，替换掉占位文本。

❹ 在【文件】面板中，双击 lesson08\resources 文件夹中的 favorite-cruises.rtf 文件。

此时，favorite-cruises.rtf 文件被打开，如图 8-26 所示。接下来我们把文件内容添加到卡片区域中。

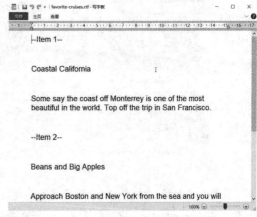

图 8-26

❺ 把 favorite-cruises.rtf 文件中的内容复制并粘贴到各个卡片区域中，如图 8-27 所示。

图 8-27

此时，我们就把文件中的内容添加到了各个卡片之中。接下来删除页面中不需要的占位元素。保留图像轮播组件，第 9 课中会向图像轮播组件中添加图片。这里，我们只把页面下方的列表内容区域删除。

列表区域由 3 个无序列表组成。单击其中一个占位图像（100 像素 ×125 像素），选择相应区域。然后，在标签选择器中选中整个元素。

⑥ 选择并删除页面下方的列表内容区域，如图 8-28 所示。

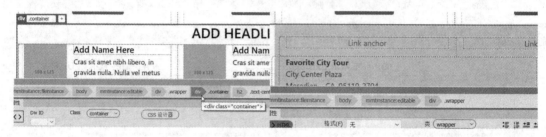

图 8-28

到这里，页面就差不多制作好了。这个页面主要销售邮轮旅游产品，所以最好把旅游相关的描述内容放到那些提示内容前面。在页面中移动元素时，使用【DOM】面板操作起来更容易。

⑦ 在菜单栏中依次选择【窗口】>【DOM】，打开【DOM】面板。

⑧ 在文档窗口中，选择标题 TOP TIPS FOR CRUISERS。

此时，在【DOM】面板中，<h2> 元素处于高亮状态。观察 HTML 结构，可以发现整个区域的父元素是 div.container。

⑨ 选择标题 OUR FAVORITE CRUISES，如图 8-29 所示。

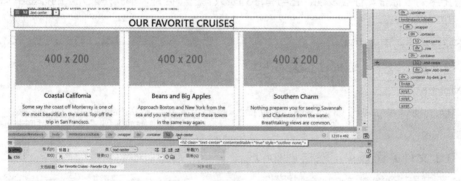

图 8-29

此时，卡片区域中的 <h2> 元素处于高亮状态。与页面中间的提示内容区域一样，卡片区域的父元素也是 div.container。拖曳两个 <div> 元素中的任意一个，可以交换两个区域在页面中的顺序。

当前，两个 <div> 元素都处于展开状态。把两个元素折叠起来，有助于在页面中轻松移动它们。

⑩ 把两个 div.container 折叠起来，如图 8-30 所示。

折叠起来之后，两个 <div> 元素在 HTML 结构中是同级的，上下紧挨着。使用这种方式查看两个元素就不会那么复杂了。

⑪ 把代表卡片区域的 <div> 元素拖曳到另一个 <div> 元素（代表提示内容区域）之上，如图 8-31 所示。

拖曳时，你会看到一条绿线，它表示拖曳的目标位置。拖曳完成后，卡片区域就出现在了提示内容区域之上。卡片区域中的标题（OUR FAVORITE CRUISES）紧贴上方链接，接下来在两者之间加一点间隙。

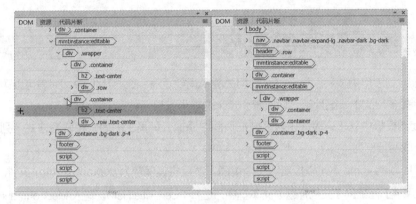

图 8-30

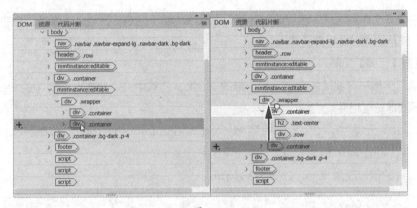

图 8-31

> 💡 提示　拖曳元素时，若位置放错了，请在菜单栏中依次选择【编辑】>【撤销拖放】，然后重新拖曳。

⓬ 选择标题 OUR FAVORITE CRUISES，再选择 div.container 标签选择器，然后向其添加 .mt-4 类，如图 8-32 所示。

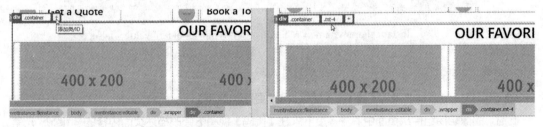

图 8-32

卡片区域与提示内容区域之间也应该留出一些间隙。

⓭ 选择标题 TOP TIPS FOR CRUISERS，再选择 div.container 标签选择器，然后向其添加 .mt-4 类。

到这里，整个页面就制作好了。

⓮ 保存并关闭 cruises.html 页面。

⓯ 关闭 favorite-cruises.rtf 文件，不保存任何修改。

上面介绍了列表的传统用法。除此之外，还可以使用列表创建复杂的内容结构，模板中就有一个这样的内容区域。

8.4 使用列表组织内容

在语义上，列表用来按顺序显示一系列相关的单词或短语。在 HTML 中，列表可以用来组织更复杂的内容，例如多段文本、图片等。对搜索引擎来说，列表是一种完全合法的结构。

接下来使用模板中基于列表的内容区域在页面中添加公司员工的简介和联系方式。列表总共展示 6 名员工，分成两行三列。

❶ 基于 favorite-temp.dwt 模板新建一个页面，然后将其保存为 contact-us.html 文件。

❷ 在【属性】面板的【文档标题】文本框中，选择 Insert Title Here，输入 Meet our favorite people，将其替换。

新页面中有 3 个内容区域。这里要用的是页面底部的基于列表的区域。下面把页面中那些用不到的组件删除，先从图像轮播组件开始。

❸ 切换到【代码】视图。

图像轮播组件属于可编辑的可选区域。修改 <head> 元素中一个 HTML 注释中的 value 值，可以控制是否显示图像轮播组件。

❹ 在 <head> 元素中，在 13 行找到 <!-- InstanceParam name="MainCarousel" type="boolean" value="true" -->。当前 vaule 值为 true。

❺ 把 value 的值修改为 false，如图 8-33 所示。

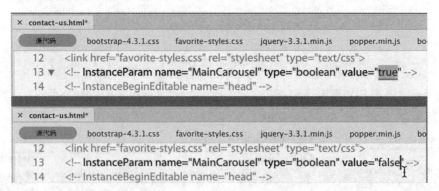

图 8-33

❻ 在菜单栏中依次选择【工具】>【模板】>【更新当前页】。

此时，图像轮播组件从页面中消失。接下来在【代码】视图下修改描述页面内容的 <meta> 元素。

❼ 在名为 description 的 <meta> 元素中，选择占位文本 add description here，将其替换为 Meet the staff of Favorite City Tour。

接下来删除文本内容区域。

❽ 切换到【实时视图】。

删除图像轮播组件后，文本内容区域向上移动到链接区域下方。

❾ 选择充当文本内容区域的 div.container 标签选择器，如图 8-34 所示。

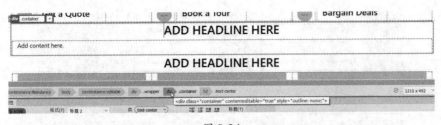

图 8-34

此时，元素显示框中显示出 div.container。若元素边框是蓝色的，请直接跳到第 11 步。

> ♀ 提示　在【实时视图】下删除某个元素时，有时不太容易出现蓝色边框。这个时候，你可以使用【DOM】面板。

⑩ 单击元素显示框，元素边框变成蓝色。

⑪ 按 Delete 键，如图 8-35 所示。

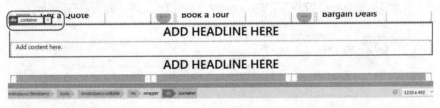

图 8-35

此时，文本内容区域就被删除了。

⑫ 重复步骤 9~11，选择并删除卡片区域，如图 8-36 所示。

图 8-36

此时，页面中只剩下基于列表的区域。

⑬ 选择占位文本 ADD HEADLINE HERE，输入 CONTACT FAVORITE CITY TOUR，将其替换。

⑭ 在列表项中，选择一个占位图像。观察文档窗口底部的标签选择器，如图 8-37 所示。

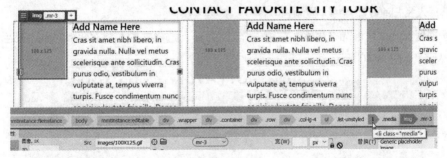

图 8-37

可以看到，<img> 元素是 <li> 元素的子元素。

⑮ 选择 li .media 标签选择器，如图 8-38 所示。

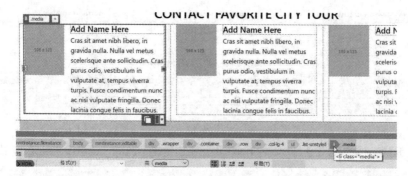

图 8-38

<li> 元素由标题、占位图像、段落文本组成。

⓰ 选择 ul 标签选择器。

在整个列表区域中，一个 <ul> 元素代表一列。接下来把一个文本文件的内容填充到这些元素中。

⓱ 打开 lesson08\resources 文件夹中的 contactus-text.txt 文件，如图 8-39 所示。

图 8-39

此时，contactus-text.txt 文件在 Dreamweaver 中打开，其中包含几位公司员工的简介和联系方式。

⓲ 选择人名 Elaine Rendel，复制它。

⓳ 切换到 contact-us.html 页面。在第一个列表项中，选择文本 Add Name Here，然后粘贴上一步复制的人名，如图 8-40 所示。

图 8-40

此时，Elaine Rendel 出现在 <h5> 元素中。接下来把 3 段介绍 Elaine 的文本添加到列表中。这个过程中会用到一种在【实时视图】下粘贴多个元素的新方法。

8.4.1 在【实时视图】中粘贴多个元素

在 Dreamweaver 中，在【实时视图】下粘贴多个元素有一定难度。

❶ 切换到 contactus-text.txt 文件，复制介绍 Elaine Rendel 的 3 段文本。

❷ 切换到 contact-us.html 页面，选择 Elaine 标题下的占位文本。

此时，元素边框是橙色的，表示当前处于文本编辑模式。该模式不支持粘贴多个文本段落。当你粘贴第 1 步中复制的文本时，这些文本整体会被当作一个段落。在【实时视图】下粘贴多个段落需要使用一些技巧。

❸ 按 Delete 键。

删除占位文本。此时，元素显示框中显示的是 <h5> 元素或者 div.media-body。若元素边框是蓝色的，请直接跳到第 5 步。

❹ 单击元素显示框。

此时，元素边框变成蓝色。在【实时视图】下，用这种方式选择一个元素时，你可以粘贴一个或多个元素，同时保留 HTML 结构。

❺ 按 Ctrl+V 或 Cmd+V 快捷键，粘贴前面复制的多段文本，如图 8-41 所示。

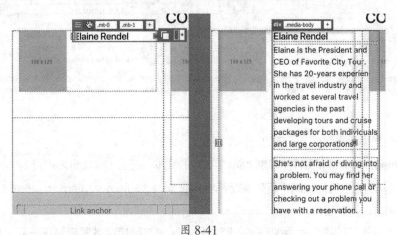

图 8-41

此时，第 1 步中复制的 3 段文本出现在 <li> 元素中，并且位于标题文本之下。在【实时视图】下，3 段文本把 <div> 元素边框撑大了，请不用担心，它们在浏览器中会正常显示。这样，第一名员工的相关信息就添加好了。接下来再创建一个列表项，添加另外一名员工的信息。

8.4.2 新建列表项

观察组织员工简介的列表结构，你会发现它很复杂。它使用的是 Bootstrap 结构，Dreamweaver 专门提供了一种简单的方法在第一列中新建一个列表项。

> 💡注意 Bootstrap 控件可能出现在所选元素的右上方或右下方，具体取决于文档窗口的可用空间在什么位置。

❶ 选择用于组织 Elaine 简介的 li.media 标签选择器。

在【实时视图】下，选中 li.media 标签选择器后，你应该能够看到前面使用过的 Bootstrap 控件。要想添加第二个列表项，需要单击【复制列】图标。

❷ Bootstrap 控件中包含两个图标：一个是【复制列】，另一个是【添加新列】。这里单击【复制列】图标（ ），如图 8-42 所示。

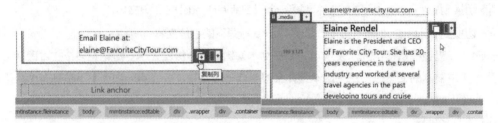

图 8-42

此时，第一个 <li> 元素之下出现一个与它相同的 <li> 元素，而且两个元素上下紧挨着。接下来向新复制的 <li> 元素添加 .mt-4 类，使两个 <li> 元素之间有一定间距。

❸ 选择刚刚复制的 li.media 标签选择器，向其添加 .mt-4 类，如图 8-43 所示。

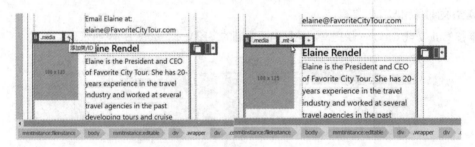

图 8-43

此时，两个列表项之间有了一定间隔。

❹ 在 contactus-text.txt 文件中复制 Item 2 下方的文本，把它们添加到刚刚复制的列表项中。

❺ 使用同样的方法再添加两个新列表项，然后把 Item 3、Item 4、Item 5、Item 6 下方的文本内容分别添加到相应的列表项中。

到这里，6 名员工的简介就添加好了。整个列表区域与链接区域紧密贴在一起，向列表区域添加 .mt-4 类，让它们之间有一定间隔。

❻ 选择 div.container 标签选择器，添加 .mt-4 类。

最后给每一名员工的简介区域添加一个边框，使网页带有一定风格。为确保边框仅应用到员工的简介区域，需要先创建一个类，然后把类添加到员工的简介区域中。

❼ 选择包含 Elaine 简介的 li.media 标签选择器，单击【添加类 /ID】图标。

❽ 输入一个新的类名 .profile。

💡 **注意** 输入类名时，请一定记得在类名前面加一个句点。

输入类名时，你会看到一个提示菜单，其中显示着现有规则名称。.profile 不是一个现有的类，可以在元素显示框中直接创建它。

❾ 按 Enter 键或 Return 键，如图 8-44 所示，弹出一个面板。

文件(F)　编辑(E)　图像(I)　图层(L)　文字(Y)　选择(S)

学设计，我建议你两个软件一起学！

一门课，精通设计师的左右手！

书籍常看常新，配合教程快速高效！
花一门课的成本和时间，掌握两大设计利器！

畅销榜单前列，好评如潮
真正适合新手的"入门课"

报名课程，您将完整解锁如下的学习福利：(RGB/8#)*

超过20小时的学习时长，理论+实践全面提升
难度曲线平滑，讲解深入浅出，高密度知识点铺排，以点带面讲
原理，不光知道"怎么做"，更要知道"为什么"！

社群交流，陪伴式学习
购买课程，助教老师会建立交流群，能与更多热爱设计的同
们共同进步，共同交流，有疑问随时群里提问。

赠送课程素材文件、实例文件及效果文件
赠送各课程素材文件、实例文件及效果文件，跟着老师一步步
学习，边看边实操，理解更透彻。

便捷的学习方式，随想随学
数艺设在线平台可上课，购买课程后，手机、iPad、电脑多种设备
随想随学，不受终端限制！

手机扫描右侧二维码免费试听！
名额有限，抢先试学180分钟！

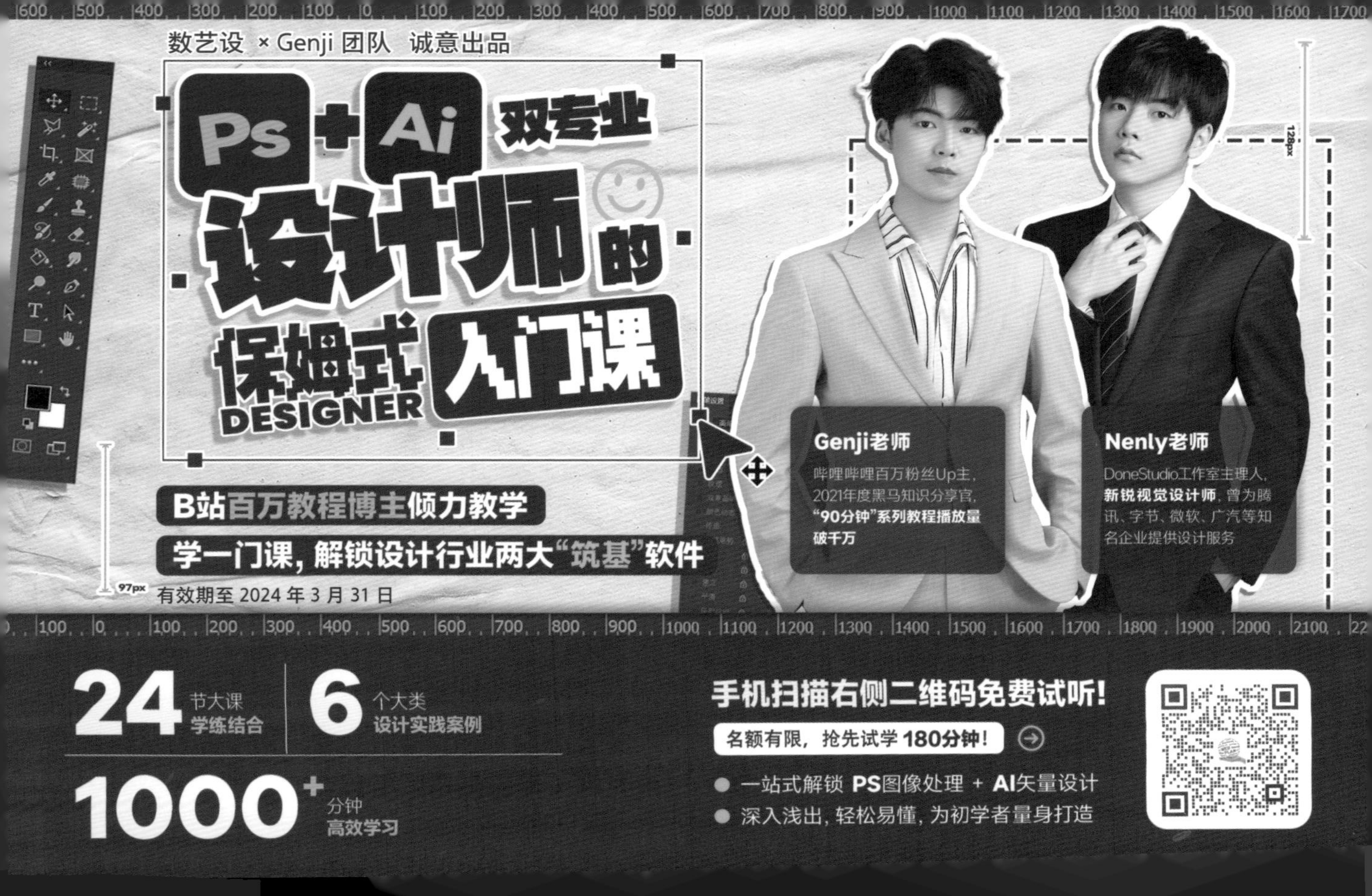

数艺设 × Genji 团队 诚意出品

Ps + Ai 双专业
设计师 的 入门课
保姆式 DESIGNER

B站百万教程博主倾力教学

学一门课，解锁设计行业两大"筑基"软件

有效期至 2024 年 3 月 31 日

24	6
节大课 学练结合	个大类 设计实践案例

1000+
分钟
高效学习

Genji老师
哔哩哔哩百万粉丝Up主，
2021年度知识分享官，
"90分钟"系列教程播放量
破千万

Nenly老师
新锐视觉设计师，曾为腾
讯、字节、微软、广汽等知
名企业提供设计服务
DoneStudio工作室主理人，

128px

97px

手机扫描右侧二维码免费试听！

名额有限，抢先试学 180分钟！

● 一站式解锁 PS图像处理 + AI矢量设计

● 深入浅出，轻松易懂，为初学者量身打造

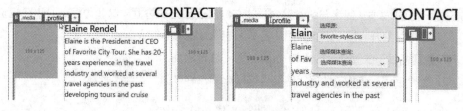

图 8-44

当在元素显示框中输入一个在外联样式表或内嵌样式表中并不存在的类或 ID 时，Dreamweaver 会弹出一个面板。在这个弹出面板中，不仅可以选择在内嵌样式表或外联样式表中新建一个选择器，还可以新建一个 CSS 文件。

由于站点模板已经链接至一个外部样式表（favorite-styles.css），所以你应该能够在【选择源】下拉列表中看到它。请在下拉列表中选择它。有用户反馈说，此时 Dreamweaver 选择的是 Bootstrap 样式表，请一定选择 favorite-styles.css 样式表，再往下操作。

⑩ 按 Enter 键或 Return 键。

此时，Dreamweaver 会在你选择的样式表中创建 .profile 选择器。如果你不想为输入的类或 ID 创建选择器，请按 Esc 键。一旦创建好选择器，你就可以使用它为内容添加样式了。

⑪ 打开【CSS 设计器】面板，单击【当前】按钮。

> ♀ 提示　在【CSS 设计器】面板的【属性】窗格中添加属性与值时，先在属性字段中输入属性名称，然后按 Tab 键，激活右侧的值字段，输入相应值。勾选【显示集】复选框后，值字段中可能不会出现提示。

此时，.profile 类出现在【选择器】窗格中。选择 .profile 类，在【属性】窗格中，你可以看到当前未设置任何样式。

> ♀ 注意　有多个因素会影响一个新选择器在样式表中出现的位置。大多数情况下，选择器会被添加到列表底部。但是，如果你在创建新选择器之前选择了一个现有的选择器，那新选择器会被直接添加到它后面。

⑫ 为 .profile 规则添加如下属性与值（见图 8-45）：

```
border-left: 3px solid #069
border-bottom: 10px solid #069
```

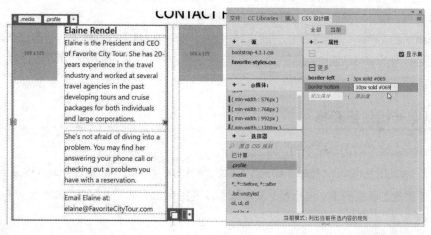

图 8-45

此时，第一个列表项（包含 Elaine 简介）的左侧与底部出现边框，这些边框有助于在视觉上把各个员工的简介区域区分开。接下来向其他几名员工的简介区域添加边框。

⓭ 向其他几名员工的简介区域添加 .profile 类，如图 8-46 所示。

到这里，整个使用列表构建的员工的简介区域就制作好了。

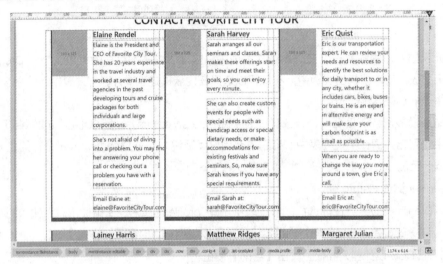

图 8-46

⓮ 保存并关闭所有文件。

接下来介绍如何创建和使用 HTML 表格。

8.5　创建表格并添加样式

CSS 出现之前，网页设计师经常使用 HTML 表格来设计页面布局。那时，表格是创建多列布局和控制内容元素的唯一手段。但是，实践证明，表格不够灵活，难以适应网络的变化，使用表格设计网页布局实在是个不太明智的做法。设计网页布局时，相比于表格，CSS 样式的灵活性更高，功能更强大，所以网页设计师很快就不再使用表格来设计页面布局。

但是，这并不代表表格一点用处也没有了。尽管表格不适合用来设计页面布局，但是却很适合用来展现各种数据，例如产品列表、人员名单、时间表等。

在 Dreamweaver 中，创建表格的方式多种多样，你既可以从零开始创建，也可以从其他程序复制粘贴已经制作好的表格，还可以基于数据库和电子表格程序（例如 Microsoft Access、Microsoft Excel）等其他来源的数据即时创建表格。

8.5.1　从零开始创建表格

接下来介绍如何创建 HTML 表格。

❶ 基于 favorite-temp.dwt 模板新建一个页面，命名为 events.html，保存到站点根目录下。

❷ 在【属性】面板的【文档标题】文本框中，选择 Insert Title Here，将其替换成 Fun Festivals and Seminars。

❸ 把描述网页内容的元数据的 content 值修改为 Favorite City Tour supports a variety of festivals and seminars for anyone interested in learning more about the world around them。

④ 切换到【实时视图】，在文本区域中，选择占位文本 ADD HEADLINE HERE，输入 OUR FA-VORITE FESTIVALS AND SEMINARS，将其替换。

虽然后面会把节日庆典和研讨会在表格中列出来，但最好还是先用一两段文字做一下简单的介绍。

⑤ 选择占位文本 Add content here.。

⑥ 输入文本 Want to see how the world parties? Want to learn a new language? There's no time like the present. Check out our list of international festivals and local seminars. The schedule is updated on a regular basis, so you may want to bookmark this page and check it often. Hope to see you soon!，如图 8-47 所示。

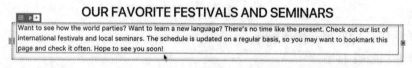

图 8-47

接下来添加表格。

⑦ 在菜单栏中依次选择【插入】>【表格】，出现定位辅助面板。

⑧ 单击【之后】，弹出【Table】对话框，如图 8-48 所示。

尽管 CSS 接替 HTML 属性承担了大部分页面设计工作，但是表格的某些方面还是由原来的 HTML 属性控制并格式化的。HTML 的优势是，其属性一直受到各种新旧浏览器的良好支持。当你在【Table】对话框中做某些设置时，Dreamweaver 会借助 HTML 属性来应用它们。但是，还是建议你尽量不要使用 HTML 属性来格式化表格。

⑨ 在【Table】对话框中设置如下参数，如图 8-49 所示。

行数：2。

列：3。

表格宽度：95%。

边框粗细：1。

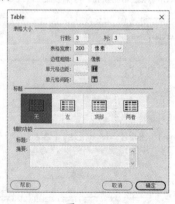

图 8-48

图 8-49

通常，【边框粗细】都是设置为 0 的，但这样一来，表格在【实时视图】中就不可见了。所以，目前先把【边框粗细】设置为 1，等表格制作完成后，再把【边框粗细】设置为 0。

⑩ 单击【确定】按钮，创建表格，如图 8-50 所示。

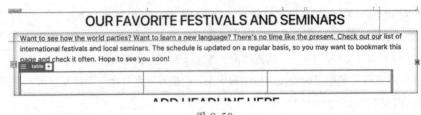

图 8-50

此时，主标题下出现了一个两行三列的表格。接下来就可以向表格添加数据了。不过，请注意【实时视图】不适合用来输入数据。如果要输入的数据量很大，建议你先切换到【设计】视图，再向表格输入数据。

向表格添加数据

接下来介绍如何手动向表格添加数据。

1 切换到【设计】视图。

2 在表格的第一个单元格中插入光标，输入 Date，按 Tab 键，光标移动到同一行的下一个单元格中。

> 💡 **提示** 在【设计】视图下，把光标放入某个单元格中后，按 Tab 键，会使光标从左向右、自上而下地移动到下一个单元格；按住 Shift 键，再按 Tab 键，会使光标从右往左、自下而上地移动到上一个单元格。

3 在第二个单元格中，输入 Event，按 Tab 键。

> 💡 **注意** 在【设计】视图下，复杂的 CSS 样式无法正常显示，因此可能会出现一些问题，例如侧边栏可能会盖住表格。遇到这些情况时，请试着调整一下文档窗口的宽度。

此时，光标移动到下一个单元格中，但是不太容易看到它。遇到类似的情况时，请试着调整一下文档窗口的尺寸。

4 输入 Location，按 Tab 键，如图 8-51 所示。

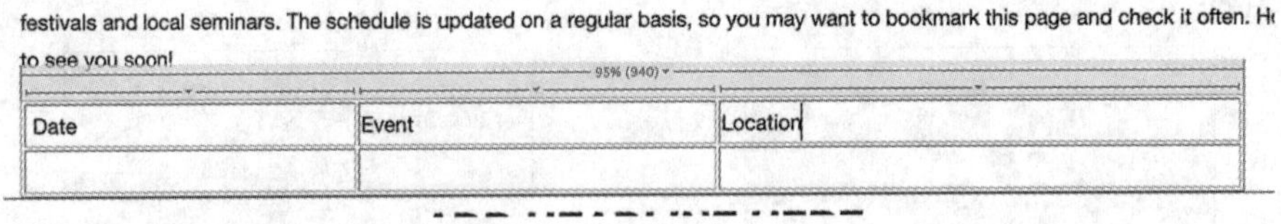

festivals and local seminars. The schedule is updated on a regular basis, so you may want to bookmark this page and check it often. H
to see you soon!

Date	Event	Location

图 8-51

此时，光标移动到表格第二行的第一个单元格。

5 在表格第二行的各个单元格中，依次输入 May 1, 2022、May Day Parade、Meredien City Hall，如图 8-52 所示。

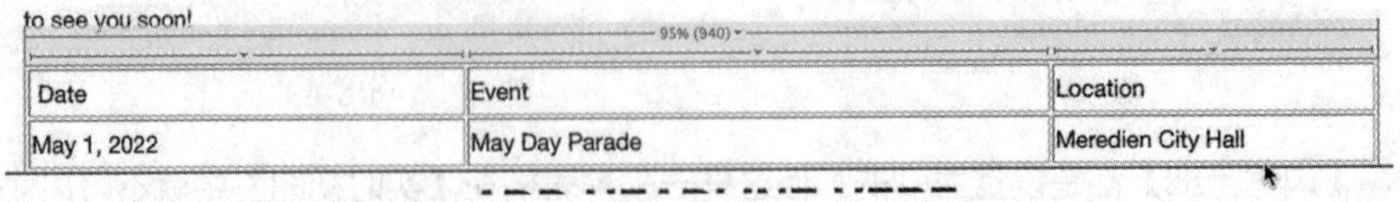

to see you soon!

Date	Event	Location
May 1, 2022	May Day Parade	Meredien City Hall

图 8-52

此时，光标位于最后一个单元格中。这时要在表格中插入新行很简单。

在表格中插入新行

在 Dreamweaver 中，在当前表格中插入新的行与列的方法有多种。接下来介绍如何在一个表格中添加新行。

❶ 把光标放到表格第二行的最后一个单元格中，按 Tab 键。

此时，表格底部出现了一个新的空白行。在 Dreamweaver 中，你也可以一次性插入多个新行。

❷ 选择 table 标签选择器，如图 8-53 所示。

> 💡**提示** 若【属性】面板当前未显示出来，请在菜单栏中依次选择【窗口】>【属性】，将其显示出来，然后停靠到文档窗口底部。

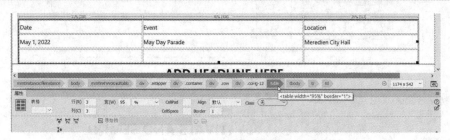

图 8-53

【属性】面板中有用于控制表格各个方面的属性，包括表格宽度、单元格宽度与高度、文本对齐方式等。同时，还有当前表格的行数和列数，并允许你修改它们。

❸ 在【行】数值框中输入 5，按 Enter 键或 Return 键，如图 8-54 所示。

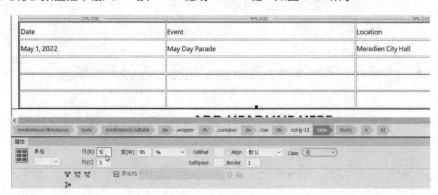

图 8-54

此时，Dreamweaver 会向当前表格添加两个新行。当然，你还可以使用鼠标以交互方式在表格中添加行与列。

❹ 使用鼠标右键单击表格的最后一行，在快捷菜单中依次选择【表格】>【插入行】，如图 8-55 所示。

此时，Dreamweaver 又在表格中插入了一行。另外，你还可以使用快捷菜单同时插入多个行或列。

❺ 使用鼠标右键单击表格的最后一行，在快捷菜单中依次选择【表格】>【插入行或列】，打开【插入行或列】对话框。

❻ 将【插入】设为【行】，在【行数】数值框中输入 4，将【位置】设为【所选之下】，然后单击【确定】按钮，如图 8-56 所示。

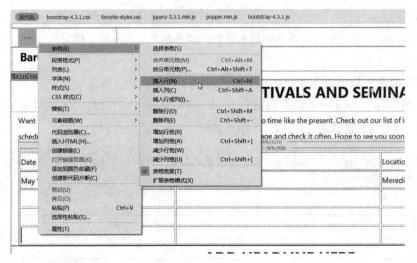

图 8-55

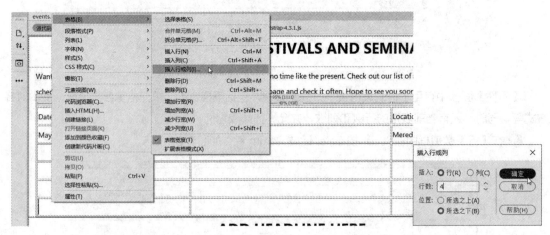

图 8-56

Dreamweaver 向表格添加了 4 个新行。此时，整个表格共有 10 行，如图 8-57 所示。

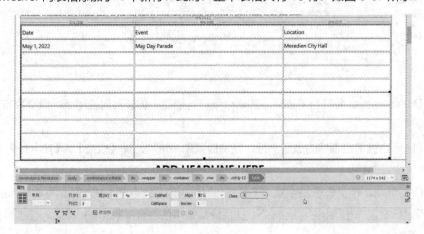

图 8-57

❼ 保存所有文件。

上面在 Dreamweaver 中从零开始手动创建了一个表格。但是，许多情况下，要用的数据已经存在于某种媒体形式中，例如电子表格或网页。针对这些情况，Dreamweaver 提供了多种支持，帮助我们轻松地把这样的数据从一个页面移动到另外一个页面，或者基于这些数据直接创建表格。

8.5.2　复制与粘贴表格

前面介绍了如何在 Dreamweaver 中手动创建表格。除此之外，还可以使用复制粘贴命令把其他 HTML 文件或程序中的表格复制到当前页面中。

❶ 打开【文件】面板，双击 lesson08\resources 文件夹中的 festivals.html 文件，将其打开。

这个 HTML 文件在 Dreamweaver 中打开，有一个独立的选项卡。其中包含一个三列数行的表格。

当把内容从一个页面移动到另外一个页面中时，一定要确保这两个页面的视图一样。当前 events. html 页面处在【设计】视图下，所以应该让 festivals.html 页面进入【设计】视图。

❷ 切换到【设计】视图。

❸ 把光标插入表格中。选择 table 标签选择器，在菜单栏中依次选择【编辑】>【拷贝】，或者按 Ctrl+C 或 Cmd+C 快捷键，如图 8-58 所示。

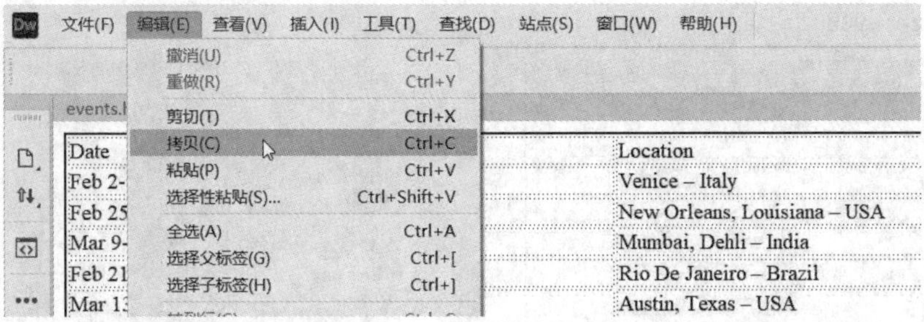

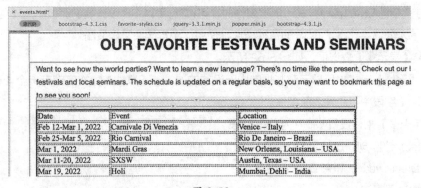

图 8-58

> 💡注意　Dreamweaver 还支持我们从其他程序（如 Microsoft Word）中复制表格并粘贴到 Dreamweaver 中。但是，复制粘贴命令并非在每个程序中都有效。

❹ 关闭 festivals.html 文件。

❺ 返回 events.html 页面，把光标插入表格中，选择 table 标签选择器，按 Ctrl+V 或 Cmd+V 快捷键粘贴表格，如图 8-59 所示。

图 8-59

此时，新的 Festivals 表格完全取代了原来的表格。【设计】视图与【代码】视图都支持复制粘贴命令，但是执行复制粘贴命令之前，必须保证两个页面的视图一致。

⑥ 保存文件。

仔细观察表格中的文本，你会发现，它们比页面中其他部分的文本的尺寸要大一些。这表示默认的 Bootstrap 样式自己有一套 CSS 属性。接下来自己设置属性值覆盖掉默认的属性值。

8.5.3　使用 CSS 设置表格样式

接下来使用 CSS 为表格内容设置样式。

① 切换到【实时视图】，单击表格，选择 table 标签选择器。

② 在【CSS 设计器】面板中，选择【全部】模式。在【源】窗格中，选择 favorite-styles.css，新建一个选择器 table，如图 8-60 所示。

表格中的文本比页面中其他文本的尺寸大。接下来添加一条新规则来控制表格中的文本大小。

③ 取消勾选【显示集】复选框。

④ 在【属性】窗格中，单击【文本】图标。

⑤ 为 table 规则添加如下属性（见图 8-61）：

`font-size: 90%`

图 8-60

图 8-61

此时，表格中的文本尺寸变小。把宽度属性值设置为某个百分比时，浏览器会根据父元素（这里是 <div> 元素）的尺寸分配空间。也就是说，表格会随着父元素结构的变化而自动进行适应。

CSS 能够控制表格的各种样式。创建属性时，可以使用【CSS 设计器】面板中的【更多】区域，也可以手动输入属性。熟悉了 CSS 的各种属性，使用这个方法会又快又高效。

⑥ 勾选【显示集】复选框，如图 8-62 所示。

此时，【属性】窗格中只显示那些规则中已设置的属性。【属性】窗格底部有一个【更多】字段，我们需要在这个字段中手动输入新属性。

⑦ 在【更多】中，设置 width 为 95%，按 Enter 键或 Return 键，创建属性，如图 8-63 所示。

此时，Dreamweaver 重新调整表格尺寸，使其宽度变为父元素的 95%。

⑧ 在 table 规则中，继续设置如下属性（见图 8-64）：

图 8-62

```
margin-bottom: 2em
border-bottom: 3px solid #069
border-collapse: collapse
```

图 8-63

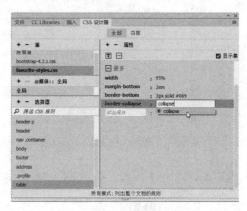

图 8-64

此时，Dreamweaver 在表格底部添加蓝色边框与间距。

❾ 在菜单栏中依次选择【文件】>【保存全部】。

上面创建的规则只能用来格式化表格的整体结构，无法用来控制或格式化表格的指定行或列。接下来为表格的单元格设置样式。

8.5.4　为表格单元格设置样式

与表格一样，在为表格的列设置样式时，你既可以使用 HTML 属性，也可以使用 CSS 规则。具体做法就是通过创建单元格的两个元素（<th>、<td>）来设置列样式。

下面先创建一条通用规则重置 <th> 与 <td> 两个元素的默认格式。然后自定义一些规则来应用具体样式。

❶ 在 favorite-styles.css 中，新建一个选择器：td,th。

> 💡注意　规则的顺序会影响样式的层叠，以及继承的方式和样式。

请注意，选择器中的多个标签之间要使用逗号分隔开。由于 <td> 与 <th> 元素一定属于某个表格，所以不再需要在选择器中添加 table 这个标签。

❷ 在新规则中，设置如下属性（见图 8-65）：

```
padding: 4px
text-align: left
border-top: 1px solid #069
```

向表格行添加好格线之后，表格就不再需要 HTML 边框属性了。

> 💡提示　编辑表格属性过程中遇到问题时，请尝试切换到【设计】视图进行操作。

❸ 选择 table 标签选择器。

此时，【属性】面板中应该显示表格属性。若没有显示表格属性，请再次选择 table 标签选择器，直到显示表格属性。

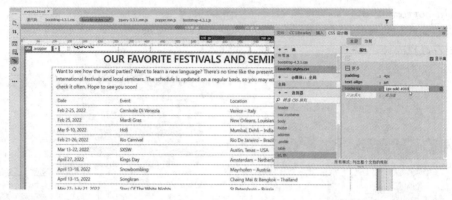

图 8-65

④ 把【Border】设置为 0，如图 8-66 所示。

图 8-66

💡注意　Dreamweaver 中仍然保留了 HTML 表格显示属性。在大多数现代浏览器中，CSS 样式会覆盖掉这些显示属性设置。但是为了兼容旧浏览器和设备，不妨把表格的这些属性设置为 0。

把表格的边框属性设置为 0（border="0"）之后，Dreamweaver 就会在文档窗口中把表格的残余 HTML 样式移除。表格每一行的上方出现一条蓝色水平线，使数据更易读，同时垂直边框线消失了。格式化表格的目的是使表格中的数据易查易读。

8.5.5　在表格中添加表头

当表格中的数据冗长且不易区分时，用户就不太容易识读与理解这些数据。为了帮助用户识读表格中的数据，可以在表格中添加表头。在某些浏览器中，默认设置下，表头单元格中的文本是粗体且居中对齐的，能够轻松地与其他普通单元格区分开。但并非所有浏览器都会这么做，所以你不要寄希望于浏览器，而是应该为表头设置一种独特的颜色，使其与其他普通单元格区分开。

① 新建一条规则：th。

💡注意　在 CSS 中，<th> 元素的单独 th 规则必须出现在 <th>、<td> 元素的样式规则之后，否则有些样式会被重置。

② 在 th 规则中，添加如下属性（见图 8-67）：

```
color: #FFC
text-align: center
border-bottom: 6px solid #046
background-color: #069
```

th 规则虽然创建好了，但是并未应用，因为此时表格中不存在表头。在 Dreamweaver 中可以轻松地把现有 <td> 元素转换成 <th> 元素。

❸ 单击表格第一行的第一个单元格。在【属性】面板中，勾选【标题】复选框，如图 8-68 所示。注意观察标签选择器和元素显示框有什么变化。

此时，第一个单元格的背景颜色变成了蓝色。同时，元素显示框中显示的元素也由 <td> 元素变成了 <th> 元素。

勾选【标题】复选框后，Dreamweaver 会自动修改标签，把现有的 <td> 标签变更为 <th> 标签，然后再应用 th 样式规则。这大大节省了手动修改代码的时间。在【实时视图】下，为了选择多个单元格，必须使用增强的表格编辑功能。

图 8-67

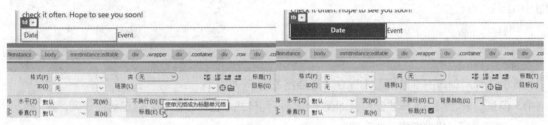

图 8-68

❹ 选择 table 标签选择器。

此时，元素显示框中显示的是 <table> 元素。为了启用表格增强编辑模式，必须先单击元素显示框中的【设置表格格式】图标。

💡 提示　有时，选择表格或表格元素并不容易。这种情况下，你可以在【DOM】面板中进行选择。

❺ 单击元素显示框中的【设置表格格式】图标（▤），如图 8-69 所示。

图 8-69

此时 Dreamweaver 会启用表格增强编辑模式，然后你就可以选择两个或多个单元格、整行或整列。

❻ 单击表格第一行中的第二个单元格，然后拖选第一行。

⑦ 在【属性】面板中，勾选【标题】复选框，把普通单元格转换成表头单元格。

当表格第一行从普通单元格转换成表头单元格之后，第一行中的所有单元格都有了蓝色背景。

⑧ 保存所有文件。

8.5.6　控制表格显示

一般来说，只要你不特别指定，空白单元格的列就会平分可用空间。但是，一旦你开始向单元格中添加内容，结果就会变得难以预料。表格似乎有了自己的想法，用一种不同寻常的方式分配了可用空间。大多数情况下，它们会把更多空间留给那些包含更多数据的列，但并非总是如此。

为了最大限度地控制表格，我们可以为每一列中的单元格指定独一无二的类。下面先创建一些类，方便以后把它们指定给各种元素。

① 选择 favorite-styles.css，新建如下选择器（见图 8-70）：

.date

.event

.location

图 8-70

此时，刚刚创建的 3 条规则出现在【选择器】窗格中，但是尚未添加任何样式信息。即使不包含任何样式，也可以把它们指定给每一列。在 Dreamweaver 中可以很轻松地把类添加至列。

② 在表格增强编辑模式下，把鼠标指针放到表格的第一列上，选择整个列，如图 8-71 所示。

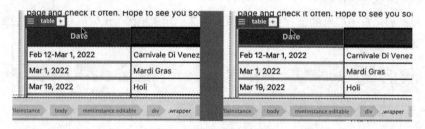

图 8-71

> 💡注意　若在【实时视图】下操作起来有难度，请尝试切换到【设计】视图进行操作。

此时，第一列的框线变成蓝色，表示其处于选中状态。

③ 在【属性】面板中，单击【类】。

【类】下拉列表中的所有类是按字母表顺序排列的。由于当前页面链接了 Bootstrap 样式表，所以你看到的选择器和类的列表会很长。

④ 在【类】下拉列表中选择 date，如图 8-72 所示。

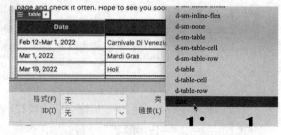

图 8-72

此时，Dreamweaver 就把 .date 类添加到了第一列中的单元格上。添加好类之后，Dreamweaver 会把表格返回到正常模式下。

❺ 选择 table 标签选择器。

在元素显示框中，单击【设置表格格式】图标。

把 .event 类添加到第二列中的单元格上。

❻ 重复第 5 步，把 .location 类添加到第三列中的单元格上。

控制列宽度相当简单。由于整个列的宽度必须一样，所以可以只对一个单元格应用宽度设置。当同一个列中的单元格宽度不一样时，通常以最宽的单元格为准。向每一列添加一个类之后，该类中的所有设置会影响列中的每一个单元格。

> 💡注意　在为一个单元格指定宽度时，即使你指定的宽度远小于其包含的内容，默认情况下，单元格宽度最小也不会小于其中最长的单词或最宽的图形元素的宽度。

❼ 在 .date 规则中添加如下属性（见图 8-73）：

```
width: 25%
```

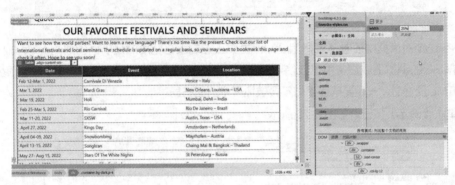

图 8-73

此时，Dreamweaver 重新调整 Date 列的宽度，使其宽度变为父元素（<table> 元素）总体宽度的 25%。相应地，其他两个列自动分配剩余空间。

❽ 在 .location 规则中，添加如下属性：

```
width: 30%
```

Dreamweaver 调整 Location 列的宽度，使其宽度变为整个表格宽度的 30%。由于左右两列已经设置好了宽度，所以就不需要专门为中间一列（Event 列）设置宽度了。

❾ 保存所有文件。

现在，如果你想单独控制各列的样式，你可以轻而易举地办到。标签选择器和元素显示框显示各个单元格时会把类名一起显示出来，例如 th.location、td.location。

8.5.7　从其他来源插入表格

在 Dreamweaver 中，除了手动创建表格以外，还可以基于从数据库和电子表格导出的数据来创建表格。接下来使用从 Microsoft Excel 导出的数据（CSV 文件）创建一个表格。请注意，导入功能在【实时视图】下不可用。

❶ 切换到【设计】视图。

把光标插入 Festivals 表格中，选择 table 标签选择器。

② 按向右箭头键。

在【设计】视图下，按向右箭头键，光标会移动到 </table> 标签之后。

③ 在菜单栏中依次选择【文件】>【导入】>【表格式数据】，打开【导入表格式数据】对话框。

④ 单击【浏览】按钮，在 lesson08\resources 文件夹下选择 seminars.csv 文件，单击【打开】按钮。

在【定界符】下拉列表中选择【逗点】。

⑤ 在【表格宽度】中，选择【设置为】，输入 95%；在【边框】数值框中输入 0，如图 8-74 所示。

图 8-74

虽然在这个对话框中设置了表格宽度，但是真正控制表格宽度的是前面创建的 table 规则。在那些不支持 CSS 的浏览器或设备中可以使用 HTML 属性，但现在这样的浏览器和设备已经很少见了。在使用 HTML 属性时，一定要确保它们不会破坏整个页面布局。

⑥ 单击【确定】按钮，如图 8-75 所示。

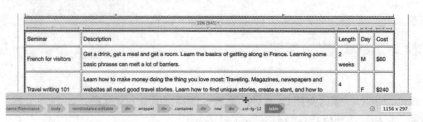

图 8-75

此时，第一个表格下出现了一个新表格（Seminars 表格），里面包含研讨会的日程安排。请注意，新表格的第一行是一个标题行。在【设计】视图下，你可以直接选择表格的行和列。

⑦ 在 Seminars 表格中，把鼠标指针移动到第一行的左边缘附近。

此时，鼠标指针变成一个黑色箭头。这个箭头有可能指向右也可能指向下，具体要看你用的是 Windows 系统还是 macOS。但无论箭头指向哪个方向，其作用都是一样的。第一行高亮显示，带有红色边框。

⑧ 单击即可选择第一行，如图 8-76 所示。

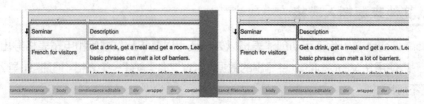

图 8-76

⑨ 在【属性】面板中，勾选【标题】复选框，如图 8-77 所示。

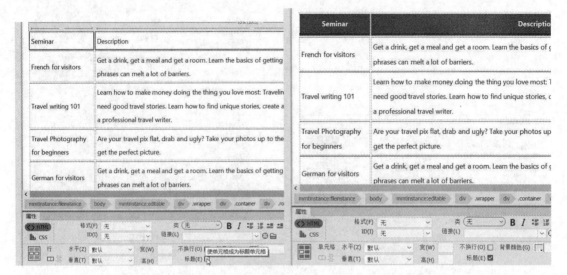

图 8-77

此时，表头单元格背景为蓝色，文本为淡黄色。到这里，新表格就全部制作好了。

从语义上说，两个表格之间没有什么联系。虽然人类能够轻松地区分两个表格，但是这对搜索引擎和辅助设备来说并非易事。为表格内容添加语义结构，有助于搜索引擎和辅助设备理解表格内容的含义。每个表格都应该放在各自独立的 HTML 结构中。

8.5.8 创建语义文本结构

在制作网页的过程中，我们应该尽可能多地添加语义结构。这么做不仅是为了支持可访问标准，也是为了提高网站的搜索排名。接下来把各个表格放入各自的 <section> 元素中。

❶ 在【设计】视图下，选择 Festivals 表格对应的 table 标签选择器。

❷ 在菜单栏中依次选择【插入】>【Section】，打开【插入 Section】对话框。在【插入】下拉列表中选择【在选定内容旁换行】，单击【确定】按钮，插入 <section> 元素，如图 8-78 所示。

此时，Dreamweaver 把 Festivals 表格插入 <section> 元素中。在标签选择器栏中，你应该能看到新添加的 <section> 元素。接下来再把 Seminars 表格放入 <section> 元素中。

❸ 选择 Seminars 表格对应的 table 标签选择器。

❹ 在菜单栏中依次选择【插入】>【Section】，打开【插入 Section】对话框。在【插入】下拉列表中选择【在选定内容旁换行】，单击【确定】按钮，插入 <section> 元素。

到这里，成功把两个表格分别放在了一个 <section> 元素中。

Seminars 表格比 Festivals 表格多了两列。最后 3 列中，文本出现了换行，下面创建几个 CSS 类来解决这个问题。

❺ 在【CSS 设计器】面板中，新建一个选择器 .cost，添加如下属性（见图 8-79）：

```
width: 10%
text-align: center
```

❻ 在 Seminars 表格中，选择 Cost 列，添加 .cost 类，如图 8-80 所示。

图 8-78

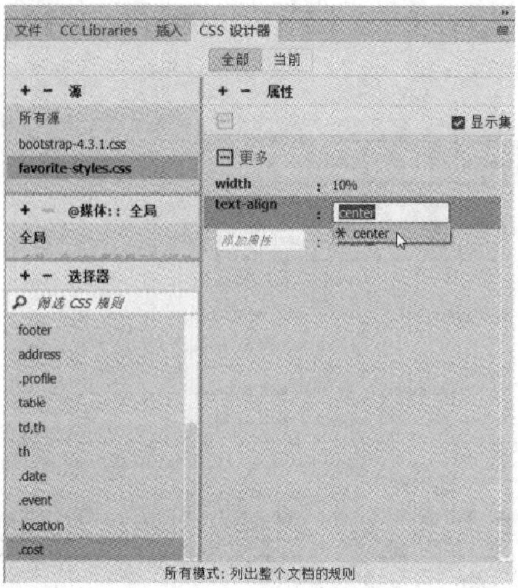

图 8-79

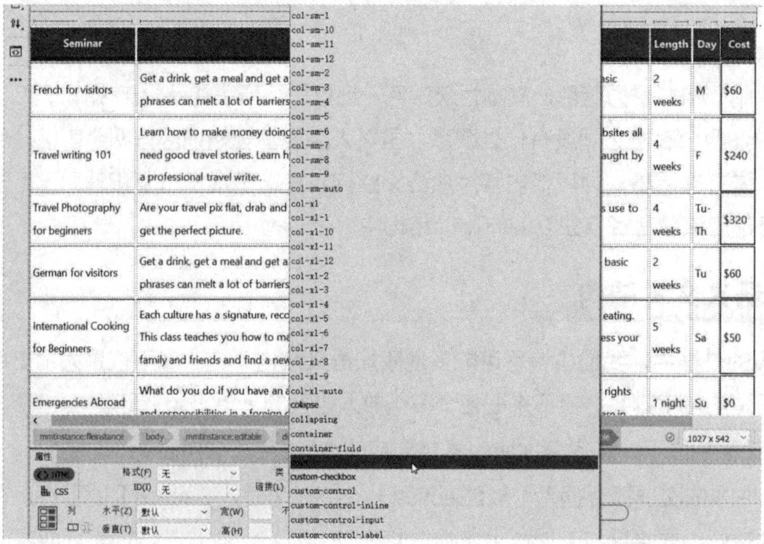

图 8-80

此时，Cost 列明显变宽。虽然可以向其他两个列添加这个类，但是这里分别为每个列单独定义一个规则。

❼ 在【CSS 设计器】面板中，使用鼠标右键单击 .cost 规则，在快捷菜单中选择【复制所有样式】。

❽ 新建一个选择器 .length，使用鼠标右键单击这个选择器，在快捷菜单中选择【粘贴样式】，如图 8-81 所示。

此时，新规则（.length）与 .cost 规则有了相同的样式。

❾ 重复第 6 步，向 Seminars 表格的 Length 列添加 .length 类。

Dreamweaver 还提供了一个直接复制规则的命令。

❿ 使用鼠标右键单击 .length 规则，在快捷菜单中选择

图 8-81

【直接复制】，把复制的选择器名称修改为 .day，如图 8-82 所示。

图 8-82

⑪ 参考第 9 步，把 .day 类添加到 Seminars 表格的 Day 列上。

创建自定义类，并把它们添加到每个列上，可以实现单独控制每个列。接下来再创建两条规则，分别用来格式化 Seminar 列与 Description 列。

⑫ 复制 .date 规则，把新规则名称修改为 .seminar。

⑬ 复制 .event 规则，把新规则名称修改为 .description。

虽然这些规则中目前还没有添加样式属性，但以后你可以使用它们控制这些列的方方面面。

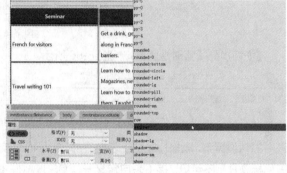

⑭ 把 .seminar 类添加到 Seminar 列，把 .description 类添加到 Description 列，如图 8-83 所示。

此时，两个表格的所有列上都添加了你自己定义的类。

⑮ 保存所有文件。

图 8-83

接下来分别给两个表格添加标题，以帮助用户和搜索引擎区分它们。

8.5.9 添加并格式化标题元素

由于网页中的两个表格展现的是不同内容，因此应该分别给它们添加一个相应的标题。<caption> 元素用于为 HTML 表格定义标题，它是 <table> 元素的子元素。

❶ 打开 events.html 文件，进入【实时视图】。确保文档窗口宽度不小于 1200 像素。

❷ 把光标放入 Festivals 表格中。

选择 table 标签选择器。

请注意观察元素显示框的颜色。若是蓝色，请直接跳到第 4 步。

❸ 单击元素显示框。

此时，元素显示框变成蓝色。

❹ 切换到【代码】视图。

在【实时视图】中选择表格后，进入【代码】视图，Dreamweaver 会自动高亮显示表格代码，方便我们找到选中的表格。

⑤ 找到 <table> 标签，把光标置于该标签之后，按 Enter 键或 Return 键换行。

⑥ 输入 <caption>，或者在代码提示菜单中选择 caption。

> 💡 注意   Dreamweaver 会自动关闭 <caption> 元素。

⑦ 输入 2022 INTERNATIONAL FESTIVAL SCHEDULE，如图 8-84 所示。

图 8-84

⑧ 为 Seminars 表格添加标题。重复第 2~6 步，输入 2022 SEMINAR SCHEDULE，如图 8-85 所示。

```
227 ▼              <table width="95%" border="0">
228                  <caption>2022 SEMINAR SCHEDULE</caption>
229 ▼              <tr>
230                  <th class="seminar">Seminar</th>
231                  <th class="description">Description</th>
232                  <th class="length">Length</th>
233                  <th class="day">Day</th>
234                  <th class="cost">Cost</th>
235                </tr>
236 ▼              <tr>
```
mmtinstance:fileinstance   body   mmtinstance:editable   div   div   div   .row   div   .col-lg-12   section

图 8-85

⑨ 切换到【实时视图】，如图 8-86 所示。

图 8-86

默认设置下，表格标题位于表格底部，字号相对较小，不够醒目。在表格自身颜色和样式的影响下，表格标题几乎不可见。接下来自定义一些 CSS 规则，使表格标题更醒目，并且把它们移动到表格顶部。

⑩ 新建一个选择器：table caption。

⑪ 在 table caption 规则中，添加如下属性（见图 8-87）：

```
margin-top: 20px
padding-bottom: 10px
color: #069
font-size: 160%
font-weight: bold
line-height: 1.2em
text-align: center
caption-side: top
```
此时，表格标题出现在表格上方，字号够大，十分醒目。

⑫ 保存所有文件。

上面我们使用 CSS 给表格添加了样式和标题，使表格内容更容易识读和理解。这个过程中，你尽可以自由地尝试改动标题的字号和位置，修改表格的样式参数，直到获得最满意的效果。

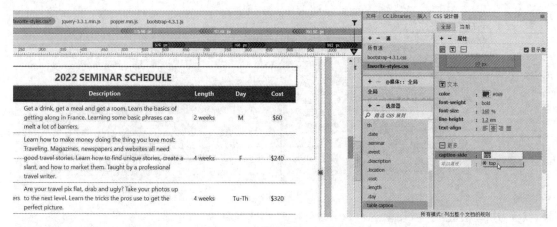

图 8-87

8.6 网页拼写检查

在把制作好的网页上传到 Web 服务器之前，一定要确保网页中不存在任何错误。Dreamweaver 提供了一个功能强大的拼写检查工具，它不仅可以用于检查常见的单词拼写错误，而且还可以用于为你常用的非标准词汇创建自定义词典。

❶ 打开 contact-us.html 页面。

❷ 切换到【设计】视图。把光标放在标题 CONTACT FAVORITE CITY TOUR 的开头。

❸ 在菜单栏中依次选择【工具】>【拼写检查】。

> 💡 注意　【拼写检查】命令仅在【设计】视图下可用。在【代码】视图或【实时视图】下，【拼写检查】命令呈灰色不可用状态。

此时，【拼写检查】工具从光标所在位置开始检查。若检查开始时，光标不在页面内容的最开头，那么至少要重做一次拼写检查，才能检查完整个页面。请注意，页面中那些处于不可编辑区域中的内容不在拼写检查之列。

在【检查拼写】对话框中，单词 Rendel 高亮显示，它是公司 CEO 的姓。单击【添加到私人】按钮，可以把这个词添加到你自己的词典中，但这里要忽略所有针对这个词的检查。

❹ 单击【忽略全部】按钮。

Dreamweaver 的拼写检查工具高亮显示电子邮件地址中的 elaine。

❺ 单击【忽略全部】按钮。

Dreamweaver 高亮显示电子邮件地址（elaine@FavoriteCityTour.com）中的域名。

❻ 单击【忽略全部】按钮。

Dreamweaver 高亮显示电子邮件地址（lainey@FavoriteCityTour.com）中的 lainey。每当检查到公司或网站中的真实人名，就单击【添加到私人】按钮，把它们永久性地添加到个人词典中。

❼ 每当检查到人名，就单击【忽略全部】按钮。

Dreamweaver 高亮显示单词 busines，因为它末尾少了一个 s。

❽ 在【建议】列表框中找到并选择拼写正确的单词（business），单击【更改】按钮，可以修正

拼写错误，如图 8-88 所示。

图 8-88

⑨ 做拼写检查到文档末尾。

更正文档中的所有拼写错误，忽略人名检查。检查到文档末尾时，会弹出一个对话框，询问你是否希望从头检查，单击【是】按钮。

Dreamweaver 会从文档开头重新做拼写检查，找出上一次拼写检查中漏掉的错误单词。

⑩ 拼写检查完成后，单击【确定】按钮，保存文件。

需要指出的是，使用【拼写检查】工具只能找出网页中那些有拼写错误的单词，而无法找出那些用错的单词。从这一点来说，再强大的【拼写检查】工具也比不上人工审读。

8.7 查找和替换文本

Dreamweaver 提供了强大的文本查找和替换功能。与其他程序不同，Dreamweaver 几乎可以查找网站中任意位置的任意内容，包括文本、代码，以及其支持的任意类型的空白字符。查找时，你可以自由指定搜索的范围，搜索范围可以是全部标签，也可以是呈现出来的文本或底层标签。

在 Dreamweaver 中，高级用户可以使用"正则表达式"这种强大的模式匹配算法来执行复杂的查找和替换操作。不仅如此，Dreamweaver 还允许你使用类似数量的文本、代码和空白字符来替换目标文本或代码。

如果你用过旧版本的 Dreamweaver，就会发现 Dreamweaver 2022 中的查找和替换功能有一些明显的变化。

接下来介绍一些使用查找和替换功能的重要技巧。

❶ 打开 events.html 页面。

查找目标文本和代码的方法有好几种，其中最简单的一种方法就是直接把待查找的内容输入查找框中。Events 表格中用到了 visitor 一词，接下来把它替换成 traveler。visitor 这个单词本身拼写无误，所以不能使用【拼写检查】工具修改它。这种情况下，可以使用查找和替换功能来完成更改任务。

❷ 切换到【代码】视图。在菜单栏中依次选择【查找】>【在当前文档中替换】，如图 8-89 所示。

此时，文档窗口底部出现查找与替换面板。如果你之前没有用过这个功能，那么查找框中应该是空的。

❸ 在查找框中输入 visitor。

随着你的输入，Dreamweaver 会同时在文档中查找包含输入内容的单词，将其高亮显示并统计出现的次数。

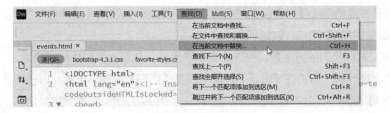

图 8-89

❹ 在替换框中输入 traveler，如图 8-90 所示。

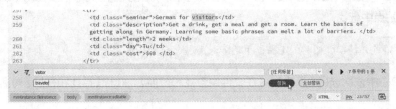

图 8-90

❺ 单击【替换】按钮。

每单击一次【替换】按钮，Dreamweaver 就会做一次替换。你可以不断单击【替换】按钮，逐个完成替换，也可以单击【全部替换】按钮，一次性完成替换。

❻ 单击【全部替换】按钮，如图 8-91 所示。

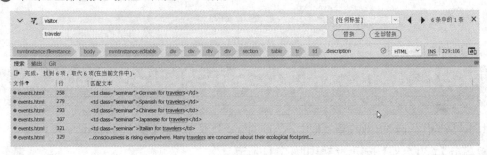

图 8-91

超强查找

查找和替换是 Dreamweaver 中最强大的功能之一。使用这个功能时可以人为指定搜索范围，例如源代码、文本等，支持区分大小写的查找和全词查找，还支持使用正则表达式进行查找，也允许我们忽略空白字符。查找和替换功能的用法有很多，如图 8-92 所示，这里只做简单介绍。

图 8-92

全部替换后，Dreamweaver 会打开【搜索】面板，列出所有更改。

⑦ 使用鼠标右键单击【搜索】面板的名称，在快捷菜单中选择【关闭标签组】。在【查找】面板的右上角，单击【关闭】图标，恢复屏幕空间。

另一种查找文本或代码的方法是：先选择文本或代码，然后执行查找和替换命令。这种方法适合用来查找小段文本或代码。不论在【设计】视图下还是【代码】视图下，都可以使用这个方法。

⑧ 在【代码】视图下，找到并选择代码 <div class="wrapper">，大约在第 105 行。

⑨ 按 Ctrl+F 或 Cmd+F 快捷键，打开查找与替换面板。

此时，Dreamweaver 自动把所选代码填入查找框中，并显示当前文件中该代码出现的次数。但这里需要在整个站点中查找。

> ♀ **注意** 打开查找与替换面板时，【替换】功能通常是隐藏起来的。

⑩ 在菜单栏中依次选择【查找】>【在文件中查找和替换】，打开【查找和替换】对话框，如图 8-93 所示。

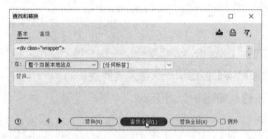

图 8-93

> ♀ **提示** 打开【查找和替换】对话框时，默认显示的应该是【基本】选项卡。若不是，请单击【基本】选项卡，将其显示出来。

此时，所选代码自动出现在查找框中。当前的查找范围应该是【整个当前本地站点】。

⑪ 单击【查找全部】按钮，结果如图 8-94 所示。

图 8-94

此时，Dreamweaver 打开【搜索】面板，显示出在整个网站中找到的匹配文本。上面选择的 <div> 元素中包含网站的所有主要内容。从语义上说，应该使用 <main> 元素把它替换掉。替换时，不仅要换掉开始标签，还要把结束标签一起换掉。

⑫ 在菜单栏中依次选择【查找】>【在文件中查找和替换】，打开【查找和替换】对话框。

此时，<div class="wrapper"> 出现在查找框中。Dreamweaver 找到了所有需要替换的标签，如果现在替换的话，就只能替换掉开始标签。但是这里需要把结束标签一起替换掉，因此需要使用对话框中的高级功能。

⑬ 在【查找和替换】对话框中，单击【高级】选项卡，如图 8-95 所示。

Dreamweaver 可能会在属性文本框中自动填充类名 wrapper。无论在什么情况下，都要确保标签准确无误。

⓮ 在【查找位置】最右侧的下拉列表中，选择【div】。然后选择【含有属性】和【class】，输入 wrapper，如图 8-96 所示。

图 8-95   图 8-96

接下来设置改变标签动作，并设置替换标签 main。

⓯ 在【动作】下拉列表中选择【改变标签】，在【到】下拉列表中，选择【main】，如图 8-97 所示。

⓰ 单击【替换全部】按钮，弹出一个警告框，告知在当前未打开的文档中执行替换操作后不可撤销，如图 8-98 所示。

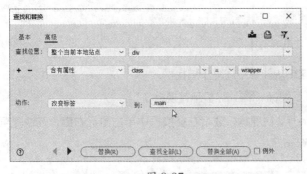

图 8-97   图 8-98

⓱ 单击【是】按钮，如图 8-99 所示。

图 8-99

替换完成后，【搜索】面板中列出了网站中被替换的元素。当前列表中应该显示 5 个页面。在所有包含 <div class="wrapper"> 元素的文档中，<div class="wrapper"> 元素都被替换为了 <main class="wrapper">。

⓲ 使用鼠标右键单击【搜索】面板的名称，在快捷菜单中选择【关闭标签组】。

查找文本或代码时，你可以先在查找框中输入文本或者先选择文本，再执行查找命令。但是，请注意 Dreamweaver 自动添加到查找框中的文本数量是有限制的。对于大段文本或代码，可以使用复制粘贴命令把它们添加到查找框中。

⑲ 在【代码】视图下，把光标插入 Seminars 表格中。

选择 table 标签选择器。

此时，选中整个 <table> 元素，大约有 100 行代码。

⑳ 按 Ctrl+C 或 Cmd+C 快捷键复制所选代码。

㉑ 按 Ctrl+F 或 Cmd+F 快捷键，如图 8-100 所示。

图 8-100

在【查找】面板中，查找框中是空的。这是因为当前选中的代码太多了，无法完成自动填充。这个时候，就可以使用复制粘贴命令。

㉒ 把光标放入查找框中，按 Ctrl+V 或 Cmd+V 快捷键粘贴代码，如图 8-101 所示。

图 8-101

此时，整个表格代码出现在查找框中。这个功能并不局限于查找框。

㉓ 在【查找】面板中，单击【显示更多】图标（∧），显示替换框。

㉔ 把光标放入替换框，按 Ctrl+V 或 Cmd+V 快捷键，或者在替换框中单击鼠标右键，在快捷菜单中选择【粘贴】，粘贴代码，如图 8-102 所示。

图 8-102

此时，整个表格代码出现在替换框中。在 Dreamweaver 中，使用强大的【查找和替换】功能几乎可以查找网站中任意位置、任意类型的标签和内容并进行替换。

㉕ 关闭查找与替换面板。保存所有文件。

本课制作了 4 个页面，介绍了如何从多个来源导入文本和数据。这个过程中，先把文本格式化为标题和列表，然后使用 CSS 添加样式，向页面中添加并格式化了两个表格，同时为每个表格添加了标题，最后还使用【拼写检查】和【查找和替换】功能检查和修正了文本和代码。

8.8　复习题

❶ 如何把段落文本转换成有序列表或无序列表？

❷ 在一个页面中插入 HTML 表格有哪两种方法？

❸ 控制表格列宽的元素是什么？

❹ Dreamweaver 中的【拼写检查】功能有什么用？

❺ 请说出在查找框中添加内容的 3 种方法。

8.9　答案

❶ 先选择段落文本，然后在【属性】面板中单击【编号列表】或【无序列表】图标，即可把段落文本变成有序列表或无序列表。

❷ 第一种方法是从另外一个 HTML 文件或兼容程序中的表格复制粘贴到页面中；第二种方法是从包含分隔符的文件中导入数据来插入表格。

❸ 表格列宽由列中最宽的 <th> 或 <td> 元素控制，这两个元素用于创建表格单元格。

❹ 使用【拼写检查】功能可以查找页面中拼错的单词，但不可以用来查找用错的单词。

❺ 你可以直接在查找框中输入文本；也可以先选择文本，再打开查找与替换面板，Dreamweaver 会自动把你选择的文本填入查找框中；还可以先复制待查找的文本，然后把它们粘贴到查找框中。

第 9 课

使用图像

课程概览

本课主要讲解以下内容。

- 向网页中插入图像
- 使用【Extract】面板从 Photoshop 文件创建网页图像资源
- 使图像适应不同设备和屏幕尺寸
- 在 Dreamweaver 中使用相关工具调整图像尺寸、裁剪图像，以及对图像重采样

学习本课大约需要 **1** 小时

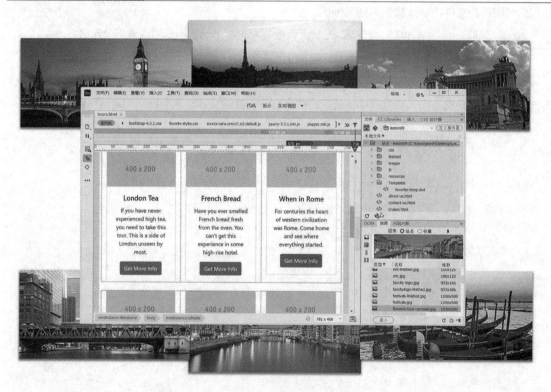

Dreamweaver 提供了多种在网页中插入图像和调整图像的方法。调整图像时，你既可以单独使用 Dreamweaver，也可以配合使用 Adobe 系列的其他软件，如 Photoshop 等。

9.1　网页图像基础

上网带给人更多的是一种体验。图形图像对于提升这种体验至关重要，因此，大多数网站都会在网页中使用图形图像，这其中有静态的，也有动态的。在计算机领域中，图形图像分为两大类：矢量图形和栅格图像，如图 9-1 所示。

矢量图形　　　　　　　　　　　　栅格图像

图 9-1

矢量图形适合用来表现艺术线条、绘画和图标。栅格图像更适合用来存储照片。

9.1.1　矢量图形

矢量图形是通过数学公式计算得到的，由一系列自成一体的对象组成，你可以随时调整这些对象的位置、大小，同时不会影响输出质量。使用几何形状与文本创建艺术效果时，尤其适合使用矢量图形。例如，大多数公司 Logo 就是基于矢量图形制作的。

矢量图形一般以 AI、EPS、PICT、WMF 等格式保存。大多数浏览器并不支持这些格式。但是有一种矢量格式是浏览器支持的，那就是 SVG（可缩放矢量图形）。得到 SVG 最简单的方法是：先使用你擅长的矢量图形制作软件（例如 Illustrator、CorelDRAW）制作好矢量图形，然后以 SVG 格式导出。如果你会编程，可以尝试使用 XML 创建 SVG。

9.1.2　栅格图像

虽然 SVG 有很多优点，但是网页设计师制作网页时用得最多的还是栅格图像。栅格图像由大量像素组成，像素有如下 3 个基本特点：

- 每个像素都是标准的正方形；
- 每个像素大小相同；
- 每个像素只显示一种颜色。

每个栅格图像由成千上万的像素组成，这些像素成行成列排列，形成图案，使人对真实的照片、图画产生一种错觉，如图 9-2 所示。说是一种错觉，是因为屏幕上显示的并不是一张真实的照片，而是大量像素，这些像素让人觉得看到的就是一个图像。随着图像质量不断提高，这种错觉也变得越来越真实。栅格图像的质量取决于 3 个要素：分辨率、尺寸、颜色。

在图 9-2 中，把图像局部区域放大后，你可以清晰地看到图像是由一个个像素组成的。

图 9-2

💡 注意　打印机和印刷机使用墨点（圆点）来打印照片。衡量打印质量的单位是 dpi（每英寸点数）。将方形像素转换成圆点的过程被称为"挂网"（screening）。

分辨率

分辨率对栅格图像的质量影响最大，其单位是 ppi（每英寸像素数），分辨率越高，每英寸包含的像素数越多，图像包含的细节就越多，如图 9-3 所示。但凡事必有代价：分辨率越高，图像就越大，占用的磁盘空间就越大。图像文件中的每个像素都包含一定量的信息，而保存这些信息需要占用一些空间。图像包含的像素数越多，需要保存的信息就越多，相应地，图像文件就越大。

72ppi　　　　　　　　　　　　　　　　　300ppi

图 9-3

分辨率对图像输出有显著影响。图 9-3 的两个图像中，左侧图像的分辨率是 72ppi，它在浏览器中看起来不错，但是对于印刷来说这个分辨率就太低了。

网页中的图像一般都是在计算机显示器中显示的，而且大部分显示器的分辨率都是 72ppi，所以在网页中使用 72ppi 的图像不会有什么问题。但是，若图像是专门用来在印刷设备（例如专业的四色印刷机）中输出的，72ppi 的分辨率就太低了，用于印刷的图像分辨率一般不能低于 300ppi。由于计算机显示器的分辨率较低，所以可以在网页中使用较低分辨率的图像，这样图像文件就小一些，大大方便了从网络下载图像。

尺寸

这里的尺寸指的是图像的水平长度和垂直宽度。图像尺寸越大，包含的像素数越多，文件就会越大，如图 9-4 所示。相比于 HTML 代码，图像的下载时间更长，有图像的网页打开得就更慢。为了加快网页打开速度，提升用户体验，近年来越来越多的网页设计师开始使用 CSS 样式来代替图像组件。当网页设计中不得不使用图像时，为了加快网页打开速度，建议你使用小尺寸的图像。虽然现在网速有了极大提升，但是许多网站仍然尽量避免在网页中使用大尺寸图像，不过这种状况也在一点一点地发生改变。

500KB　　　　　　　　　　　　　　　　　1.6MB

图 9-4

图 9-4 中的两个图像分辨率一样，颜色深度一样，但尺寸不一样，这导致它们的文件大小有很大的差异。

颜色

这里的颜色指的是描述一个图像的颜色空间，如图 9-5 所示。大多数计算机只能显示人眼能看到的一小部分颜色。不同的计算机和程序显示的颜色级别也不一样，即位深（bit depth）不一样。单色图像的颜色空间（1 位）最小，只显示黑色与白色，没有中间灰度，常用在线条画、图纸、书法或签名中。

4 位颜色空间最多可表达 16 种颜色。使用"抖动显示"（dithering）方法可以模拟出更多颜色。具体来说，就是通过颜色的散置与并置欺骗你的眼睛，在颜色有限的情况下让你看到比实际更多的颜色。这种颜色空间最早是为彩色计算机系统和游戏机开发的。由于其自身的局限性，现在已经很少使用了。

8 位颜色空间最多可表现 256 种颜色（或 256 种灰度），它是所有计算机、手机、游戏设备、手持设备的基本颜色系统。这种颜色空间还包含所谓的"Web 安全色"。Web 安全色是 8 位颜色的一个子集，同时受 Mac 和 Windows 计算机支持。现在，大多数计算机、游戏机、手持设备等支持更大的颜色空间，8 位颜色空间已经不怎么重要了，除非需要支持非计算机设备，否则你完全可以忽略 Web 安全色。

当今，只有少数手机或掌上游戏机支持 16 位颜色空间。这种颜色空间被称为高彩色，能表现 65000 多种颜色。尽管 16 位颜色空间能表现这么多颜色，但是对大多数图形设计和专业印刷来说，它还不够好。

24 位颜色空间被称为真彩色，能够表现 1670 万种颜色。它是图形设计和专业印刷使用的标准颜色空间。几年前，又出现了 32 位颜色空间，这种颜色空间相比于 24 位颜色空间，表现的颜色数量没有增加，但是它多提供了一个 8 位的数据，用来描述 Alpha 透明度。

有了 Alpha 透明度，就可以把图形或图像的某些部分指定为完全透明或部分透明。通过指定 Alpha 透明度，你可以轻松创建出具有圆角或曲线的图形，甚至还可以去除栅格图像特有的白色边框。

24 位颜色　　　　　　　　　8 位颜色　　　　　　　　　4 位颜色

图 9-5

比较 3 种颜色空间，你会发现不同颜色空间包含的颜色数量不一样，它们表现的图像质量也不一样。

与图像的尺寸、分辨率一样，颜色深度对图像文件的大小影响非常大。在其他因素都一样的情况下，一个 8 位图像的大小是单色图像的 7 倍多，一个 24 位图像的大小是 8 位图像的 3 倍多。若想在网站中高效地使用图像，你必须在图像的分辨率、尺寸、颜色之间做好平衡，以获得最佳质量。

虽然现在人们上网使用的智能手机、平板电脑的性能越来越强，但制作网站时，优化图像仍然是必不可少的一环。因为世界上还有很多地方的网速并不快，这些地方的人在访问你的网站时，图像文件太大会大大拖慢访问速度，导致用户有很糟糕的体验。

9.1.3 栅格图像格式

栅格图像的存储格式有多种，但网页设计师关注其中 3 种（GIF、JPEG、PNG）即可。这 3 种格式的图像针对网络使用做了专门优化，而且得到了每种浏览器的支持。不过，它们的能力有所不同。

· GIF

GIF（图形交换格式）是最早专为网络设计的栅格图像格式。在过去 30 年间只做过小幅改动。GIF 图像最多支持 256 种颜色（8 位）和 72ppi 分辨率，主要用在网页中，用于制作按钮、图形边框等。GIF 图像有两种有趣的特征，使其大受网页设计师青睐，分别是索引色透明和支持简单动画。

· JPEG

JPEG（或 JPG）是 Joint Photographic Experts Group（联合图像专家组）的缩写，它是为了弥补 GIF 图像格式的不足而在 1992 年推出的一种图像标准。JPEG 是一种强大的图像格式，它支持的分辨率、图像尺寸、颜色深度不受任何限制。正因如此，大多数数码相机选用 JPEG 格式作为存储照片的默认格式。当需要在网站中显示高质量图像时，大多数网页设计师也喜欢使用 JPEG 格式的图像。

前面说过，图像质量越高，文件越大，下载到本地的耗时就越长。那为什么这种格式在网络中还是如此受欢迎呢？JPEG 的名声来自其受专利保护的图像压缩算法，这种算法能够大大减小文件（95% 左右）。JPEG 图像每次保存时都会被压缩，每次打开或显示时都会被解压缩。

所有压缩都有不好的一面。压缩过度会损害图像质量，损害图像质量的压缩叫作有损压缩。图像质量损失太严重有可能造成图像无法正常使用。因此，每次保存 JPEG 图像，我们都需要在图像质量和文件大小之间做权衡，如图 9-6 所示。

低质量、高压缩 130K   中等质量、中等压缩 150K   高质量、低压缩 260K

图 9-6

· PNG

1995 年早期，由于 GIF 格式开始商业收费，为避免专利的影响，人们开发出了 PNG（便携式网络图形）格式。当时，网页设计师和开发者要想使用 GIF 格式就必须支付一定的费用。人们开始转而使用 PNG 格式，PNG 格式趁机收获了许多追随者，并且逐渐在互联网上占据了一席之地。

PNG 格式吸取了 GIF 和 JPEG 格式的许多优点，并添加了一些新的特性。例如，PNG 支持的分辨率不受限制，支持 32 位颜色空间和全透明，还支持无损压缩，使得你在使用 PNG 格式保存图像时不用担心质量损失。

PNG 格式有一个缺点，那就是有些旧浏览器并不完全支持其最重要的特性——Alpha 透明度。不过，随着这些浏览器逐渐被淘汰，网页设计师已经不需要担心这个问题了，现代浏览器完全支持 PNG 格式。

网络瞬息万变，人们的需要也在不断发生变化。在选用某项技术之前，我们最好先仔细看一下网站分析报告，了解一下网站用户都使用哪些浏览器，做到有的放矢，心中有数。

9.2　预览最终文件

下面预览一下最终页面，了解一下本课要做什么。

❶ 启动 Dreamweaver 2022。

❷ 按照前言中介绍的步骤，基于 lesson09 文件夹定义一个新站点，命名为 lesson09。

❸ 打开 lesson09\finished 文件夹中的 contactus-finished.html 文件，进入【实时视图】，如图 9-7 所示。

图 9-7

这个页面中包含好几个图像。

❹ 打开 lesson09\finished 文件夹中的 aboutus-finished.html 文件，进入【实时视图】，如图 9-8 所示。

这个页面（About US）中包含了一个能够自动适应目标屏幕尺寸的图像。

❺ 向左拖曳文档窗口宽度控制块，改变文档窗口宽度。注意，此时文本区域中的图像会随着文档窗口一起改变，如图 9-9 所示。

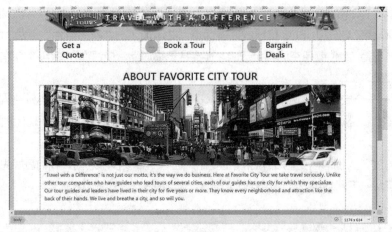

图 9-8

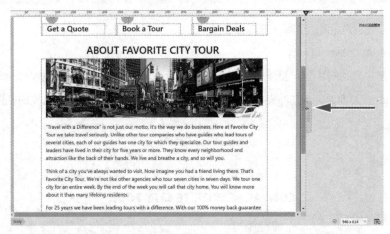

图 9-9

⑥ 打开 tours-finished.html 页面，查看图像轮播组件，如图 9-10 所示。

图 9-10

图像轮播组件中显示着大尺寸图片，它们从右往左移动，每张图片暂停片刻后滑出，然后另外一张图片轻轻滑入。而且，图片上的标题和文字会随着图片一起移动。

⑦ 关闭所有页面。

接下来使用多种方法把这些图像插入各个页面中，并为它们添加样式，使其按要求显示在页面中。

9.3 插入图像

制作页面时，无论这个页面是追求视觉效果，还是行文叙事，图像都是其中非常重要的组成元素。Dreamweaver 提供了多种方法，帮助我们把图像插入页面中，包括各种内置命令，以及直接从其他 Adobe 软件中复制图像粘贴到页面中。

> 💡 注意　在 Dreamweaver 中使用图像时，必须把站点的默认图像文件夹指定为 lesson09 文件夹下的 images 文件夹。具体操作方法请参考前言中的内容。

❶ 在【文件】面板中，双击 contact-us.html 页面，将其打开，进入【实时视图】。同时，确保文档窗口宽度不小于 1200 像素。

这个页面中包含了 Favorite City Tour 公司的 6 名员工的简介信息。每个简介区域各包含一张占位图片，尺寸为 100 像素 ×125 像素。也就是说，这里应该使用尺寸为 100 像素 ×125 像素的图像来替换这些占位图片。大多数情况下，在把一个图像插入页面之前，都需要先调整一下图像的尺寸，做一下重采样。

在 Dreamweaver 中，替换占位图片最简单的方法就是使用【属性】面板。

❷ 在菜单栏中依次选择【窗口】>【属性】，打开【属性】面板，将其停靠到文档窗口底部。

❸ 在介绍 Elaine 的区域中，选择占位图片，如图 9-11 所示。

此时，元素显示框中显示的是 <img> 元素，它有一个 .mr-3 类。【属性】面板中显示着图像元素的属性。

> 💡 提示　查看一个元素时，最好找出这个元素有哪些类和 ID。这样，当这个元素发生变化时，我们就能比较容易地重建其结构，以及添加样式。

事实上，网页中的图像并非真地存在于 HTML 代码中，这些图像文件一般位于 Web 服务器或互联网中，你在 HTML 代码中使用 <img> 元素引用它们就行了。当你使用浏览器打开网页时，浏览器会找到图像文件，然后渲染出来。在【属性】面板中，可以轻松地找到当前指定的源图像文件，而且可以指定一个新的图像。

❹ 在【属性】面板中，观察【Src】文本框，如图 9-12 所示。

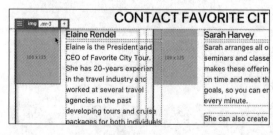

图 9-11　　　　　　　　　　　　　　　　　图 9-12

【Src】文本框中显示的是 images/100×125.gif，从中可以知道占位图片的名称和位置。接下来修改一下【Src】中的内容，用 Elaine 的照片替换掉占位图片。

⑤ 单击【Src】文本框右侧的【浏览文件】图标，如图 9-13 所示，打开【选择图像源文件】对话框。

⑥ 在【选择图像源文件】对话框中，选择 elaine.jpg，单击【确定】或【打开】按钮，如图 9-14 所示。

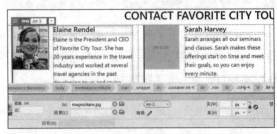

图 9-13　　　　　　　　　　　　　　　　　　图 9-14

此时，Elaine 的照片出现在 <img> 元素中。

【替换】文本框中的文本是一些描述图像的元数据。有些浏览器中，当无法正常加载图像时，就会显示【替换】文本框中的文本。一般都需要为图像添加替换文本。

⑦ 在【替换】文本框中，输入 Elaine, Favorite City Tour President and CEO 作为替换文本，换掉原来的内容，如图 9-15 所示。

图 9-15

<img> 元素还有一个【标题】属性，它类似于【替换】属性，用于提供与图像有关的更多信息。尽管它不会对搜索引擎的搜索结果产生影响，但最好还是把它填上。

⑧ 在【标题】文本框中，输入 Elaine, Favorite City Tour President and CEO，如图 9-16 所示。

图 9-16

💡 **注意**　大多数浏览器中，【标题】文本框中的文本是作为提示信息使用的。把鼠标指针移动到图像上时，看到的就是标题文本。

⑨ 在菜单栏中依次选择【文件】>【保存】，保存页面。

在【设计】视图中可以使用一种更简单的替换占位图片的方法。

9.4 在【设计】视图下插入图像

Dreamweaver 提供了多种在页面中插入图像的方法。当页面中含有待替换的占位图片时，就可以进入【设计】视图，使用一种更简单的方法替换占位图片。

❶ 切换到【设计】视图。

【设计】视图不支持 Bootstrap 样式，因此在【设计】视图下，你看到的页面完全是另外一个样子。例如，卡片元素的显示顺序与【实时视图】不一样。

❷ 向下滚动，找到介绍 Sarah 的卡片中的占位图片，如图 9-17 所示。

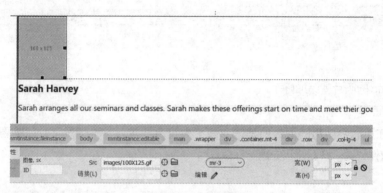

图 9-17

Sarah 是卡片区域中的第三个卡片。

此时，你可以和前面一样，在【属性】面板中新指定一张图片替换占位图片。但是，这里使用另外一种方法，即在【设计】视图下双击占位图片，然后选择一张新的替换图片。

❸ 双击占位图片，打开【选择图像源文件】对话框。

❹ 在【选择图像源文件】对话框中，选择 lesson09\images 文件夹中的 sarah.jpg，单击【确定】或【打开】按钮。

此时，Sarah 的照片出现在 <img> 元素中。

❺ 在【属性】面板中，分别在【替换】和【标题】文本框中输入 Sarah Harvey, Favorite City Tour Events Coordinator，如图 9-18 所示。

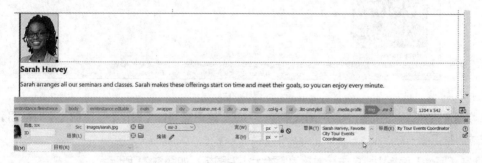

图 9-18

此时，Sarah 的照片就添加好了。

❻ 在介绍 Eric 的区域中，双击占位图片。

❼ 从【选择图像源文件】对话框中，选择 lesson09\images 文件夹中的 eric.jpg，单击【确定】或【打

开】按钮。

此时，Eric 的照片就替换了占位图片。

⑧ 在【属性】面板中，分别在【替换】和【标题】文本框中输入 Eric Quist, Favorite City Tour Transportation Research Coordinator，如图 9-19 所示。

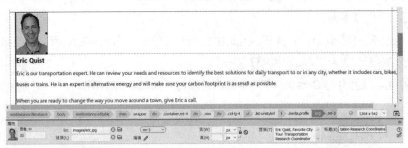

图 9-19

到这里，Eric 的照片就添加好了。

⑨ 保存页面。

有时，你在页面中使用的图像的某些方面不太符合要求。这种情况下，就需要先把图像导入 Photoshop 等软件中做一些调整和处理。

9.5 调整图像尺寸

有时，我们一拿到图像，就会发现尺寸不对；有时，我们把图像插入页面中之后，才会发现尺寸不对。不论哪种情况，我们都需要对图像尺寸进行调整。

① 打开 contact-us.html 页面，进入【设计】视图。向下滚动，找到介绍 Lainey 的卡片中的占位图片。

② 双击占位图片。

③ 在【选择图像源文件】对话框中，选择 lainey.jpg，单击【确定】或【打开】按钮，如图 9-20 所示。

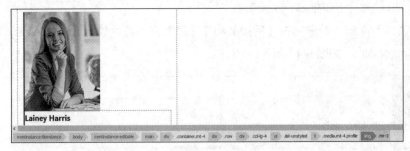

图 9-20

人物图像有点大，占据的卡片空间太多了。为此，这里需要在【设计】视图或【实时视图】下把图像尺寸调整得小一些。

④ 在【属性】面板中，单击【重置为原始大小】图标，如图 9-21 所示。

图 9-21

这张图像的尺寸约为其他图像的两倍。Dreamweaver 提供了两种减小图像尺寸的方法：一种是拖曳图像周围的控制块手动调整图像尺寸；另一种是在【属性】面板中直接输入宽度与高度值来调整图像尺寸。下面介绍如何在【属性】面板中通过输入宽度与高度值的方法来调整图像尺寸。

❺ 在【属性】面板中，单击【切换尺寸约束】图标（🔒），锁定宽高比，如图 9-22 所示。

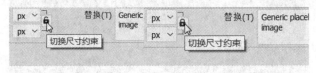

图 9-22

图像的宽高比锁定之后，改变其中一个值，另一个值也会随之发生变化，以保持比例不变。

❻ 在【高】数值框中输入 125，然后按 Enter 键或 Return 键，单位为 px，如图 9-23 所示。

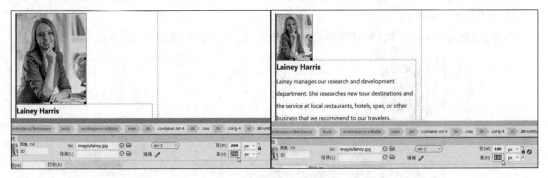

图 9-23

此时，图像高度变为 125 像素，图像宽度也发生相应变化，图像等比例缩小。若不是这样，请检查尺寸约束图标是否处于锁定状态。

请注意，这种改变图像尺寸的效果是暂时的，图像不会真的缩小。你可以为图像设置一个新的尺寸，然后把页面上传到 Web 服务器，访问页面后，你会发现图像又以新的尺寸显示。使用上面的方法将图像尺寸缩小，访客浏览页面时下载下来的仍然是大尺寸的原始图像，这有点浪费带宽。为了避免这个问题，一个更好的解决办法是直接改变原始图像尺寸。

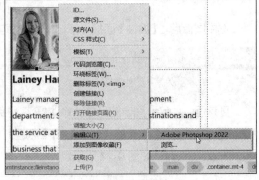

图 9-24

❼ 使用鼠标右键单击 Lainey 的照片，在快捷菜单中依次选择【编辑以】>【Adobe Photoshop 2022】，如图 9-24 所示。

> 💡注意　你在【编辑以】子菜单中看到的可用程序和版本可能和这里不一样。如果你想使用 Photoshop 编辑图像，一定要在你自己的计算机中事先安装好它。

此时，Photoshop 启动，并打开图像。

❽ 在 Photoshop 菜单栏中依次选择【图像】>【图像大小】，打开【图像大小】对话框。在这个对话框中，你可以重新调整图像尺寸，以及对图像进行重新采样。

❾ 勾选【重新采样】复选框，把图像的【宽度】与【高度】分别设置为 100 像素与 125 像素，

然后单击【确定】按钮，如图 9-25 所示。

图 9-25

此时，图像的实际尺寸就被改变了。接下来保存更改后的图像。

⑩ 关闭并保存图像。

⑪ 返回 Dreamweaver 中，再次选择 Lainey 图像，检查其尺寸，如图 9-26 所示。

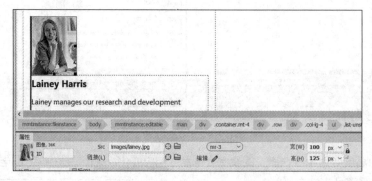

图 9-26

选中图像后，【属性】面板显示出图像的真实尺寸，原来的【重置为原始大小】图标也消失不见了。

> 💡注意 虽然更改了图像尺寸，但此时文件更改尚未生效。保存文件之前，你可以随时撤销更改。保存文件之后，更改就真的生效了。

到这里，Lainey 图像的尺寸就修改好了。接下来为图像添加替换文本和标题文本。

⑫ 在【属性】面板的【替换】和【标题】文本框中，输入 Lainey Harris, Research and Development Coordinator，如图 9-27 所示。

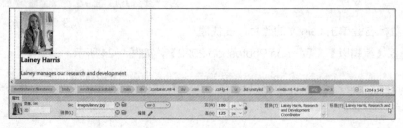

图 9-27

到这里，Lainey 的照片就完全添加好了。

⑬ 保存页面。

前面只介绍了如何向页面添加 Web 兼容的图像。但其实，在 Dreamweaver 中不仅可以向页面添加 GIF、JPEG、PNG 格式的图像，还可以添加其他格式的图像。接下来介绍如何向页面添加 PSD 格式的图像。

9.6　插入 Photoshop 图像

这些年，Dreamweaver 与 Photoshop 配合得一直不错。但是，在 Dreamweaver 2022 中，无法直接把 Photoshop 图像插入页面中，也不能使用 Photoshop 智能对象。但这并不意味着必须完全放弃它们。这一节介绍一下如何处理 Photoshop 图像，以便把它们插入网页中。

❶ 打开 contact-us.html 页面，进入【设计】视图。

❷ 在介绍 Margaret 的卡片中双击占位图像，在【选择图像源文件】对话框中，选择 lesson09\resources 文件夹下的 margaret.psd 文件，如图 9-28 所示。

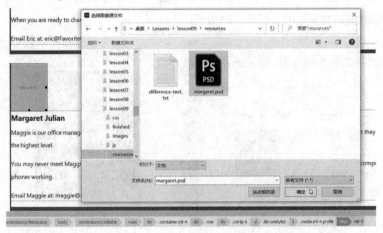

图 9-28

> 💡注意　在 Windows 系统下，需要选择【所有文件】，你才能看见 PSD 文件。

此时，PSD 文件是灰色的，表示 Dreamweaver 不支持你直接在网页中插入它。但是有一个变通的办法。

❸ 关闭【选择图像源文件】对话框。在菜单栏中依次选择【窗口】>【Extract】，打开【Extract】面板，如图 9-29 所示。

> 💡注意　先单击 Creative Cloud 图标，【Upload PSD】按钮才可用。

【Extract】面板中有第 5 课上传的 Favorite City Tour 原型，还有一个【Upload PSD】按钮。虽然不能直接在 Dreamweaver 中使用 PSD 图像，但是可以使用【Extract】面板把 PSD 文件及其内容转换成 Web 兼容文件格式。

❹ 单击【Upload PSD】按钮。

❺ 转到 lesson09\resources 文件夹下，选择 margaret.psd 文件，单击【确定】或【打开】按钮，如图 9-30 所示。

> 💡提示　请注意，你必须先在文件类型中选择 .psd 类型，才能看到 PSD 文件。

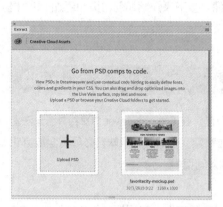

图 9-29

图 9-30

此时，Dreamweaver 把 Margaret 图像上传并显示在【Extract】面板中。

⑥ 单击图像预览，将其选中，如图 9-31 所示。

图 9-31

此时，PSD 文件被加载到【Extract】面板中。只需简单单击一下，即可将其作为网站资源下载下来。但是现在不要这样做。

⑦ 单击【Layers】按钮，如图 9-32 所示。

图 9-32

图层窗格出现在【Extract】面板中，显示出图像中的两个图层，其中名为 New Background 的图层是隐藏的。

⑧ 单击 New Background 图层左侧的眼睛图标（ 👁 ），显示图层内容。

此时，图像背景发生变化，出现一个港口场景。接下来就可以把图像下载到你的网站中了。不过，若要原样下载图像，则只能下载选中的图层。这里得选择两个图层，下载合成图像。

⑨ 按住 Shift 键，选择两个图层。单击图像上的【Extract Asset】图标，打开【Save As】对话框。在这个对话框中，你可以指定希望创建的文件类型和属性。有 JPG、PNG 8、PNG 32 3 种图像类型可供选择。

⑩ 单击【JPG】按钮。

文件类型下方有一个【Optimize】滑块。

> 💡注意 使用这种方式转换图像之后，Dreamweaver 一般会把转换后的图像保存到网站的默认图像文件夹下。

⑪ 把【Optimize】滑块拖曳到 80。

这个设置一方面能够生成高质量图像，另一方面也能保证有不错的压缩率。降低【Optimize】的值，压缩率提高，文件减小；增加【Optimize】的值，压缩率降低，文件变大。注意实践时要在图像质量和压缩率之间做好平衡。这里把【Optimize】的值设置成 80 就足够了。

选择 New Background 图层后，对话框中出现的名称会发生相应变化。下载后的图像显示的应该是 Margaret 的名字。

⑫ 在文件名文本框中输入 margaret，在【Scale at】中输入 1x。

⑬ 单击【Save】按钮，把 JPEG 图像下载到网站的默认图像文件夹中，如图 9-33 所示。

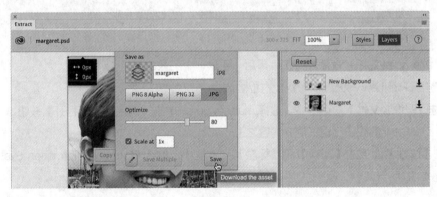

图 9-33

此时，Dreamweaver 应该把图像下载到了网站的 images 文件夹中。接下来把图像插入网页中。

⑭ 关闭【Extract】面板。

⑮ 在介绍 Margaret 的区域中，双击占位图像。

⑯ 在【选择图像源文件】对话框中，转到 lesson09\images 文件夹下。

⑰ 选择 margaret.jpg，单击【确定】或【打开】按钮。

此时，Dreamweaver 把图像插入页面中，但是图像尺寸太大了。

⑱ 使用鼠标右键单击图像，在快捷菜单中依次选择【编辑以】>【Adobe Photoshop 2022】。

此时，Photoshop 启动，并打开图像。

⑲ 在 Photoshop 菜单栏中依次选择【图像】>【图像大小】，打开【图像大小】对话框。

⑳ 在【图像大小】对话框中，勾选【重新采样】复选框，把图像的【宽度】与【高度】分别设置为 100 像素与 125 像素，然后单击【确定】按钮。

㉑ 关闭并保存图像。

保存 JPEG 图像时，会弹出一个【JPEG 选项】对话框。

㉒ 在【品质】中，输入 8，单击【确定】按钮。

此时，图像尺寸被永久改变了，但布局中的图像尺寸还没有改变。因此必须重置图像，Dreamweaver 才知道图像的真实尺寸。

㉓ 在【属性】面板中，单击重置图标（ ⊘ ）。

此时，Margaret 图像的尺寸变为 100 像素 ×125 像素。接下来为图像添加替换和标题文本。

> 💡 提示　你可以交替使用元素显示框和【属性】面板来输入替换文本。

㉔ 在【属性】面板的【替换】和【标题】文本框中，输入 Margaret Julian, Office Manager，如图 9-34 所示。

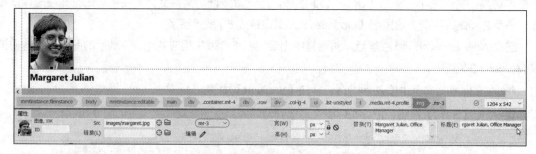

图 9-34

到此，Margaret 的照片就添加好了。最后，还缺一个图像。

㉕ 在介绍 Matthew 的区域中，双击占位图像。

在【选择图像源文件】对话框中，选择 matthew.jpg，单击【确定】或【打开】按钮。

此时，Matthew 的图像出现在简介内容之上。

㉖ 在【属性】面板的【替换】和【标题】文本框中，输入 Matthew, Information Systems Manager，如图 9-35 所示。

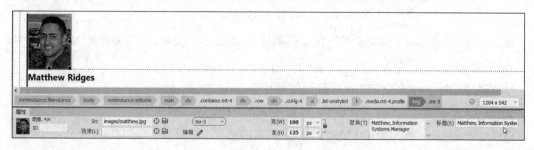

图 9-35

㉗ 保存页面。

到这里，所有员工图像就添加好了。接下来使用【资源】面板向页面中插入图像。

响应式图像

移动设备出现之前，判断页面中要使用多大尺寸多大分辨率的图像是一件非常简单的事。只需要确定好图像的宽度与高度，然后以 72ppi 的分辨率保存图像就行了。

但是现在，网页设计师希望他们的网站无论访客使用何种设备和何种尺寸的屏幕都能工作得很好。现在许多手机和平板电脑的分辨率都超过了 300ppi。这样一来，像过去那样，只需要选择一种尺寸、一种分辨率的时代就一去不复返了。那么现在应该怎么办呢？目前还没有一个很完美的解决方案。

一种方法是在页面中插入一个大尺寸或高分辨率的图像，然后使用 CSS 调整图像的尺寸。这样，高分辨率屏幕（例如苹果的 Retina 屏幕）上就能够清晰地显示图像。当使用低分辨率设备访问包含这种图像的网页时，虽然不需要高清大图，但下载下来的仍然是高清大图，这不仅会减慢页面加载速度，还会浪费手机用户流量，给手机用户带来经济负担。

另一种方法是为不同设备与不同分辨率的屏幕提供不同的图像，然后使用 JavaScript 代码根据需要加载合适的图像。但是，许多开发人员都反对使用脚本加载图像这类基本资源。他们希望有一个标准化的解决方案。

为此，W3C 提出了一个新元素 <picture>，使用这个元素时完全不需要使用 JavaScript 代码。使用这个新元素时，你只需要选好几个图像，指定图像的使用方式，浏览器就会加载合适的图像。但是，现在的问题是 Dreamweaver 还不支持 <picture> 元素，也没有多少浏览器认识它。

关于如何实现响应式图像已经超出了本书的讨论范围。请你时刻关注有关这方面的最新趋势，并做好随时实施新方案的准备。

9.7 使用【资源】面板插入图像

许多时候，页面中并不存在标注图像插入点的占位图像。这种情况下，我们必须在 Dreamweaver 中选用相应工具手动把图像插入页面中。接下来就介绍如何使用这些工具来插入图像。

❶ 打开 contact-us.html 页面，进入【设计】视图。

向下滚动页面，找到 CONTACT FAVORITE CITY TOUR 这个标题。

contact-us.html 是前面创建的 3 个不包含图像轮播组件的页面之一。接下来会在这些页面中添加一些旅游相关照片，一些推销产品、服务的宣传文字，进一步改善这些页面的布局。

❷ 打开 lesson09\resources 文件夹中的 difference-text.txt 文件，如图 9-36 所示。

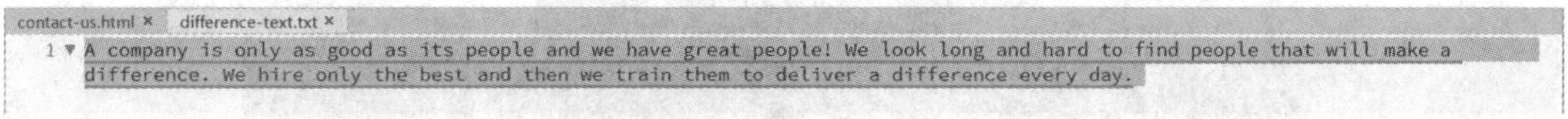

contact-us.html ×	difference-text.txt ×

1 ▼ A company is only as good as its people and we have great people! We look long and hard to find people that will make a difference. We hire only the best and then we train them to deliver a difference every day.

图 9-36

❸ 选择并复制所有文本，然后关闭文件。

❹ 在 contact-us.html 页面中，把光标放到标题之后，按 Enter 键或 Return 键换行。

❺ 粘贴第 3 步中复制的文本，如图 9-37 所示。

CONTACT FAVORITE CITY TOUR

A company is only as good as its people and we have great people! We look long and hard to find people that will make a difference. We hire only the best and then we train them to deliver a difference every day.

图 9-37

⑥ 在菜单栏中依次选择【窗口】>【资源】，打开【资源】面板。单击【图像】图标（🖼），显示网站中的所有图像。

💡 **提示** 一旦你定义好站点，Dreamweaver 创建了缓存，你就应该立刻开始填充【资源】面板。

⑦ 在图像列表中，找到并选中 travel.jpg。

此时，【资源】面板中显示 travel.jpg 的缩览图，还列出了图像的名称、尺寸（像素数）、大小（字节数）、文件类型、完整路径。

💡 **注意** 你可能需要向左拖曳面板边缘，拓宽面板，才能看到资源的完整信息。

⑧ 注意观察图像尺寸，如图 9-38 所示。

💡 **注意** 图像列表中会显示站点中的所有图像，包括那些位于默认图像文件夹之外的图像。也就是说，那些存放在站点子文件夹中的图像也是可以看到的。

travel.jpg 图像的尺寸是 1200 像素 ×597 像素。接下来把它插入段落开头位置。

⑨ 把光标放到段落开头。

⑩ 在【资源】面板底部，单击【插入】按钮，如图 9-39 所示。

此时，所选图像出现在标题之下，并从左到右填满整个页面。

在移动设备出现之前，网页设计师只需要确定图像的最大尺寸，然后根据所处空间重新调整一下图像尺寸即可。每一个图像只有一种尺寸。

图 9-38

图 9-39

但是，现在要求页面中的图像必须能够适应各种尺寸的屏幕。如果做不到这一点，我们精心设计的页面布局就会遭到破坏。好在 Bootstrap 提供了自动控制和调整图像显示尺寸的功能，不过只有进入【实时视图】，才能了解这些功能的工作方式。

9.8　使图像适应移动设计

使用 Bootstrap 这类网页框架的一大好处是，框架会帮助我们完成大部分难点工作。其中最难的一项工作就是让网页图像适应移动设计。Dreamweaver 提供了很多用于实现这个目标的工具。

❶ 切换到【实时视图】，确保文档窗口宽度不小于 1200 像素。

当前，travel.jpg 图像已经超出了页面边缘。为了使图像遵守 Bootstrap 布局，必须把它变成一个 Bootstrap 组件。

❷ 选择 travel.jpg 图像，如图 9-40 所示。

图 9-40

此时，元素显示框中显示出 <img> 元素。请注意，当前 <img> 元素还未添加任何类。

❸ 单击【编辑 HTML 属性】图标（▤），显示出快捷属性面板。

❹ 勾选【Make Image Responsive】复选框，如图 9-41 所示。

图 9-41

此时，图像宽度根据列宽发生了变化，不再超出页面边缘。这其实并不是 Dreamweaver 的功劳。你可以看到 <img> 元素上有了一个 .img-fluid 类，表示它已经变成了一个 Bootstrap 组件，会根据其所在结构自动调整大小。那么当屏幕变小时，图像会发生什么变化呢？

❺ 向左拖曳文档窗口宽度控制块，使文档窗口变窄一些，如图 9-42 所示。

图 9-42

随着拖曳，页面布局不断发生变化，以适应更小的屏幕。原来的多列布局最终变成单列布局。同时，travel.jpg 图像也随之不断缩小，以适应变化后的网页布局。

⑥ 把文档窗口宽度控制块一直往右拖曳。

页面布局再次发生变化，恢复为原来的多列布局。图像显示效果挺好的，但就是与文本贴得太近了。接下来在图像与文本之间添加一些间距。

前面已经多次使用过 .mt-4 这个类了，用来在元素顶部添加边距。不过，这里要在 <img> 元素底部添加边距，应该使用哪个 Bootstrap 类呢？

⑦ 单击【添加类 /ID】图标。

⑧ 向 <img> 元素添加 .mb-4 类，如图 9-43 所示。

图 9-43

类名 .mb-4 中的 mb 是 margin-bottom（下边距）的缩写。向 <img> 元素添加这个类之后，图像底部会多出一些边距。这里添加两个 Bootstrap 类，一方面使图像能够适应变化的页面布局，另一方面在图像底部添加了一些间距。

⑨ 保存页面。

接下来在其他两个不包含图像轮播组件的页面中添加图像。

9.9 使用【插入】菜单

就查找与插入图像来说，使用【资源】面板是一个既简单又直观的方法。另外，还有一个在页面中插入图像、HTML 元素、组件的常用方法，那就是使用【插入】菜单。

❶ 打开 about-us.html 页面，进入【实时视图】。确保文档窗口宽度不小于 1200 像素，如图 9-44 所示。

这个页面（About US）中包含大量文本，用于介绍 Favorite City Tour 公司的历史和使命。与 Contact US 页面一样，这个页面中也不包含图像轮播组件。下面先在文本上方添加一个图像。

❷ 把光标放到文本 "Travel with a Difference" is not just our motto 左侧。

此时，元素显示框中显示的是第一个文本段落元素，而且第一个文本段落周围显示出橙色边框。

❸ 在菜单栏中依次选择【插入】>【Image】，如图 9-45 所示。

此时，出现定位辅助面板。

❹ 单击【之前】，弹出【选择图像源文件】对话框。

图 9-44

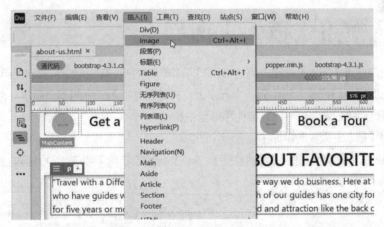

图 9-45

❺ 在 lesson09\images 文件夹中，选择 timessquare.jpg，单击【确定】或【打开】按钮，如图 9-46 所示。

图 9-46

此时，timessquare.jpg 图像出现在文本上方，它的右侧超出了页面边缘。

⑥ 单击【编辑 HTML 属性】图标,在弹出的面板中,勾选【Make Image Responsive】复选框。此时,timessquare.jpg 图像会根据列宽自动调整尺寸。

⑦ 向 <img> 元素添加 .mb-4 类,如图 9-47 所示。

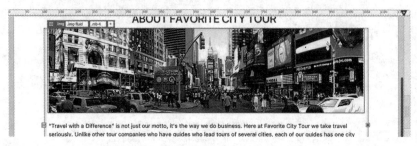

图 9-47

此时,图像与下方文本之间有了一些间距。

⑧ 保存页面。

【插入】面板中与【插入】菜单有类似的命令,借助它们,你可以快速、轻松地向页面中插入图像和其他代码元素。你可以把【插入】面板停靠到文档窗口顶部,方便使用。

9.10 使用【插入】面板

有些用户喜欢使用【插入】菜单,因为它用起来简单又快捷;有些用户则喜欢使用【插入】面板,因为使用面板有助于他们把精力集中到一个元素上,方便同时插入元素的多个副本。你可以根据实际情况,交替使用这两种方法,也可以直接使用键盘快捷键。

接下来使用【插入】面板向页面中插入一个图像。

① 打开 events.html 页面,进入【实时视图】。确保文档窗口宽度不小于 1200 像素,如图 9-48 所示。

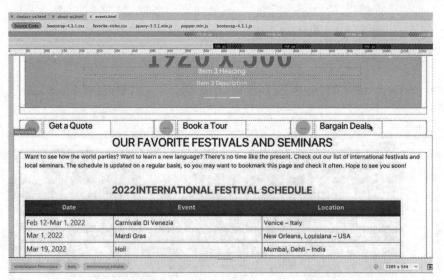

图 9-48

这个页面(Events)中包含两个表格,一个用于列出世界各地的节日,另一个用于列出 Favorite City Tour 公司举办的研讨会。页面中还有一段文本,用于概述页面中的信息。接下来在文本上方添加一个图像。

❷ 把光标放到文本 Want to see how the world parties? 左侧。

❸ 在菜单栏中依次选择【窗口】>【插入】，打开【插入】面板。【插入】面板是标准工作区的一个组成部分，默认停靠在文档窗口右侧。

❹ 在【插入】面板中的下拉列表中，选择【HTML】，如图 9-49 所示。

图 9-49

❺ 单击【Image】按钮，出现定位辅助面板。

❻ 单击【之前】，弹出【选择图像源文件】对话框。

❼ 在【选择图像源文件】对话框中，在站点 images 文件夹下选择 festivals.jpg，单击【确定】或【打开】按钮。

此时，图像 festivals.jpg 出现在页面中。接下来使用元素显示框向 <img> 元素添加两个 Bootstrap 类。

❽ 向 <img> 元素添加 .img-fluid 类与 .mb-4 类，如图 9-50 所示。

图 9-50

此时，festivals.jpg 图像自动调整了尺寸，并移动到了页面中合适的位置。

❾ 保存页面。

每个页面的页头或图像轮播组件下方有 3 个小的占位图像。尝试选择这些占位图像时，你会发现它们都是不可编辑的。若要更改它们，就必须打开模板。

9.11 在模板中插入图像

公司 Logo 是站点模板中唯一一个图像，在把页面转换成模板之前它就已经被添加到页面中了。在模板中插入图像与在子页面中插入图像没有多大区别。

❶ 打开 lesson09\Templates 文件夹中的 favorite-temp.dwt 文件，进入【实时视图】。确保文档窗口宽度不小于 1200 像素。

❷ 向下滚动页面，可以看到图像轮播组件下方有 3 个链接，如图 9-51 所示。

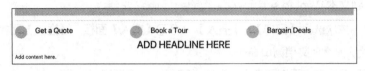

图 9-51

❸ 选择第一个占位图像。

在【实时视图】下，Dreamweaver 不允许你改动页面中的任意一部分，但你可以在【设计】视图或【代码】视图下编辑模板。

❹ 切换到【设计】视图。

在【设计】视图下滚动一下页面，才能看到图像轮播组件下方的 3 个链接。

❺ 选择第一个占位图像（属于 Get a Quote 链接）。

在【设计】视图下，占位图像是方形的，不是圆形的。圆形是由 border-radius 这个高级 CSS 属性控制的，而在【设计】视图下，这个属性不受支持。

在【设计】视图下，可以把占位图像换掉。

❻ 双击占位图像，打开【选择图像源文件】对话框。

❼ 在【选择图像源文件】对话框中，选择 quote.jpg，单击【确定】或【打开】按钮，如图 9-52 所示。

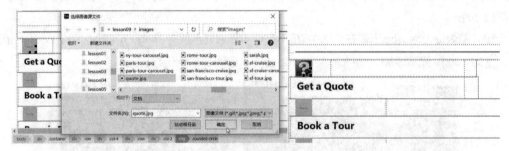

图 9-52

此时，quote.jpg 图像替换掉占位图像。当然，你还可以在【属性】面板中选择一个图像，用来替换占位图像。

❽ 选择第二个占位图像。

在【属性】面板中，单击【Src】文本框右侧的【浏览文件】图标。

❾ 在【选择图像源文件】对话框中，选择 book.jpg，单击【确定】或【打开】按钮，如图 9-53 所示。

图 9-53

此时，book.jpg 图像替换掉占位图像。另外，你还可以在【代码】视图下插入图像。

⑩ 选择第三个占位图像。

⑪ 切换到【拆分】视图。

在【代码】视图中，占位图像对应的代码（<img> 元素）高亮显示。请注意，<img> 元素的 src
属性指向的是 ../images/40X40.gif。第 4 课讲过【代码】视图有助于我们预览资源和编写代码。

⑫ 在【代码】视图中，把光标移动到 40X40.gif 上，如图 9-54 所示。

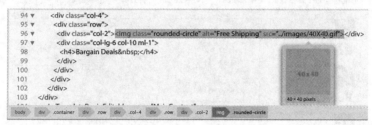

图 9-54

此时，光标下方显示出占位图像的预览图。

⑬ 在【代码】视图中，选择并删除 40X40.gif。

⑭ 输入 bar，如图 9-55 所示。

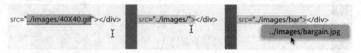

图 9-55

当你输入时，代码提示会主动显示相匹配的图像文件名。当匹配到你要使用的图像时，你既可以
继续把文件名称（bargain）输完，也可以直接按 Enter 键或 Return 键，让 Dreamweaver 自动补全。

⑮ 按 Enter 键或 Return 键，结束输入。

此时，Dreamweaver 把匹配到的图像名称（bargain.jpg）填入 src 属性中。

⑯ 在【代码】视图中，把光标移动到 bargain.jpg 上，如图 9-56 所示。

图 9-56

此时，光标下方显示出图像的预览图。到这里，3 个占位图像就全部替换好了。但当前这些图像
仍然是方形的。

⑰ 切换到【实时视图】，如图 9-57 所示。

图 9-57

此时，在链接区域下，你可以看到已经替换好的 3 个图标。而且 3 个图标也变成了圆形，这是因为【实时视图】支持 CSS 高级属性。最后还要更新所有子页面。请记住，模板命令只在【设计】视图或【代码】视图下，或者不打开任何文件时有效。

⑱ 切换回【设计】视图。在菜单栏中依次选择【文件】>【保存】，弹出【更新模板文件】对话框，其中列出了所有待更新的子页面，如图 9-58 所示。

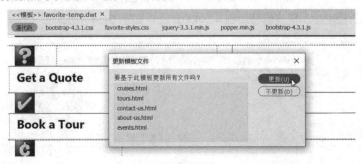

图 9-58

⑲ 单击【更新】按钮，弹出【更新页面】对话框，如图 9-59 所示。

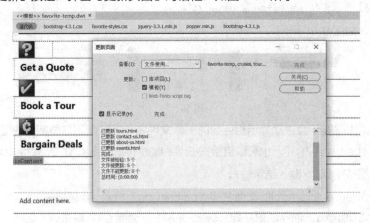

图 9-59

勾选【显示记录】复选框，可显示更新过程。更新成功后，所有子页面都会显示已更新。观察文档选项卡，你会看到当前打开的 3 个页面的名称右侧都有一个星号，这表示这些页面已经被更新，但是当前尚未保存。

⑳ 关闭【更新页面】对话框。在文档选项卡栏中单击 contact-us.html，检查该页面中的链接区域。此时，链接区域中已经出现了 3 个圆形图标。

㉑ 依次打开 about-us.html、events.html 两个页面，分别检查它们的链接区域。

3 个页面全部得到更新。不过，在不含图像轮播组件的页面中，链接区域与页头区域挨得太近了。为了在两者之间留出一些间隙，可以在链接区域上添加 .mt-4 这个 Bootstrap 类。但是，由于链接区域不在可编辑区域中，所以必须在模板文件中添加 .mt-4 类。

9.12　在模板中添加 CSS 类

在不含图像轮播组件的页面中，链接区域与页头区域紧贴着，下面在两者之间添加一点间隙。前面制作其他页面时，也遇到过类似的问题，当时使用 Bootstrap 的 .mt-4 类解决了这个问题。其实，每次新建页面都会碰到这个问题，为此最好在模板中就把这个问题解决掉。

接下来在模板中向链接区域和内容区域添加 .mt-4 类。

① 打开 favorite-temp.dwt 文件，滚动页面，找到图像轮播组件。

当前应该是在【实时视图】下。如果你无法在文档窗口中直接选择元素，请使用【DOM】面板选择。

② 单击图像轮播组件。

此时，元素显示框中显示的应该是某个占位图像。

③ 在菜单栏中依次选择【窗口】>【DOM】，打开
【DOM】面板。若在第 2 步中你能选择图像轮播组件，
则当前应该有一个占位图像处于高亮显示状态。若不能，
则可以使用【DOM】面板找到图像轮播组件。图像轮播
组件位于 mmtemplate:if 元素之中。

④ 在【DOM】面板中，展开 mmtemplate:if 元素，
如图 9-60 所示。

这个元素中有一个 mmtemplate:editable 元素。

⑤ 展开 mmtemplate:editable 元素（可编辑区域）。
这个元素的第一个子元素是 div.container.mt-3。

⑥ 在【DOM】面板中，单击 div.container .mt-3，
如图 9-61 所示。

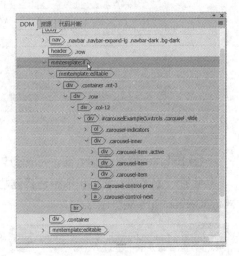

图 9-60

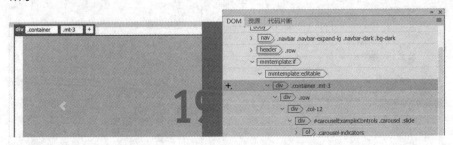

图 9-61

此时，元素显示框中显示的是 div.container .mt-3。这个元素上已经添加好了 .mt-3 类，接下来继续处理内容区域。

⑦ 折叠 mmtemplate:if 元素，紧接其下的一个元素是 div.container。

⑧ 在【DOM】面板中，单击 div.container，如图 9-62 所示。

图 9-62

此时，元素显示框中显示的是 div.container，它对应着链接区域，目前尚未添加任何 Bootstrap 类。

❾ 在【DOM】面板中，双击 .container 类。

❿ 把光标放到现有类之后，按空格键插入一个空格，然后输入 .mt-4，如图 9-63 所示。

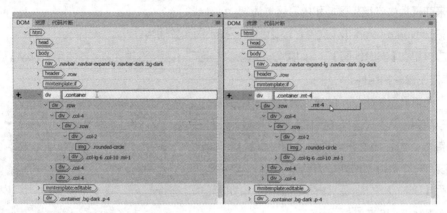

图 9-63

⓫ 按 Enter 键或 Return 键，完成修改。

此时，【DOM】面板和标签选择器栏中显示的是 div.container .mt-4。接下来的 3 个区域属于 MainContent 可编辑区域。

💡 注意　【DOM】面板中显示了两个 mmtemplate 元素，请务必选择注释着 editable（可编辑）的那一个。

⓬ 展开 mmtemplate:editable 与 main.wrapper 元素，如图 9-64 所示。

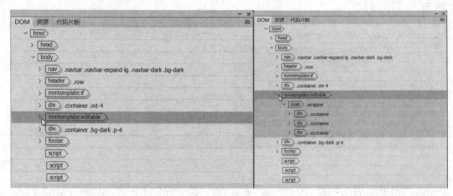

图 9-64

展开可编辑区域后，你会看到 3 个内容区域。

接下来向 3 个内容区域添加 .mt-4 类。

⓭ 向 3 个 div.container 添加 .mt-4 类，如图 9-65 所示。

图 9-65

⑭ 在菜单栏中依次选择【文件】>【保存】，弹出【更新模板文件】对话框，其中列出了所有待更新的子页面。

⑮ 单击【更新】按钮，弹出【更新页面】对话框，如图 9-66 所示。

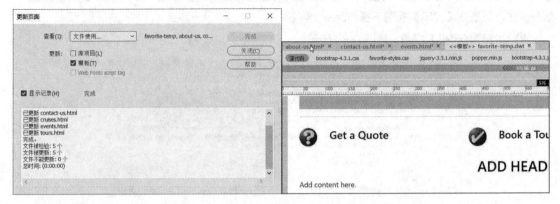

图 9-66

此时，5 个子页面成功更新。在文档选项卡栏中，只有 favorite-temp.dwt 名称旁边没有出现星号。

第 7 课中讲过，保存模板时，只会更新页面中锁定的区域。若更新前某个可编辑的内容区域没有添加 .mt-3 类，则更新后仍然不会有。但是，若在模板中添加了 .mt-3 类，则从现在开始基于模板创建的所有子页面都会拥有这个类。

⑯ 在菜单栏中依次选择【文件】>【保存全部】，此时，所有文档名称旁边的星号都会消失。

⑰ 在菜单栏中依次选择【文件】>【全部关闭】。

接下来向图像轮播组件添加图像。

9.13 向图像轮播组件添加图像

当前，网站中有两个页面包含图像轮播组件。接下来介绍如何向图像轮播组件中添加图像。

❶ 打开 tours.html 页面，进入【实时视图】。确保文档窗口宽度不小于 1200 像素。

这个页面中包含一个图像轮播组件和 9 段旅游描述。在【实时视图】下，可以看到图像轮播组件不断有占位图像从右往左滑入屏幕，替换掉上一个占位图像。请注意，每个图像上还带有一些文本。

❷ 单击图像轮播组件，如图 9-67 所示。

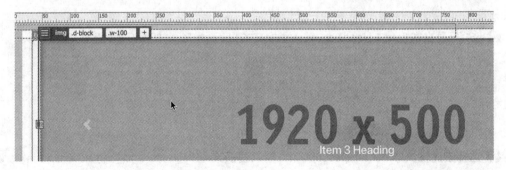

图 9-67

图像轮播组件处于可编辑的可选区域中，我们可以选中它。单击的位置不同，当前元素显示框中显示的可能是某个占位图像，也可能是组件的某一部分。

前面介绍了如何在【实时视图】下插入图像，但是在图像轮播组件中插入图像不是一件容易的事，这个过程中会遇到一些棘手的问题，例如如何选择和替换移动的对象。虽然你可以在【实时视图】下展开操作，但是在【代码】视图下操作起来更容易。

❸ 切换到【代码】视图，如图 9-68 所示。

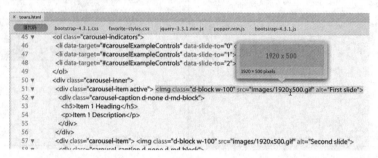

图 9-68

Dreamweaver 把你选择的元素高亮显示出来。图像轮播组件中包含 3 个占位图像，它们是轮换显示的，你刚才选中的是 3 个占位图像中的某一个。在 <div class="carousel-inner"> 元素中，找到第一个 <img> 元素（大约在第 51 行）。观察图像名称，你会发现所有占位图像用的都是同一个图像——1920×500.gif。接下来用不同的图像替换它们。

❹ 选择 1920×500.gif，输入 london，如图 9-69 所示。

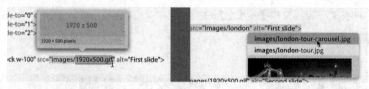

图 9-69

随着你的输入，提示菜单中会显示相匹配的图像文件名。同时在图像名称上方或下方显示图像缩览图。

💡 提示　当提示菜单中列出多个图像文件名时，按向上或向下箭头键，可预览不同图像。

❺ 在提示菜单中选择 london-tour-carousel.jpg。

此时，london-tour-carousel.jpg 图像替换掉占位图像。但原来的标题和描述性文本还存在，需要修改一下。

❻ 选择标题文本 Item 1 Heading，输入替换文本 London Tea，如图 9-70 所示。

图 9-70

❼ 选择描述性文本 Item 1 Description，输入替换文本 High tea and high adventure in London towne，如图 9-71 所示。

```
50 ▼       <div class="carousel-inner">                          50 ▼        <div class="carousel-inner">
51 ▼         <div class="carousel-item active"> <img class="d-block   51 ▼          <div class="carousel-item active"> <img class="d-block w-
52 ▼           <div class="carousel-caption d-none d-md-block">     52 ▼            <div class="carousel-caption d-none d-md-block">
53              <h5>London Tea</h5>                               53               <h5>London Tea</h5>
54              <p>Item 1 Description</p>                          54               <p>High tea and high adventure in London towne </p>
55            </div>                                               55            </div>
```

图 9-71

到这里，第一个轮换元素就制作好了。

⑧ 找到第二个占位图像，大约在第 57 行。

⑨ 把 1920x500.gif 图像替换成 venice-tour-carousel.jpg 图像。

⑩ 把 Item 2 Heading 替换成 Back Canal Venice，把 Item 2 Description 替换成 Come see a different side of Venice，如图 9-72 所示。

```
57 ▼         <div class="carousel-item"> <img class="d-block w-100" src="images/venice-tour-carousel.jpg"
58 ▼           <div class="carousel-caption d-none d-md-block">
59              <h5>Back Canal Venice</h5>
60              <p>Come see a different side of Venice</p>
61            </div>
```

图 9-72

这样，第二个轮换元素就完成了。

⑪ 找到第三个占位图像，大约在第 63 行。

⑫ 把 1920x500.gif 图像替换成 ny-tour-carousel.jpg 图像，把 Item 3 Heading 替换成 New York Times，把 Item 3 Description 替换成 You've never seen this side of the Big Apple。

到这里，所有占位图像全部替换完成。接下来浏览一下效果。

⑬ 保存页面。

⑭ 切换到【实时视图】，确保文档窗口宽度不小于 1200 像素。观察图像轮播组件，如图 9-73 所示。

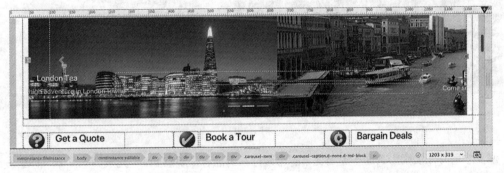

图 9-73

3 个图像依次从右向左滑入屏幕中，短暂停留之后，向左滑出，被下一个图像替换。3 个图像的效果已经很不错了，但是标题和描述性文本的存在感有点弱，在背景图像上凸显不出来。接下来把它们再强调一下。

9.14　向图像轮播组件中的文本添加样式

当前，图像轮播组件中各个图像上的标题和描述性文本难以识读。下面自定义一些 CSS 样式，把它们添加到文本上，让文本从背景图像上凸显出来。

① 打开 tours.html 页面，进入【实时视图】。确保文档窗口宽度不小于 1200 像素。

② 在图像轮播组件的某个图像上，选择标题文本。

此时，元素显示框中显示的是 <h5> 元素。由于所有标题都是 <h5> 元素，所以可以从中任选一个，为所有标题添加样式。下面先检查一下是不是已经存在控制 <h5> 元素样式的规则。

③ 在【CSS 设计器】面板中，选择【当前】模式。在【选择器】窗格中浏览各条规则，查找是否存在控制这些标题（<h5> 元素）样式的规则。

经过查找，发现有 3 条控制 <h5> 元素样式的规则。但是，这几条规则在图像轮播组件中起不到凸显文本的作用。为此，你需要自己在 .carousel-caption 规则中添加控制轮播图像上文本的样式的属性。

④ 在【CSS 设计器】面板中，选择【全部】模式。

⑤ 在【源】窗格中，选择 favorite-styles.css。在【选择器】窗格中，单击【添加选择器】图标。

此时，【选择器】窗格中出现一个针对轮播标题元素的新选择器，但是它并不是我们想要的。

⑥ 把选择器名称修改为 .carousel-caption，按 Enter 键或 Return 键，使修改生效。

> 💡 提示　除非你知道其他类的用途，否则不建议你在选择器中使用它们。若保留它们，则很可能会在无意间改动其他元素的样式。

⑦ 在 .carousel-caption 中，添加如下属性（见图 9-74）：

```
font-size: 130%
font-weight: 700
text-shadow: rgba(0, 0, 0, 0.8)
```

图 9-74

增大字号并添加阴影有助于提高文本的可读性。请注意，观察 <h5> 元素中的文本，你会发现，它们其实并没有变大。这表示有另外一条规则覆盖了新样式。为此，可以单独定义一条针对 <h5> 元素的规则来解决这个问题。

⑧ 新建一条规则：.carousel-caption h5。

⑨ 在 .carousel-caption h5 规则中，添加如下属性（见图 9-75）：

```
font-size: 130%
font-weight: 700
```

此时，标题文本字号变大，并且加粗了，可读性更好了。

⑩ 在菜单栏中依次选择【文件】>【保存所有相关文件】。

图 9-75

前面介绍了多种在页面中插入图像与处理图像的方法。接下来做个练习，把这些方法综合运用一下。

9.15　在子页面中插入图像

前面介绍了如何在【实时视图】、【设计】视图和【代码】视图中替换占位图像和插入图像。接下来综合运用前面介绍的各种方法替换掉 tours.html、cruises.html 两个页面中的剩余占位图像。

❶ 打开 tours.html 页面，进入【实时视图】。确保文档窗口宽度不小于 1200 像素。

这个页面中的 9 段旅游描述里各有一个占位图像。

❷ 使用前面介绍的任意一种方法，按如下指示替换占位图像（见图 9-76）：

London Tea: london-tour.jpg

French Bread: paris-tour.jpg

When in Rome: rome-tour.jpg

Chicago Blues: chicago-tour.jpg

Dreams of Florence: florence-tour.jpg

Back Canal Venice: venice-tour.jpg

New York Times: nyc-tour.jpg

San Francisco Days: sf-tour.jpg

Normandy Landings: normandy-tour.jpg

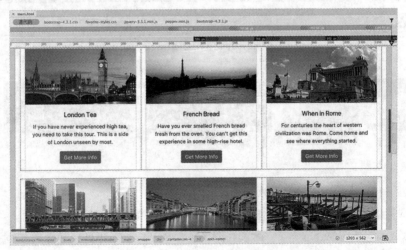

图 9-76

这样，页面中的所有占位图像就替换好了。

❸ 在菜单栏中依次选择【文件】>【保存全部】，然后关闭页面。

❹ 打开 cruises.html 页面，进入【实时视图】。确保文档窗口宽度不小于 1200 像素。

这个页面中包含一个图像轮播组件和 3 个邮轮旅游说明。

❺ 对 Item 1（图像轮播组件的第一屏）做如下修改。

Item 1 图像：sf-cruise-carousel.jpg。

Item 1 标题文本：Coastal California。

Item 1 描述文本：Monterey to San Francisco, nuff said!。

❻ 对 Item 2（第二屏）做如下修改。

Item 2 图像：ny-cruise-carousel.jpg。

Item 2 标题文本：Beans to Big Apples。

Item 2 描述文本：Come see a new perspective of Boston and New York。

❼ 对 Item 3（第三屏）做如下修改。

Item 3 图像：miami-cruise-carousel.jpg。

Item 3 标题文本：Southern Charm。

Item 3 描述文本：Breathtaking views and amazing seafood。

❽ 使用前面介绍的任意一种方法，按如下指示替换占位图像（见图 9-77）：

```
Coastal California: sf-cruise.jpg
Beans and Big Apples: nyc-cruise.jpg
Southern Charm: jacksonville-cruise.jpg
```

图 9-77

到这里，所有占位图像和文本就替换好了。

❾ 在菜单栏中依次选择【文件】>【保存全部】，关闭页面。

至此，本课内容就全部介绍完了。本课介绍了在 Dreamweaver 中处理图像的多种方法，包括向页面中插入图像、替换占位图像，以及如何让图像根据不同屏幕尺寸调整自身尺寸。

9.16 复习题

① 决定栅格图像质量的 3 个要素是什么？

② 哪些格式的图像特别适合用在网页中？

③ 请说出两种以上在 Dreamweaver 中向页面中插入图像的方法。

④ 判断正误：在 Dreamweaver 中无法直接插入 Photoshop 文件。

⑤ 对于已经插入 Dreamweaver 中的图像，如何调整它们的尺寸？

9.17 答案

① 决定栅格图像质量的 3 个要素是分辨率、尺寸、颜色。

② 适合在网页中使用的图像格式有 GIF、JPEG、PNG、SVG。

③ 在 Dreamweaver 中，向网页中插入图像时，你可以使用【插入】面板，也可以使用【资源】面板中的【插入】命令，还可以从 Photoshop 中复制图像粘贴到网页中。

④ 正确。Dreamweaver 不再支持直接把 Photoshop 文件插入网页中，但是你可以使用【Extract】面板基于 Photoshop 文件创建 Web 兼容图像。

⑤ 对于已经插入 Dreamweaver 中的图像，若想调整图像尺寸，请使用鼠标右键单击图像，在快捷菜单中依次选择【编辑以】>【Adobe Photoshop 2022】，在 Photoshop 中打开图像，并调整图像尺寸，然后保存图像。此时，插入 Dreamweaver 中的图像将自动更新。

第 10 课

创建链接

课程概览

本课主要讲解以下内容。

- 创建指向同一个网站内另外一个页面的文本链接
- 创建指向另外一个网站中某一个页面的文本链接
- 创建电子邮件链接
- 创建图像链接
- 创建指向页面中某个位置的链接

学习本课大约需要 **2.5** 小时

在 Dreamweaver 中，我们能够轻松、灵活地创建和编辑多种类型的链接，包括基于文本的链接和基于图像的链接。

10.1 关于超链接

没有超链接，万维网（即通常所说的互联网）就不复存在。没有超链接，HTML（超文本标记语言）就只能是 ML（标记语言）。这里的"超文本"指的就是超链接的功能。那么，什么是超链接呢？

超链接（或简称"链接"）是一个基于 HTML 的引用，它指向互联网上或托管 Web 文件的计算机内部的一个可用资源，如图 10-1 所示。这里说的"资源"指的是任意一种可以由计算机存储和显示的东西，例如网页、图像、电影、音频文件、PDF 等。事实上，几乎任意一种计算机文件都可以称为"资源"。超链接创建了一个由 HTML 和 CSS 或所用编程语言指定的互动行为，并由浏览器或其他应用程序启用。

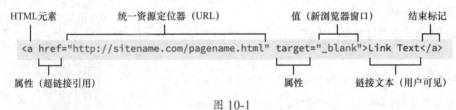

图 10-1

一个 HTML 超链接由 <a> 元素和若干属性组成。

10.1.1 站内链接与站外链接

站内链接是最简单的超链接，单击它可以切换到同一个页面中的不同位置或者另外一个页面（位于站点服务器下同一个文件夹或硬盘中）。单击站外链接可以切换到你的硬盘、站点、Web 主机之外的某个页面或资源。

站内链接和站外链接的工作方式不一样，但是有一个共同点，即它们都是在 HTML 中使用锚点元素（<a>）定义的。这个元素指定超链接的目标地址，然后使用几个属性指定超链接的工作方式。接下来会介绍如何创建和修改 <a> 元素。

10.1.2 相对链接和绝对链接

根据目标资源路径的写法，超链接可以分为相对链接和绝对链接两类。在引用某个资源时，若使用相对路径（即资源相对于当前目录的路径）来引用，则这个链接就是相对链接。这就像告诉一个朋友你住在蓝色房子的隔壁一样。当你的朋友开车来找你时，一旦她看见了那座蓝色房子，也就知道你住在哪里了。但这个过程中，你并没有告诉她如何找到你家，甚至连如何找到蓝色房子也没说。相对链接中一定包含资源名称，或许还包含资源所在的文件夹，例如 tours.html 或 content/tours.html。

有时候，超链接需要准确指出资源所在的位置，也就是资源的绝对路径。使用绝对路径引用资源的链接就是绝对链接。这就像你直接告诉朋友你住在哪座城市哪条街道几号一样。引用站外资源时，一般使用绝对地址。绝对链接中包含完整的统一资源定位符（URL），有时还包含一个文件名，或者站内某个文件夹。

两种链接各有优缺点。相对链接写起来更快、更容易，但是当所在页面位置发生变化（例如移动到了另外一个文件夹）时，它们将无法正常工作。而绝对链接，不论你把包含它们的页面保存到什么地方，它们都能正常工作，但是如果目标资源的位置发生了变化或者名称变了，它们也会失效。大多数网页设计师都遵守一个简单原则：引用站内资源时，使用相对链接；引用站外资源时，使用绝对链接。

不管你是否遵守这个原则，发布网页或站点之前，请一定先测试好，然后随时跟踪链接，确保它们能够正常工作。

10.2 预览最终页面

> **注意** 学习本课内容之前，请先确保本课的项目文件已经下载到你的计算机中，然后基于 lesson10 文件夹新建一个站点。

下面先预览一下最终页面，了解一下本课要做什么。

❶ 启动 Dreamweaver 2022。

❷ 按 F8 键，打开【文件】面板，在站点列表中选择 lesson10。

❸ 在【文件】面板中，展开 lesson10 文件夹。

❹ 进入 finished 文件夹，使用鼠标右键单击 aboutus-finished.html，在快捷菜单中选择【在浏览器中打开】，选择你喜欢用的浏览器，如图 10-2 所示。

此时，aboutus-finished.html 页面在你选择的浏览器中打开，页面导航菜单中只包含站内链接。

❺ 依次把鼠标指针移动到各个导航菜单上，检查每个导航菜单的行为，如图 10-3 所示。

这些导航菜单都是在第 6 课中创建和格式化的，几乎完全一样，只有很少不同。

❻ 单击 Tours 链接，如图 10-4 所示。

此时，浏览器加载并打开 Tours 页面。

图 10-2

图 10-3

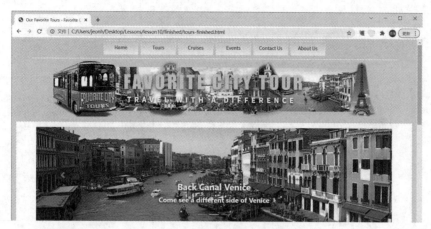

图 10-4

💡提示 大多数浏览器都会在底部的状态栏中显示超链接的目标地址。但有些浏览器在默认设置下状态栏是关闭的。

❼ 把鼠标指针移动到 Contact Us 链接上。

仔细观察浏览器，看一下屏幕的什么位置会显示目标地址。

一般来说，浏览器会在状态栏中显示链接的目标地址。

❽ 单击 Contact Us 链接，如图 10-5 所示。

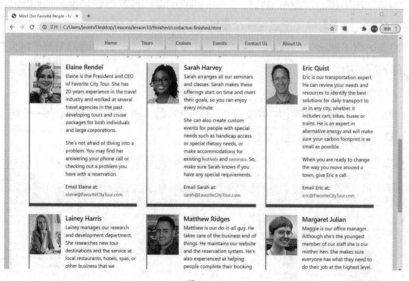

图 10-5

此时，浏览器跳转到 Contact Us 页面。在打开的 Contact Us 页面中，包含站内链接、站外链接和电子邮件链接。

❾ 在主内容区域的第二段文字中，把鼠标指针移动到 Meredien 文本上，观察状态栏中显示的内容。

状态栏中显示的是一个 Google 地图链接，如图 10-6 所示。

💡注意 你看到的 Google 地图链接可能和图 10-6 中的不一样。

图 10-6

❿ 单击 Meredien 链接。

此时，打开一个新的浏览器窗口，并加载 Google 地图。这个链接用来向访客显示 Meredien Fa-vorite City Tour Association 办公室的位置。若有必要，你甚至还可以在这个链接中加上详细地址和公司名称，使 Google 加载出更准确的地址和路线图。

请注意，当你单击链接时，浏览器会打开一个独立的窗口或文档选项卡。在你把访客导向站外资源时，最好也这样做。由于目标页面是在一个单独的窗口中打开的，所以你的网站仍然处于打开状态，且随时可用。如果访客不熟悉你的网站，这样做是非常有必要的，因为他们离开你的网站之后可能不知道如何回到你的网站中。

⓫ 关闭 Goolge 地图窗口。

此时，Contact Us 页面在浏览器中仍处于打开状态。每个员工简介中都留有一个电子邮件地址。

⓬ 单击任意一个电子邮件地址，如图 10-7 所示。

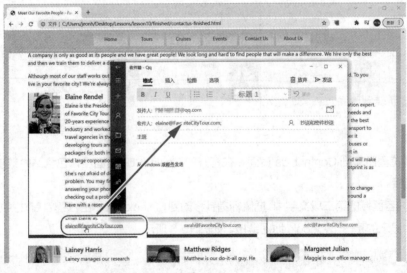

图 10-7

注意 许多访客的计算机中都没有安装电子邮件程序。他们大多使用在线电子邮箱，例如 AOL、Gmail、Hotmail 等。这些访客在单击电子邮件地址时，电子邮箱将无法正常工作。因此，你最好在页面中创建一个邮件表格，这样当访客填写好邮件并单击【发送】按钮后，邮件会经由你自己的服务器发送给你。

此时，安装在你的计算机中的默认电子邮件程序就会启动。如果你还没有用于收发邮件的账户，电子邮件程序就会启动一个向导，引导你一步一步添加好账户。当你添加好账户之后，你会看到一个编写电子邮件的窗口，并在【发送到】字段中自动填入了你在页面中单击的那个电子邮件地址。

⓭ 关闭电子邮件窗口，退出电子邮件程序。

⓮ 向下滚动页面至页脚。

滚动页面的过程中，你会发现导航菜单始终显示在页面顶部。

⓯ 单击 Events 链接。

此时，浏览器会加载并打开 Fun Festivals and Seminars 页面。这个页面中主要包含两个表格，其中列出了节日与研讨会的日程。当你滚动页面时，导航菜单始终显示在页面顶部。

⓰ 把鼠标指针移动到 Seminars 链接上，该链接位于 2022 INTERNATION AL FESTIVAL SCHEDULE 表格上方的文字段落中，如图 10-8 所示。

图 10-8

此时，状态栏中显示出 Seminars 链接指向的位置（2022 INTERNATION AL FESTIVAL SCHEDULE 表格）。

⓱ 在第一段文本中，单击 Seminars 链接。

浏览器会跳转到页面底部第二个表格处，里面列出的是研讨会的日程，如图 10-9 所示。

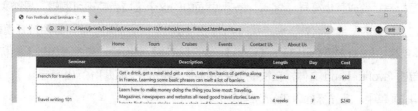

图 10-9

⓲ 单击 Return to top 链接。

向上或向下滚动页面，才能看到 Return to top 链接。单击 Return to top 链接后，浏览器跳转到页面顶部。

⑲ 关闭浏览器，返回 Dreamweaver 中。

上面测试了各种类型的超链接，包括站内链接、站外链接、相对链接和绝对链接。接下来就介绍一下如何创建它们。

10.3　创建站内链接

在 Dreamweaver 中，创建各种类型的超链接很容易。接下来使用多种方法创建基于文本的相对链接，用来链接到站点内的不同页面。在【设计】视图、【实时视图】、【代码】视图下都可以创建链接。

10.3.1　创建相对链接

Dreamweaver 提供了好几种创建与编辑链接的方法。【设计】视图、【实时视图】、【代码】视图 3 种视图都支持创建链接。

❶ 打开位于站点根目录下的 about-us.html 页面，进入【实时视图】。确保文档窗口宽度不小于 1200 像素。

❷ 在导航菜单中，把鼠标指针移动到任意一个菜单项上，观察鼠标指针形状，如图 10-10 所示。

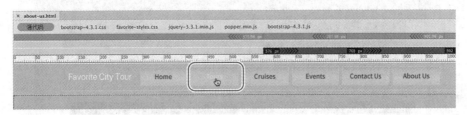

图 10-10

此时，鼠标指针变成一个手形（🖑），表示当前菜单项是一个超链接。事实上，使用常规方法是无法编辑导航菜单中的链接的，你可以在【设计】视图下看到这一点。

> 💡 注意　在【实时视图】下，模板是不可见的。模板只能在【设计】视图与【代码】视图下或者未打开任意文件时才能看到。

❸ 切换到【设计】视图下。

在导航菜单中，再次把鼠标指针放到任意一个菜单项上，如图 10-11 所示。

此时，鼠标指针变成禁止符号（🚫），表示页面中的这个区域当前不可编辑。导航菜单不在可编辑区域中，它是模板的一部分，处于锁定状态。为了向导航菜单添加超链接，必须打开模板文件。

❹ 在菜单栏中依次选择【窗口】>【资源】，在【资源】面板中，单击【模板】图标。然后，使用鼠标右键单击 favorite-temp 文件，在快捷菜单中选择【编辑】，如图 10-12 所示。

❺ 在导航菜单中，把光标插入 Tours 链接中。

在模板中，导航菜单是可编辑的。

❻ 在菜单栏中依次选择【窗口】>【属性】，在【属性】面板中，检查【链接】文本框中的内容，如图 10-13 所示。

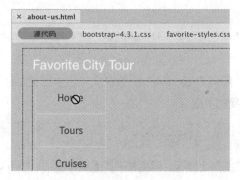

图 10-11

图 10-12

图 10-13

💡 提示　编辑或删除现有超链接时，并不需要选择整个链接，只需要把光标插入链接文本中即可。Dreamweaver 默认修改整个链接。

创建链接时，必须在【属性】面板中选择【HTML】选项卡。此时，【链接】文本框中显示的是一个超链接占位符"#"。

❼ 在【链接】文本框右侧单击【浏览文件】图标，打开【选择文件】对话框。

❽ 转到站点根目录下，选择 tours.html 页面，如图 10-14 所示。

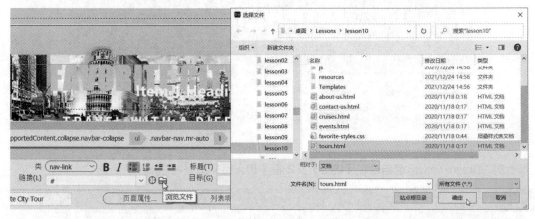

图 10-14

⑨ 单击【确定】或【打开】按钮。

此时，【属性】面板的【链接】文本框中显示的是 ../tours.html。到这里，第一个文本超链接就创建好了。

由于模板文件保存在站点下的一个子文件夹中，所以 Dreamweaver 会在文件名中加上路径 ../，告知浏览器或操作系统在当前目录的父目录下查找链接的页面。

💡 注意　第 5 课中向导航菜单应用了特定样式，所以这里的超链接并没有蓝色下划线。

若子页面保存在某个子文件夹下，则必须在文件名前加上路径。但是若子页面保存在站点根目录下，则无须这样做。当你基于某个模板创建页面时，Dreamweaver 会自动重写链接，并根据需要添加或移除路径。

当然，你也可以在【链接】文本框中手动输入链接的目标页面。

⑩ 把光标插入 Home 链接中。

虽然当前还没有创建主页，但是，你仍然可以在【链接】文本框中手动输入它作为链接的目标页面。

⑪ 在【属性】面板的【链接】文本框中，输入 ../index.html，替换掉井号，然后按 Enter 键或 Return 键，如图 10-15 所示。

像这样，你可以随时手动输入链接的目标页面。但是手动输入容易引发各种错误，导致链接失效。因此，如果链接的目标文件已经存在，那么你可以使用 Dreamweaver 提供的其他交互方式创建链接。

图 10-15

⑫ 把光标插入 Cruises 链接中。

⑬ 在菜单栏中依次选择【窗口】>【文件】，打开【文件】面板。

请确保你能看到【属性】面板，同时也能在【文件】面板中看到目标页面。

⑭ 在【属性】面板中，把【指向文件】图标（⊕）（位于【链接】文本框右侧）拖曳到【文件】面板下的目标页面 cruises.html（位于站点根目录下）上，如图 10-16 所示。

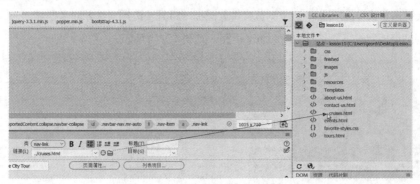

图 10-16

此时，Dreamweaver 会自动在【链接】文本框中填入目标页面名称及路径信息。

💡 提示　若目标页面位于【文件】面板下的某个文件夹中，且文件夹处于折叠状态，请先把【指向文件】图标拖曳到文件夹上，等文件夹自动展开后，再拖曳到目标文件上，释放鼠标。

⓯ 使用前面介绍的方法，为其他菜单项添加链接页面，如下：

```
Events: ../events.html
Contact Us: ../contact-us.html
About Us: ../about-us.html
```

若链接目标是尚未创建的页面，则在指定页面时，必须手动输入才行。如果模板中链接所指的页面位于站点根目录下，则在指定目标页面时，一定要在页面名称前加上路径 ../，这样链接才能被正确解析。另外，当模板应用到子页面时，Dreamweaver 会根据需要自动修改链接。

10.3.2　创建主页链接

大多数网站页面中都有公司 Logo 和名称，这个网站也不例外。Favorite City Tour 公司的 Logo 由一些文本和背景图片组成，位于页头元素中。通常，我们会在这样的 Logo 上创建一个返回主页的链接。实际上，这种做法已经成为事实上的标准。在模板仍处于打开的状态时，我们可以很轻松地向 Favorite City Tour 公司的 Logo 添加链接。

❶ 把光标插入 <header> 元素的 Favorite City Tour 文本中。

每次编辑页面期间，Dreamweaver 都会跟踪你创建的链接。你可以在【属性】面板中访问以前创建的链接。

> 💡 **注意**　创建链接时，你可以选择任意长度的文本，它可以是一个字符，也可以是一大段文字，Dreamweaver 会自动为你选择的文本添加需要的标记。

❷ 选择 h2 标签选择器，在【属性】面板的【链接】下拉列表中，选择 ../index.html，如图 10-17 所示。

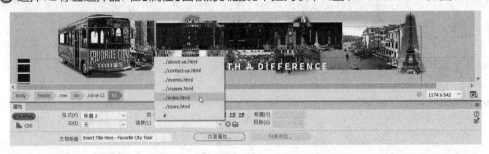

图 10-17

此时，Dreamweaver 会创建一个指向主页的链接。而且，在标签选择器栏中，你也可能看到 <a> 标签了。

同时，Favorite City Tour 文本变成了蓝色。上网时，经常会在页面中看到这种蓝色的链接。蓝色是超链接默认样式的一部分。

第 3 课中提到过有些 HTML 标签带有默认样式。<a> 标签就是其中之一，它拥有一套标准的样式和行为。更多内容，请阅读"超链接伪类"。

有些人希望保留超链接的默认样式，这没问题，但这里还是要用 CSS 修改一下 Logo 文本的颜色，因为蓝色不太和谐。

❸ 在【CSS 设计器】面板中，选择 favorite-styles.css。在【选择器】窗格中，选择规则 header h2。然后创建如下选择器：

```
header h2 a:link, header h2 a:visited
```

这个选择器用来控制链接的"默认"和"已访问"状态的样式。

♀ 提示 你可能需要先在【CSS 设计器】面板中选择【全部】模式,才能看到 favorite-styles.css。

♀ 提示 先选择一条现有规则,Dreamweaver 就会把新规则添加到所选规则之后。这是组织样式表中规则的一种好方法。

超链接伪类

有时 HTML 元素的默认样式非常复杂。例如,<a> 元素(超链接)有 5 种状态(或 5 种完全不同的行为),可以使用 CSS 借助伪类分别控制它们。伪类是 CSS 的一种特性,用来为指定选择器添加样式、特定效果或功能。<a> 标签有如下伪类。

• a:link 用于创建超链接的默认外观和行为。许多情况下,它可以和 CSS 规则中的 a 选择器互换使用。但是 a:link 的优先级更高,当样式表中同时出现两者时,它会覆盖掉优先级低的选择器的样式。

• a:visited 用于控制一个链接被访问之后的样式。但在删除浏览器的缓存或历史后,会恢复成默认样式。

• a:hover 用于控制鼠标指针悬停在链接之上的样式。

• a:active 用于控制单击链接时的样式。

• a:focus 用于控制使用键盘把焦点置于链接上的样式。

使用伪类时,必须按照上面的顺序声明才有效。无论是否在样式表中声明,每个状态都包含一系列的默认样式和行为。

❹ 在规则中添加如下属性(见图 10-18):

```
color: inherit
text-decoration: none
```

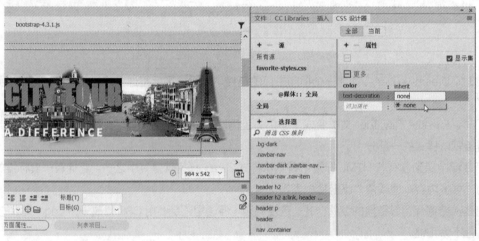

图 10-18

❺ 切换到【实时视图】,如图 10-19 所示。

上面添加的属性会取消超链接的默认样式,把文本恢复成原来的样子。把 color 的值设置成 inherit 后，Dreamweaver 会自动把 header h2 规则指定的颜色应用至文本。也就是说，当 header h2 规则中的颜色发生变化时，超链接也会跟着变化，什么代码都不用加。

图 10-19

> **注意** 虽然在【设计】视图下公司名称仍然为蓝色，但是在【实时视图】和浏览器中，文本会正常显示。

在保存模板之前，还需要创建一个链接并为其添加样式。导航菜单中，公司名称出现在菜单项左侧，它是你使用公司名称自定义的原始 Bootstrap 启动器布局的一部分。

从第 5 课中的网站原型可知，在平板电脑和智能手机中，页头及其内容是隐藏的。在小屏幕上，导航菜单旁边的公司名称会替换掉公司 Logo。在页头元素处于隐藏的状态时，使用平板电脑和智能手机的访客点击公司名称会跳转到公司主页。接下来为公司名称添加主页链接。

⑥ 切换到【设计】视图。

⑦ 选择导航菜单顶部的 Favorite City Tour 文本。

此时，【属性】面板的【链接】文本框中显示的是一个井号。

⑧ 在【属性】面板的【链接】下拉列表中，选择 ../index.html，如图 10-20 所示。

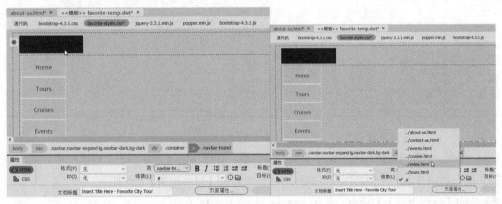

图 10-20

链接创建好之后，还需要做一件事。页头的公司名称是专为平板电脑和智能手机设计的，使用台式机浏览页面时，它不应该显示出来。接下来创建一些样式，使公司名称在使用台式机浏览时隐藏起来。

⑨ 在标签选择器栏中，选择 a .navbar-brand 标签选择器。

⑩ 在【CSS 设计器】面板中，选择 favorite-styles.css。在【选择器】窗格中，单击【添加选择器】图标，按向上箭头键，创建规则 .container .navbar-brand。

⑪ 在新规则中，添加如下属性（见图 10-21）：

```
display: none
```

⑫ 切换到【实时视图】。

此时，在导航菜单左侧就看不见公司名称了。

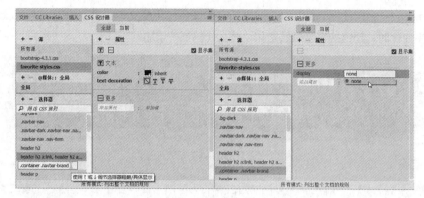

图 10-21

到这里，我们就在模板中创建好了链接并做出了修改。使用模板的目的就是方便更新站点中的页面。

10.3.3　更新子页面中的链接

只要保存一下修改后的模板文件，所有子页面中的链接就会随之更新。

❶ 在菜单栏中依次选择【文件】>【保存】，弹出【更新模板文件】对话框。你可以选择现在更新页面，也可以选择以后更新页面，甚至选择手动更新模板文件。

❷ 单击【更新】按钮，弹出【更新页面】对话框，如图 10-22 所示。

图 10-22

Dreamweaver 将更新所有基于这个模板的子页面。在弹出的【更新页面】对话框中，列出所有更新过的页面。若未显示更新页面列表，请在对话框中勾选【显示记录】复选框。

❸ 关闭【更新页面】对话框。关闭 favorite-temp.dwt 模板文件。

> 💡注意　关闭模板或网页时，Dreamweaver 会询问你是否把更改保存到 favorite-styles.css 中。当遇到这些询问时，一定要选择保存更改，否则你新创建的所有 CSS 规则和属性都会丢失。

此时，Dreamweaver 提示你保存 favorite-styles.css 文件，如图 10-23 所示。

❹ 单击【是】按钮。

当前，about-us.html 页面仍处于打开状态，其名称旁边有一个星号，表示这个网页已经改动过，但尚未保存更改，如图 10-24 所示。

❺ 保存 about-us.html 页面。

图 10-23

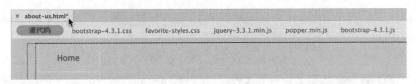

图 10-24

虽然在【实时视图】下可以很方便地预览 HTML 内容和样式，但相比之下，在真实的浏览器中预览的效果会更好。Dreamweaver 提供了一种简便的方法，帮助你在自己喜欢的浏览器中浏览页面。

⑥ 在文档选项卡栏中，使用鼠标右键单击 about-us.html，在快捷菜单中选择【在浏览器中打开】，从中选择你喜欢的浏览器，打开 about-us.html 页面，如图 10-25 所示。

⑦ 在浏览器打开的页面中，把鼠标指针放在 Contract Us 链接上，如图 10-26 所示。

图 10-25

图 10-26

💡注意 在浏览器中，可能需要先做一些设置，才能在浏览器状态栏中显示出目标 URL。

在浏览器左下角的状态栏中，可以看到菜单链接指向的页面。保存模板时，Dreamweaver 会更新页面中的锁定区域，并向导航菜单中添加超链接。更新期间处于关闭状态的子页面也会自动保存。而处于打开状态的页面需要手动保存，否则模板中的更改就得不到应用。

⑧ 单击 Contact Us 链接。

此时，浏览器加载 Contact Us 页面，替换掉 About Us 页面。

💡提示 把页面上传到 Web 服务器之前，一定要全面测试页面中的所有链接。

⑨ 单击 About Us 链接。

此时，浏览器加载 About Us 页面，替换掉 Contact Us 页面。这些链接也会被添加到当时没有打开的页面中。

💡注意 若一个页面在浏览器中处于打开状态，当你修改并保存了这个网页之后，必须在浏览器中重新加载这个页面，你做的修改才能在页面中体现出来。

⑩ 关闭浏览器。

⑪ 关闭 About Us 页面。

到这里，已经介绍了使用【属性】面板创建超链接的 3 种方法：第一种是在【链接】文本框中手动输入链接目标；第二种是使用【浏览文件】命令选择链接目标；第三种是使用【指向文件】命令指定链接目标。

10.4　创建站外链接

前面创建链接时，链接指向的页面都保存在当前网站中。其实，还可以让链接指向网络中的任意一个页面或资源，前提条件是知道目标页面或资源的 URL。

在【实时视图】下创建绝对链接

前面在【设计】视图下创建了所有链接。在创建页面和格式化内容时，经常使用【实时视图】来预览元素的样式与外观。有些创建内容和编辑内容的操作无法在【实时视图】下进行，但是在【实时视图】下创建和编辑超链接完全没问题。接下来就在【实时视图】下为某些文本添加站外链接。

❶ 打开 contact-us.html 页面，进入【实时视图】。确保文档窗口宽度不小于 1200 像素。

先往页面中添加一些文本。

❷ 在【文件】面板中，双击 lesson10\resources 文件夹中的 contact-link.txt 文件，将其打开。

❸ 选择并复制 contact-link.txt 文件中的所有文本。

❹ 返回 contact-us.html 页面中。把光标放入以 A company is only as good as its people 开始的段落中。

❺ 在标签选择器栏中，选择 p 标签选择器。

❻ 在菜单栏中依次选择【插入】>【HTML】>【段落】，如图 10-27 所示。

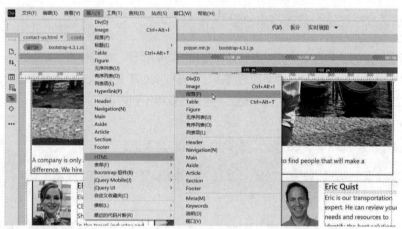

图 10-27

此时，弹出定位辅助面板。

❼ 单击【之后】，Dreamweaver 在页面中插入一个段落元素，里面包含占位文本，如图 10-28 所示。

图 10-28

⑧ 选择占位文本，粘贴第 3 步中复制的文本，如图 10-29 所示。

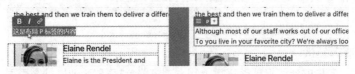

图 10-29

这样，需要的文本段落就添加好了。

⑨ 新添加的文本段落中有一个单词 Meredien。接下来将其链接到 Google 地图网站。

⑩ 打开你常用的浏览器，在地址栏中输入网址，然后按 Enter 键或 Return 键。

💡 提示　这里，你可以使用任意一个搜索引擎或基于 Web 的地图程序。

此时，浏览器窗口中显示出 Goolge 地图。

💡 注意　在某些浏览器中，你可以直接在 URL 栏中输入搜索词。

💡 注意　这里把 Adobe 总部驻地作为 Meredien 这座虚拟城市的地址。当然，你也可以选择其他地址，或者输入其他搜索词。

💡 注意　不同浏览器和搜索引擎中分享地图链接的实现技术不一样，而且会随着时间发生变化。

⑪ 在搜索框中输入 San Jose, CA，按 Enter 键或 Return 键。

此时，San Jose 出现在地图中。在 Google 地图中，有一个设置或分享图标。

⑫ 在地图网站中，打开分享或设置页面。

在你使用的搜索引擎和浏览器中，"分享链接"和"嵌入链接"的页面可能和这里不太一样。Google 地图、MapQuest 和 Bing 网站至少提供两个独立的代码片段：一个在超链接中使用，另一个用来生成可嵌入网站的地图。

请注意，分享链接中包含地图完整的 URL，它是一个绝对链接。使用绝对链接的好处是，你可以把它们复制粘贴到网站中的任意位置，而不用担心链接是否能够得到正确解析。

⑬ 复制链接。

⑭ 返回 Dreamweaver 中，进入【实时视图】，选择单词 Meredien，如图 10-30 所示。

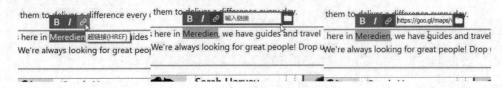

图 10-30

在【实时视图】下，你可以选择整个元素或者把光标插入元素中来编辑、添加文本或应用超链接。当选择一个元素或一部分文本时，就会弹出文本工具栏。借助文本工具栏，你可以向所选文本添加 <strong> 或 <em> 标签，或者应用超链接。

⑮ 在文本工具栏中，单击【超链接】图标，按 Ctrl+V 或 Cmd+V 快捷键，在文本框中粘贴前面复制的地址。然后，按 Enter 键或 Return 键，完成链接的添加。

此时，所选文本（Meredien）呈现超链接的默认样式。

💡 提示　在【实时视图】下，可双击选择文本。

⓰ 保存页面，并在默认浏览器中预览页面。

测试刚刚添加的超链接。

单击超链接后，若你的计算机能够正常上网，浏览器会打开 Goolge 地图页面。但这里浏览器是在当前窗口中打开的 Google 地图，并没有在一个新窗口中打开。为了让浏览器在一个新窗口中打开 Google 地图，需要给 <a> 元素添加一个简单的 HTML 属性。

⓱ 返回 Dreamweaver 中。在【实时视图】下，单击 Meredien 链接。

此时，元素显示框中显示的是 <a> 元素。【属性】面板的【链接】文本框中显示着链接目标。

⓲ 在【属性】面板的【目标】下拉列表中，选择【_blank】，如图 10-31 所示。

在【目标】下拉列表中，你还可以看到其他选项。

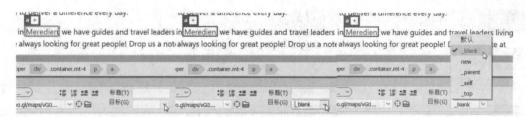

图 10-31

💡 提示　建议你了解一下【目标】下拉列表中的其他选项。在【属性】面板中，你能设置 <a> 元素的 target（目标）属性。

⓳ 保存页面，并在默认浏览器中预览页面，测试文本链接。

此时，单击文本链接，浏览器会打开一个新窗口或选项卡来显示地图。

⓴ 关闭浏览器，返回 Dreamweaver 中。

如你所见，在 Dreamweaver 中，可以很轻松地创建站内链接和站外链接。

<a> 元素的 target 属性

<a> 元素的 target 属性用于指定打开指定页面或资源的方式，有以下 6 种方式。

- 默认：默认不会添加 target 属性。超链接的默认行为是在同一个窗口或选项卡中加载页面或资源。
- _blank：在一个新窗口或选项卡中加载页面或资源。
- new：它是一个 HTML5 值，表示在一个新窗口或选项卡中加载页面或资源。
- _parent：在链接所在框架的父框架或父窗口中加载链接的页面。若链接所在框架没有嵌套，则在整个浏览器窗口中加载链接的页面。
- _self：在与链接相同的框架或窗口中加载链接文档。这是默认的行为，一般不需要明确指定。
- _top：在整个浏览器窗口中加载链接的页面，同时移除所有框架。

上面有几种打开方式是为方便使用框架集而设计的，现在已经过时了。现在唯一需要考虑的是：新页面或资源是否需要替换现有内容或在新窗口中加载。

10.5　创建电子邮件链接

电子邮件链接是另外一种类型的链接，当访客单击它时，它不会把访客带到另外一个页面，而是打开访客计算机中的电子邮件程序。通过单击电子邮件链接，访客能够轻松编写要发给我们的邮件。借助这些邮件，我们就可以收集访客的反馈、产品订单等重要信息，甚至跟访客进行沟通交流。电子邮件链接的代码与普通超链接有点不一样，Dreamweaver 能够自动生成正确的代码。

❶ 打开 contact-us.html 页面，进入【设计】视图。

❷ 选择第二段文本（位于标题 CONTACT FAVORITE CITY TOUR 之下）中的电子邮件地址（info@favoritecitytour.com）。

❸ 在菜单栏中依次选择【插入】>【HTML】>【电子邮件链接】。

> 💡 提示　虽然你可以在【实时视图】下访问【电子邮件链接】菜单，但是它无法正常工作。建议你在【设计】视图或【代码】视图下插入电子邮件链接，你也可以在任意视图下手动创建电子邮件链接。

此时，Dreamweaver 打开【电子邮件链接】对话框，同时自动把你在第 2 步中选择的文本（电子邮件地址）填入【文本】和【电子邮件】文本框中，如图 10-32 所示。

❹ 单击【确定】按钮。在【属性】面板中，检查【链接】文本框中的内容，如图 10-33 所示。

图 10-32

图 10-33

> 💡 提示　选择文本打开【电子邮件链接】对话框后，Dreamweaver 会自动把你选择的文本添加到相应的文本框中。

Dreamweaver 把选择的电子邮件地址填入【链接】文本框中，同时在其前面加上 mailto: 字样，告知浏览器当访客单击该链接时自动启动访客计算机中的默认电子邮件程序。

❺ 保存当前页面，在默认浏览器中打开它，测试电子邮件链接，如图 10-34 所示。

如果你的计算机中安装了默认电子邮件程序，则浏览器会启动电子邮件程序，并将你单击的电子邮件地址作为收件人地址，打开电子邮件编写界面。如果你的计算机中没有安装默认的电子邮件程序，则计算机操作系统会请求你安装一个。

❻ 关闭电子邮件程序、相关对话框，以及向导。返回 Dreamweaver 中。

下面手动创建电子邮件链接。

❼ 选择并复制 Elaine 简介中的电子邮件地址。

❽ 在【属性】面板的【链接】文本框中，输入 mailto:，然后把上一步中复制的电子邮件地址粘贴到冒号之后。按 Enter 键或 Return 键，使修改生效，如图 10-35 所示。

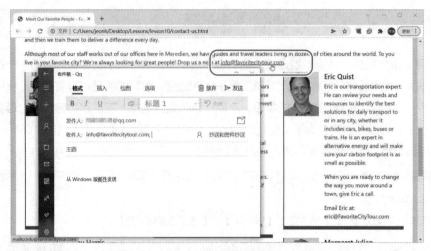

图 10-34

图 10-35

在【实时视图】下，文本 mailto:elaine@FavoriteCityTour.com 出现在文本工具栏中【超链接】图标右侧的文本框中。

> 💡 注意　在 mailto: 之后添加电子邮件地址时，请务必确保冒号和电子邮件地址之间没有空格。

⑨ 保存当前页面。

前面介绍了如何向文本内容添加链接，接下来向图像添加链接。

10.6　创建图像链接

图像链接与其他超链接的工作原理类似，它也可以把访客引导至站内或站外资源。创建图像链接时，你可以在【设计】视图或【代码】视图下使用【插入】菜单，也可以在【实时视图】下使用元素显示框。

10.6.1　使用【元素显示框】创建图像链接

下面使用元素显示框为 Favorite City Tour 公司中的每一名员工的头像分别添加一个电子邮件链接。

❶ 打开 contact-us.html 页面，进入【实时视图】。确保文档窗口宽度不小于 1200 像素。

❷ 在卡片区域中，选择 Elaine 的头像。

此时，元素显示框中显示的是 <img> 元素，图像链接隐藏在快捷属性面板中。

❸ 在元素显示框中，单击左侧的【编辑 HTML 属性】图标。

此时，打开快捷属性面板，里面显示着图像的各个属性，例如 src、alt、link、width、height 等。

❹ 在【link】文本框中单击，若前面复制的电子邮件还在剪贴板中，请输入 mailto:，然后粘贴电子邮件地址。若不在了，请直接在【link】文本框中输入 mailto:elaine@FavoriteCityTour.com，按 Enter 键或 Return 键，再按 Esc 键，关闭快捷属性面板，如图 10-36 所示。

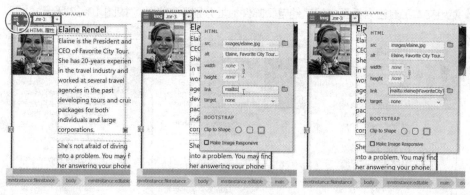

图 10-36

> 💡 注意　以前，带链接的图像默认会有一个蓝色边框。但 HTML5 中已经弃用了这个样式。

单击添加了电子邮件链接的图像时，浏览器会启动访客计算机中的默认电子邮件程序，这与单击添加了电子邮件链接的文本一样。

❺ 选择并复制 Sarah 的电子邮件地址。

重复步骤 2~4，为 Sarah 的头像添加电子邮件链接。

❻ 使用相同的方法为其他员工的头像添加相应的电子邮件链接。

❼ 在浏览器中打开页面，测试每个图像链接。

到这里，contact-us.html 页面中所有图像链接就添加好了。其实，还可以使用文本工具栏为文本添加电子邮件链接。

10.6.2　使用文本工具栏为文本添加电子邮件链接

接下来使用文本工具栏为每一名员工的相应文本添加电子邮件链接。

❶ 打开 contact-us.html 页面，进入【实时视图】。确保文档窗口宽度不小于 1200 像素。

❷ 选择并复制 Sarah 的电子邮件地址。

❸ 双击以编辑包含 Sarah 电子邮件地址的文本段落，选择 Sarah 的电子邮件地址文本。

此时，在所选文本上方出现文本工具栏。

❹ 在文本工具栏中，单击【超链接】图标。

此时，出现链接文本框，其右侧还有一个【浏览文件】图标。若链接目标是站点内的某个文件，你可以单击文件夹图标，然后在【选择文件】对话框中找到目标链接文件。这里要添加的是一个电子邮件链接。

❺ 把光标放入链接文本框中，输入 mailto:，在冒号后面粘贴 Sarah 的电子邮件地址，然后按 Enter 键或 Return 键，如图 10-37 所示。

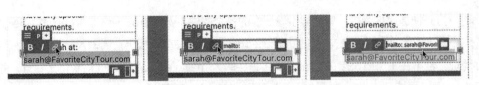

图 10-37

❻ 使用文本工具栏为页面中的其他电子邮件地址分别添加链接，如图 10-38 所示。

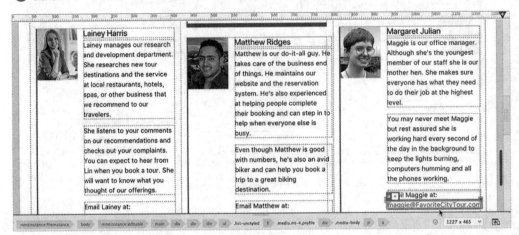

图 10-38

添加好电子邮件链接之后，在某个文档窗口宽度下，你会发现有些电子邮件地址超出了列边界。

一般情况下，当文本超出列边界时，它会换行。但是有些电子邮件地址例外，它们被视作一个长单词，超出边界时不会换行，而且也没有连字符或切实可行的办法可以把电子邮件地址拆分开。解决这个问题的最好方法是，向电子邮件地址应用一个特殊的 CSS 样式。

❼ 把光标插入某个超出列边界的电子邮件地址中。

在标签选择器栏中，选择 a 标签选择器。

此时，元素显示框中显示的是包含所选电子邮件地址的 <a> 元素。

❽ 在【CSS 设计器】面板中，选择【全部】模式。

❾ 在【源】窗格中，选择 favorite-styles.css。在【选择器】窗格中，单击【添加选择器】图标。

此时，【选择器】窗格中出现一个新选择器 .media-body p a。这个选择器只对列表内容区域中的链接起作用。由于员工简介中不再包含其他文本链接，所以这个选择器能够按预期发挥使用。

❿ 按 Enter 键或 Return 键，创建好选择器 .media-body p a。

向 .media-body p a 规则中添加如下属性（见图 10-39）：

`font-size: 90%`

此时，所有电子邮件地址的字号变小。Maggie 的电子邮件地址也不再超出列边界。这个样式应该能暂时解决间距问题。除了在【实时视图】中预览之外，还应该在真实的浏览器中查看样式，确保元素外观符合要求。

图 10-39

⓫ 保存并关闭所有文件。

电子邮件攻击

在页面中添加电子邮件链接大大方便了访客与你进行沟通交流，这个做法表面上看很美好，但其实是一把双刃剑。因为互联网上的一些不法分子和无良公司经常使用一些智能程序或机器人搜索真实的电子邮件地址（或其他个人信息），然后向这些地址发送大量垃圾邮件攻击它们。像上面那样，把普通电子邮件地址直接放在页面上无异于引狼入室。

为了防止垃圾邮件攻击，各个网站使用了各种各样的方法来显示电子邮件地址。例如，有些网站使用图像来显示电子邮件地址，这是因为目前大多数攻击机器人还不认识以像素形式存储的数据；还有些网站会取消超链接属性，并在电子邮件地址之间添加多余的空格，如下：

elaine @ favoritecitytour .com

不过，使用上面两种方法都会给真正的访客带来不便。访客给你发邮件时，均无法直接通过复制粘贴的方式来填写你的电子邮件地址，他们必须手动移除电子邮件地址中多余的空格，或者自己动手输入你的电子邮件地址。不管是哪种情况，这些麻烦的操作都会大大降低他们给你发电子邮件的意愿。

目前，还没有一个万全之策可以阻止不法分子使用电子邮件干坏事。再者，现在在自己的计算机中安装电子邮件程序的访客越来越少了。为了方便访客给你发电子邮件，最好的办法是在页面中嵌入一个邮件表单，当访客在内容输入区域中输入相关内容后，单击发送按钮，这些内容就会自动发送给你。

10.7　把页面元素指定为链接目标

制作网页时，随着添加的内容越来越多，网页变得越来越长，在页面不同部分之间导航的难度也在增加。通常，单击指向某个页面的链接时，浏览器窗口会加载目标页面，并先显示页面顶部。为了方便访客浏览长页面，最好在页面中提供一些导航方法，以帮助访客快速跳到页面对应的区域，这些导航方法对于查看浏览页面中那些距离页面顶部很远的内容十分有帮助。

HTML4.01 提供了两种方法把页面中特定的内容或结构指定为链接目标，一种是命名锚（named anchor），另一种是 id 属性。HTML5 中已经弃用了命名锚这种方法，提倡使用 id 属性。如果你的网站中已经使用了命名锚，也不必担心，它们不会立马失效。不过，从现在开始，建议你只使用 id 属性这一种方法。

10.7.1　使用 id 属性指定页内链接目标

下面使用 id 属性创建页内链接目标。你可以在【实时视图】、【设计】视图、【代码】视图下添加这些 id。

❶ 打开 events.html 页面，进入【实时视图】。确保文档窗口宽度不小于 1200 像素。

❷ 向下滚动页面，找到包含研讨会日程的表格。

当访客向下滚动页面时，导航菜单就会往上移动，并最终消失不见。越往下滚动页面，离页面顶部的导航菜单就越远。如果想再次显示导航菜单，就必须向上拖曳窗口右侧的滚动条或者向上滚动鼠标滚轮。

以前在制作页面的过程中遇到这种情况时，一般都会在页面中添加一个链接，把访客带回页面顶部，以此提升网站访问体验。这种类型的链接就叫作"页内目标链接"。现在，大多数网站采用了一种更简单的方法，那就是直接把导航菜单固定在屏幕顶部。这样，不论你如何滚动页面，总能看见并使用导航菜单。这两种方法接下来都会介绍，下面先介绍如何创建页内目标链接。

页内目标链接包含两部分：链接本身与链接目标。这两部分中，先创建哪一个无关紧要。

❸ 在 2022 SEMINAR SCHEDULE 表格中单击，然后在标签选择器栏中选择包含表格的 section 标签选择器，如图 10-40 所示。

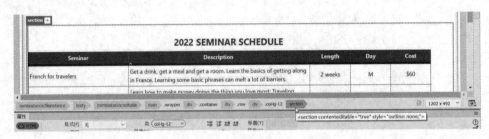

图 10-40

此时，元素显示框中显示的是 <section> 元素。

❹ 打开【插入】面板，在【HTML】类别下，选择【段落】，弹出定位辅助面板。

❺ 单击【之前】，如图 10-41 所示。

图 10-41

此时，所选元素上方出现一个段落元素，里面包含占位文本"这是布局 P 标签的内容"。

❻ 选择占位文本，输入 Return to top，将其替换，如图 10-42 所示。

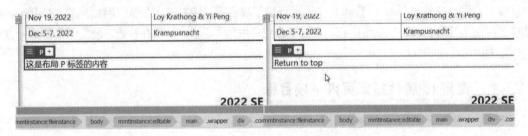

图 10-42

输入的文本被包裹在 <p> 元素中，且位于两个表格之间。为了美观，需要把文本居中对齐。Bootstrap 有一条已经定义好的规则，用于居中对齐文本，前面已经多次将它应用到内容区域的标题上。

❼ 在 <p> 元素的元素显示框上，单击【添加类 /ID】图标。

⑧ 在文本框中输入 .text-center，按 Enter 键或 Return 键，或者从提示菜单中选择 .text-center，如图 10-43 所示。

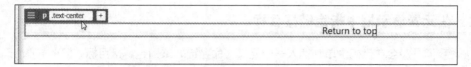

图 10-43

此时，文本 Return to top 在页面中居中对齐。当前，标签选择器栏中显示的是 p.text-center。

⑨ 选择文本 Return to top 所在的 <p> 元素，单击【编辑 HTML 属性】图标，在【链接】文本框中输入 #top，然后按 Enter 键或 Return 键，如图 10-44 所示。

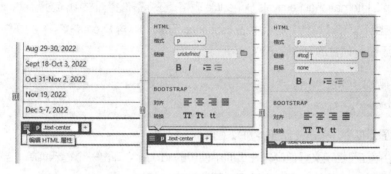

图 10-44

添加好 #top 后，就创建好了一个指向当前页面顶部的链接。#top 是 HTML5 默认提供的一个链接目标。当你使用 # 或 #top 作为链接目标时，浏览器会认为你希望跳到页面顶部，不需要你再添加其他代码。

⑩ 保存所有文件。

⑪ 在浏览器中打开 events.html 页面。

⑫ 向下滚动到 Seminars 表格，单击 Return to top 链接，浏览器会自动跳到页面顶部。你可以复制 Return to top 链接，把它粘贴到你希望拥有这个功能的任意一个网页中。

⑬ 返回 Dreamweaver 中。

单击文本 Return to top，选择包含链接的 p 标签选择器，按 Ctrl+C 或 Cmd+C 快捷键，复制 <p> 元素及其链接。

⑭ 把光标插入 Seminars 表格中，选择 section 标签选择器，按 Ctrl+V 或 Cmd+V 快捷键粘贴，如图 10-45 所示。

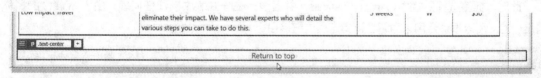

图 10-45

此时，一个新的 <p> 元素和链接出现在页面底部。

💡 注意　粘贴之前，请确保正确选择了包含 Seminars 表格的 section 标签选择器。

⑮ 保存页面，然后在浏览器中打开。测试两个 Return to top 链接。

经过测试，单击两个链接都能顺利跳到页面顶部。接下来介绍如何在元素显示框中指定链接目标。

10.7.2 在元素显示框中指定链接目标

过去，我们一般会在代码中单独插入一个元素（命名锚）来指定链接目标。但在 HTML5 中，一般使用 id 属性来指定链接目标。指定链接目标时，大多数情况下都不需要单独添加一个元素，只需要给链接目标添加上一个 id 属性即可。

接下来使用元素显示框给表格添加 id 属性，将其指定为链接目标。

❶ 打开 events.html 页面，进入【实时视图】。确保文档窗口宽度不小于 1200 像素。

❷ 单击 2022 International Festivals Schedule 表格，在标签选择器栏中，选择 section 标签选择器。

此时，元素显示框和【属性】面板中把 <section> 元素（包含 Events 表格）的属性显示出来。向 <section> 元素添加 id 属性的方法有多种。

💡 提示　事实上，创建超链接时，可以把链接目标指定为任意一个拥有 id 属性的元素。这里使用 id 属性把链接目标指定为 <section> 元素，而非 <table> 元素。

❸ 在元素显示框中，单击【添加类 /ID】图标，输入 #。

若样式表中存在已经定义好但尚未在页面中使用的 id，就会弹出一个提示菜单。当前未弹出提示菜单，表明不存在尚未使用的 id 属性。接下来新建一个 id 属性。

❹ 输入 festivals，然后按 Enter 键或 Return 键，如图 10-46 所示。

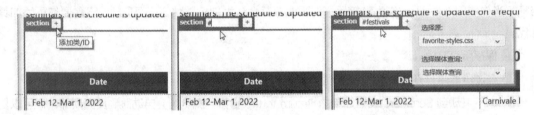

图 10-46

此时，弹出【选择源】对话框。这里并不需要把 id 属性添加到任何一个样式表中。

💡 注意　在向某个元素添加 id 属性时，必须确保 id 属性的名称在整个页面中是唯一的，而且 id 属性的名称是区分大小写的，小心输入错误。

❺ 按 Esc 键，关闭对话框。

此时，标签选择器栏中显示出 #festivals，并且没有在样式表中创建任何项。由于 id 属性的名称是唯一的，所以很适合用来为超链接指定页内链接目标。

💡 注意　这里并不需要为 #festivals 创建一个 CSS 选择器。若不小心创建了一个，则你可以在【CSS 设计器】面板中删除它。

接下来为 Seminars 表格添加一个 id 属性。

❻ 重复步骤 2~5，为包含 Seminars 表格的 <section> 元素添加一个 id 属性（#seminars），如图 10-47 所示。

图 10-47

此时，section 标签选择器上出现 #seminars。

> 💡 **注意** 如果你把 id 属性添加到了错误的元素上，不必惊慌，只要删除它，然后重新添加就好。

⑦ 保存所有文件。

到这里，已经为链接目标添加好了 id 属性。接下来介绍如何把超链接的目标设置为拥有指定 id 属性值的元素。

10.7.3 使用 id 指定链接目标

前面分别向两个表格添加了 id 属性，在超链接中添加相应 id 就可以把访客带到页面相应部分。下面我们在一个页面中分别创建能够直接跳转到这两个表格的超链接。

① 打开 contact-us.html 页面，进入【实时视图】。确保文档窗口宽度不小于 1200 像素。

② 向下滚动页面，找到介绍 Sarah Harvey 的文本。

③ 在第二段文本中，选择单词 festivals。

> 💡 **提示** 双击某个单词，可以直接将其选中。

④ 在文本工具栏中，单击【超链接】图标，输入 events.html，创建一个指向 events.html 页面的文本链接。

单击这个链接，浏览器会打开 events.html 页面。但这还不够，这里希望浏览器直接把访客带到 events.html 页面中的 Festivals 表格处。

⑤ 在刚刚输入的 events.html 之后，紧跟着输入 #festivals，然后按 Enter 键或 Return 键，如图 10-48 所示。

> 💡 **注意** 超链接中不能有空格。请务必确保页面名称之后紧跟着 id 引用，中间千万不要有空格。

图 10-48

到这里，我们就为 festivals 这个单词创建好了指向 events.html 页面中 Festivals 表格的链接。

⑥ 选择单词 seminars，在文本工具栏中单击【超链接】图标，输入 events.html#seminars，按 Enter 键或 Return 键，创建一个指向 events.html 页面中 Seminars 表格的链接，如图 10-49 所示。

图 10-49

⑦ 保存页面，在浏览器中打开页面，测试指向 Festivals 与 Seminars 两个表格的链接。

⑧ 关闭所有文件。

单击页面中的这两个链接，就会跳转到 Events 页面相应的表格处。上面介绍了各种创建站内、站外链接的方法。接下来介绍如何把某个元素固定在屏幕上。

10.8 把某个元素固定在屏幕上

滚动页面时，大多数页面元素都会随着页面一起移动。这是 HTML 的默认行为。但有时候需要把某个页面元素"冻结"起来，使其固定在屏幕上，例如导航菜单。把导航菜单固定在屏幕上之后，无论访客如何滚动页面，它会始终显示在屏幕上，方便访客随时使用里面的菜单项。

前面制作的页面都是基于模板创建的，其中的导航菜单都是不可编辑的。如果需要修改导航菜单，必须在模板中修改。

① 打开 favorite-temp.dwt 文件，进入【实时视图】。确保文档窗口宽度不小于 1200 像素。

导航菜单位于页面顶部，而且随着页面滚动而滚动。

在【实时视图】下，页面非编辑区域中的元素不太好编辑。大多数情况下，在文档窗口中无法直接选择多个元素。但是在【DOM】面板中可以轻而易举地做到。

② 在菜单栏中依次选择【窗口】>【DOM】，打开【DOM】面板，在其中找到 <nav> 元素。

当前，<nav> 元素上已经添加了多个 Bootstrap 类。接下来再为其添加一个类。

③ 双击添加到 <nav> 元素上的类。

④ 把光标移动到类的末端，按空格键插入一个空格，然后输入 .fix。

此时，弹出一个提示菜单，随着你的输入，提示菜单会列出一系列已经定义好且与你的输入相匹配的类。其中，.fixed-bottom 类用于把导航菜单固定到浏览器窗口底部；.fixed-top 类用于把导航菜单固定到浏览器窗口顶部。

⑤ 选择 .fixed-top 类，按 Enter 键或 Return 键，将其添加到 <nav> 元素上，如图 10-50 所示。

添加好 .fixed-top 类之后，<header> 元素移动到导航菜单之下。在【实时视图】下，向下滚动页面时，导航菜单始终位于窗口顶部，在真实的浏览器中也是一样。

这个效果跟我们想要的已经很接近了，但还要做一些调整。虽然导航菜单固定在了浏览器窗口顶部，但是它遮住了一部分页头，接下来解决一下这个问题。添加 .fixed-top 这个 Bootstrap 类之后，导航菜单会脱离整个文档，成为一个独立的对象，漂浮在其他元素之上。

为了恢复页面原来的设计，必须在 <header> 元素之上添加一些间距，把页头往下移动一定距离。要想把页头完整地移动到导航菜单之下，就必须在 header 规则中添加一些上外边距。

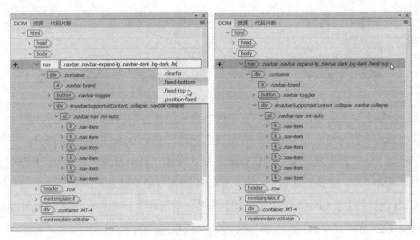

图 10-50

⑥ 在 header 规则中添加如下属性（见图 10-51）：

`margin-top: 2.6em`

图 10-51

此时，<header> 元素往下移动了一些，其中的内容也完整地显示了出来。

> 💡提示　设置菜单和其他控件的尺寸时使用 em 这个单位，可确保访客在使用较大字号浏览页面时，页面结构能做出更好的调整，这是因为 em 是基于字体大小的。

⑦ 保存并更新所有文件。

到这里，整个导航菜单就差不多调好了。但是，它的某些样式有些不协调。接下来调整一下导航菜单的颜色，使其与站点的整体颜色更协调。

10.9　设置导航菜单样式

仔细观察导航菜单，你会发现它的样式有一些问题，尤其是在和菜单项进行交互时，你会明显地察觉到这一点。

❶ 打开 favorite-temp.dwt 文件，进入【实时视图】。确保文档窗口宽度不小于 1200 像素。

❷ 把鼠标指针移动到任意一个菜单项上，观察菜单项的样式，然后移动到另外一个菜单项上，观察有什么变化，如图 10-52 所示。

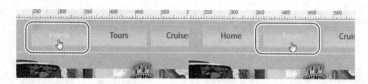

图 10-52

当把鼠标指针置于某个菜单项之上时，文本颜色会从蓝色变成白色，这是由伪类 :hover 指定的。但当前并没有为 :hover 行为创建任何样式，你可以把它看作 Bootstrap 框架的一部分。

第 6 课中定义了一些规则覆盖掉了导航菜单的默认样式。其中有两个样式专门用于控制菜单项和按钮。为了全面调整样式，必须新建两个规则，最简单的创建办法就是直接复制两个现有规则。

❸ 在【CSS 设计器】面板中，选择【全部】模式。在【源】窗格中，选择 favorite-styles.css。

❹ 选择 .navbar-dark .navbar-nav .nav-link 规则，检查规则的属性。

这条规则用于设置文本字体与颜色。当前 :hover 的样式是把文本颜色变成白色，降低了文本可读性。接下来把它改成黑色。

❺ 使用鼠标右键单击 .navbar-dark .navbar-nav .nav-link 规则。

❻ 在快捷菜单中选择【直接复制】。

此时，Dreamweaver 创建出一条一模一样的规则，且当前选择器处于可编辑状态。

❼ 在 .nav-link 类之后单击，输入 :hover，按 Enter 键或 Return 键，如图 10-53 所示。

> 💡 注意　添加伪类时，请直接将其添加到 .nav-link 类之后，中间不要加空格。

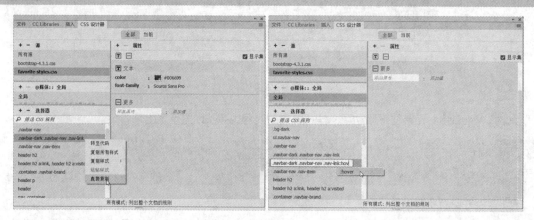

图 10-53

此时，新规则控制的是链接文本的 :hover 状态。

❽ 把颜色属性 color 修改为 #000。然后选择 font-family:Source Sans Pro，单击【删除 CSS 属性】图标（ 🗑 ），将其删除，如图 10-54 所示。

创建伪类时，只需要声明从一个状态变为下一个状态的属性。因此，不需要保留 font-family 属性。

> 💡 提示　若【删除 CSS 属性】图标未显示出来，请把【CSS 设计器】面板的宽度加大一些。

❾ 把鼠标指针移动到任意一个菜单项上，然后移动到下一个菜单项。

此时，链接文本从蓝色变为黑色。这看起来美观多了，但是还可以更生动一点。接下来改变一下背景属性，进一步增强 :hover 效果。

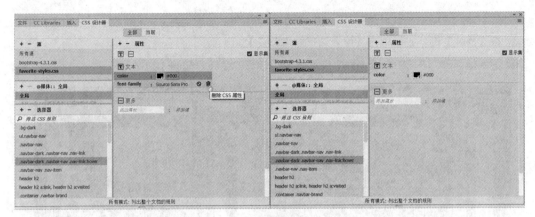

图 10-54

⑩ 使用鼠标右键单击 .navbar-nav .nav-item 规则，在快捷菜单中选择【直接复制】，如图 10-55
所示。

编辑选择器如下：

```
.navbar-nav .nav-item:hover
```

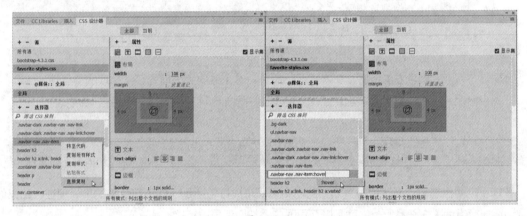

图 10-55

原规则用于为按钮设置样式。其中一个属性用于为背景设置渐变色。反转渐变方向有助于产生更
生动的效果。接下来删除所有多余的属性。

⑪ 在新规则中，删除 width、margin、text-align、border 几个属性，如图 10-56 所示。

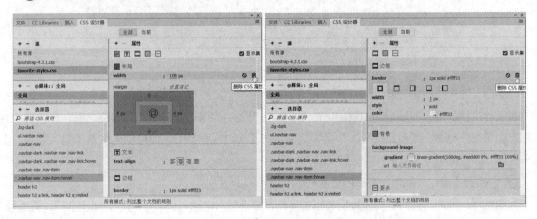

图 10-56

只保留 background-image 属性。

⑫ 在【属性】窗格中，单击【设置背景图像渐变】。

⑬ 把角度更改为 0，按 Enter 键或 Return 键，使更改生效，如图 10-57 所示。

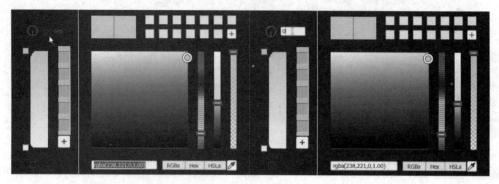

图 10-57

⑭ 把鼠标指针移动到某个菜单项上，如图 10-58 所示。

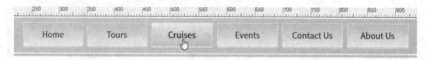

图 10-58

此时，背景渐变颜色发生反转，文本显示为黑色。这个效果大大增强了菜单项的交互性。

在保存模板并更新所有页面之前，还需要向页面中添加一种新型链接：电话号码链接。

10.10　添加电话号码链接

智能手机问世之前，通过单击页面中的电话号码来拨打电话是一件不可想象的事。现在，如果你希望访客拨打电话跟你联系业务，就可以在页面中添加电话号码链接。

接下来介绍如何在页面中添加电话号码链接。

❶ 在模板文件中，向下滚动到页面底部，如图 10-59 所示。

图 10-59

<footer> 元素的地址区域中有公司的电话号码。

有些手机很智能，能够自动识别出电话号码。在页面中为电话号码添加好链接之后，在手机上点击它，即可拨打电话。当前文档是一个模板文件，在【实时视图】下，你可能无法选择电话号码，也无法为其添加链接。

❷ 切换到【设计】视图，选择电话号码。

为电话号码添加链接时，要去掉所有格式字符，准确输入电话号码，中间不要加连字符、圆括号，而且还要添加上国家或地区代码。

❸ 在【属性】面板的【链接】文本框中，输入 tel:14085551212，如图 10-60 所示。

图 10-60

❹ 按 Enter 键或 Return 键。

此时，你在标签选择器栏中会看到一个 <a> 元素。到这里，电话号码链接就添加好了。接下来为最后一个电子邮件地址添加链接。

❺ 选择并复制电子邮件地址 info@favoritecitytour.com。

❻ 使用前面学过的任意一种方法，为所选文本添加电子邮件链接 mailto:info@favoritecity.com。

❼ 保存模板，更新所有页面，关闭【更新页面】对话框。

❽ 关闭模板，保存更改后的 favorite-styles.css 文件。

前面介绍了各种创建链接的方法，介绍了如何格式化导航菜单的交互行为，还介绍了如何把导航菜单固定在浏览器窗口顶部。创建超链接只是第一步，接下来介绍如何测试它们。

10.11 检查页面

使用 Dreamweaver 能够检查某些页面或整个网站，例如，检查页面中是否存在无效 HTML、页面是否可访问，以及页面中是否有损坏的链接。接下来介绍如何检查站点内的链接。

❶ 打开 contact-us.html 页面，进入【实时视图】。

❷ 在菜单栏中依次选择【站点】>【站点选项】>【检查站点范围的链接】，如图 10-61 所示。

图 10-61

此时，打开【链接检查器】面板，其中可列出断掉的链接、孤立的文件、外部链接。发布站点之前，使用这个面板可以找出超链接存在的问题。面板中有多项指出到 index.html 页面的链接是断开的，这是因为当前还没有创建 index.html 页面。不过不用担心，下一课就会创建这个页面，你可以暂时忽略这个错误。

面板中还指出 #top 链接也是断开的。虽然链接能够正常工作，但是由于页面中没有定义这个

id，所以面板将其作为断掉的链接报告了出来。如果你要考虑那些使用旧浏览器的用户，最好在模板中把 #top 添加到 <nav> 元素上。

此外，面板中还指出到 SVG（定义在 Bootstrap 样式表中）的链接也断掉了。【链接检查器】面板还可以找出那些指向外部网站和资源的断链。虽然错误数量不少，但它们都不会影响网站的正常运行。第 11 课将制作主页（index.html），届时指向主页的断链就会得到修复。

> ♡ **注意** 你看到的丢链和断链的类型、数量可能和这里不一样。

❸ 关闭【链接检查器】面板。若【链接检查器】面板当前处于停靠状态，请使用鼠标右键单击【链接检查器】面板的名称，然后在快捷菜单中选择【关闭标签组】。

本课对页面做了大量修改，介绍了很多知识和技术，包括在导航菜单和文本区域中创建链接，把某个页面元素指定为链接目标，以及为页面中的电子邮件、电话号码添加链接。此外，还介绍了如何为图像创建链接，以及如何检查网站中是否有断链。

10.12　添加更多链接

打开 events.html 页面，使用前面学过的方法在表格上方的介绍文字中为 festivals 和 seminars 两个单词添加链接。

请确保每个单词链接到页面中相应的表格上。你知道如何正确地创建这些链接吗？在这个过程中，若遇到任何问题，请查看 lesson10\finished 文件夹中的 events-finished.html 文件来寻求答案。

> ♡ **注意** 请务必在这些链接中添加 target="_blank" 属性。

每个页面底部有 3 个链接，其中包含占位文本 Link Anchor。请打开模板文件，编辑占位符，以便提供创建电子邮件的正确结构。完成后，不要忘记保存模板并更新页面。

10.13 复习题

1 请说出在一个页面中插入链接的两种方法。

2 创建站外链接需要什么信息？

3 普通页面链接和电子邮件链接有什么不同？

4 在把某个页面元素指定为链接目标时，应该为其添加什么属性？

5 电子邮件链接有什么不足？

6 可以为图像添加链接吗？

7 如何检查链接是否能正常工作？

10.14 答案

1 方法一：先选择文本或图形，然后在【属性】面板的【链接】文本框右侧，单击【浏览文件】图标，在【选择文件】对话框中，找到待链接的目标页面。方法二：先选择文本或图形，然后在【属性】面板的【链接】文本框右侧，拖曳【指向文件】图标至【文件】面板中的某个目标文件上。

2 创建站外链接时，必须在【属性】面板或文本工具栏的【链接】文本框中输入或复制粘贴完整的网页地址（一个完整的 URL 包括 http:// 或其他协议）。

3 单击普通页面链接，浏览器会打开一个新页面，或者跳到页面特定的位置。而单击电子邮件链接时，若访客计算机中安装了电子邮件程序，浏览器会自动启动它，并且打开一个电子邮件编写窗口，把收件人的电子邮件地址填入其中。

4 id 属性的值在整个页面中是唯一的，可以用来创建链接目标。

5 大多数访客不习惯使用，也不会在自己的计算机中安装电子邮件程序。这样，当访客单击电子邮件链接时，该链接并不会自动连接到基于互联网的电子邮件服务，这使得电子邮件链接的用处大打折扣。

6 可以。你可以给图像添加链接，方法与给文本添加链接一样。

7 在 Dreamweaver 中，可以使用【链接检查器】面板测试某个页面或整个网站中的所有链接。此外，为了做到万无一失，还应该在浏览器中再检查一遍。

第 11 课

发布站点

课程概览

本课主要讲解以下内容。

- 定义远程站点
- 定义测试服务器
- 上传文件
- 遮盖文件夹和文件
- 更新过时链接

学习本课大约需要 **1** 小时

前面课程主要介绍了如何使用 Dreamweaver 为远程站点设计、开发、创建页面。事实上，Dreamweaver 的功能不止如此，它还提供了许多上传、维护各种规模的站点的强大工具。

11.1   定义远程站点

💡注意 学习本课内容之前,请先确保本课项目文件已经下载到你的计算机中,然后基于它创建一个站点。

使用 Dreamweaver 创建网站时,涉及两种站点:一种站点是本地站点,它位于你计算机磁盘上的某个文件夹中,前面课程中的所有工作都是在本地站点中进行的;另一种站点是远程站点,它位于 Web 服务器(一般运行在另外一台计算机中)的某个文件夹中,通过互联网向公众开放。在大公司中,远程站点一般只有本公司的员工通过内网才能访问。这些站点提供信息和服务,支撑着公司的业务和产品。

Dreamweaver 提供了好几种连接远程站点的方法,如图 11-1 所示。

- 【FTP】(文件传输协议):连接远程站点的标准方法。

- 【SFTP】(安全文件传输协议):该协议提供了一种更安全的连接远程站点的方法,能够有效地阻止未授权的访问和拦截在线内容。

- 【基于SSL/TLS的FTP(隐式加密)】这是一种安全的 FTP(FTPS)方法,它要求 FTPS 服务器的所有客户端都知道要在会话中使用 SSL,不兼容不感知 FTPS 的客户端。

- 【基于SSL/TLS的FTP(显式加密)】这是一种向后兼容的安全 FTP 方法。借助

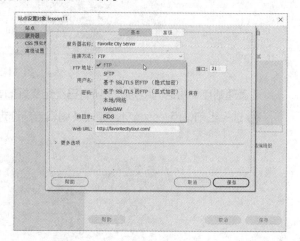

图 11-1

这个方法,感知 FTPS 的客户端能够与感知 FTPS 的服务器建立安全连接,同时又不影响不感知 FTPS 的客户端的正常 FTP 功能。

- 【本地/网络】:本地或网络连接是中间层 Web 服务器(测试服务器)最常用的。测试服务器一般用于在网站正式上线之前做测试。通过了测试服务器测试的网站最终会被发布到网络上的某台 Web 服务器上。

- 【WebDAV】(基于 Web 的分布式创作与版本控制):这个基于 Web 的系统就是 Windows 用户口中的 Web 文件夹,使用 AirDrop 或 Air Sharing 的 Mac 用户对其也不陌生。

- 【RDS】(远程开发服务):由 Adobe 为 ColdFusion 开发,主要用在基于 ColdFusion 的站点中。

现在,Dreamweaver 能够在后台更快、更高效地上传大文件,并允许你以更快的速度返回到工作中。接下来使用两种最常用的方法(FTP 与本地/网络)来创建远程站点。

创建远程站点

绝大多数网站开发人员都会选择使用 FTP 来发布和维护他们的网站。FTP 是一个成熟的文件传输协议,存在很多变种,大部分都受 Dreamweaver 支持。

💡警告 在学习本课内容之前,你需要先创建好一个远程服务器。这个远程服务器可以托管在你自己的公司中,也可以托管在提供托管服务的第三方公司中。

① 启动 Dreamweaver 2022。

② 在菜单栏中依次选择【站点】>【管理站点】，或者在【文件】面板的站点列表中选择【管理站点】，如图 11-2 所示。

图 11-2

【管理站点】对话框中列出了所有已经定义好的站点。

③ 选择当前站点 lesson11，单击【编辑当前选定的站点】图标，如图 11-3 所示。

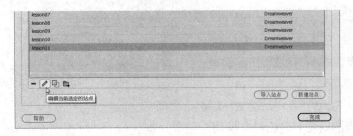

图 11-3

④ 在【站点设置对象】对话框中，单击【服务器】。

在【站点设置对象】对话框中，你可以创建多个服务器，方便测试多种安装类型。

⑤ 单击【添加新服务器】图标（➕）。在【服务器名称】文本框中，输入 Favorite City Server，如图 11-4 所示。

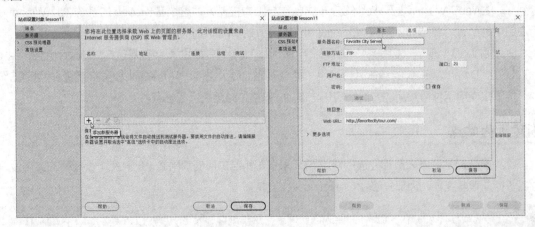

图 11-4

⑥ 在【连接方法】下拉列表中，选择【FTP】，如图 11-5 所示。

> ♀ 注意　请你根据自己选用的服务器选择一种合适的连接方法。

⑦ 在【FTP 地址】文本框中，输入你的 FTP 服务器的 URL 或 IP（网络协议）地址。

如果你选择第三方网站托管服务提供商，那么他们会给你一个 FTP 地址。这个地址可能是一个 IP 地址，例如 192.168.1.100。总之，不管他们给你什么，你都原封不动地输入【FTP 地址】文本框中。有时，FTP 地址是你的网站域名，例如 ftp.favoritecitytour.com，输入时请把 ftp 去掉。

> ♀ 提示　在把一个网站迁移到新的 ISP（网络服务提供商）时，可能无法使用域名上传文件到新服务器中。这种情况下，一般使用 IP 地址来上传文件。

⑧ 在【用户名】文本框中，输入你的 FTP 用户名；在【密码】文本框中，输入你的 FTP 密码，如图 11-6 所示。

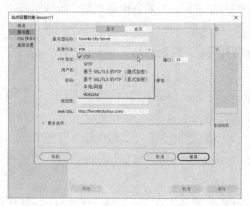

图 11-5

图 11-6

> ♀ 注意　用户名和密码都是网站托管服务提供商提供的。

用户名有可能区分大小写，而密码几乎总是区分大小写，输入时请留心这一点。最简单的输入方法是从网站托管服务提供商发来的确认邮件中复制用户名和密码，然后粘贴到相应的文本框中。

⑨ 在【根目录】文本框中，输入一个文件夹名称，这个文件夹中包含的文档允许公众通过网络访问。

> ♀ 提示　请联系网站托管服务提供商或 IS/IT 负责人索要根目录名称。

有些网站托管服务提供商提供的 FTP 可以访问到根文件夹，其中不仅包含允许公开访问的文件夹，还可能包含一些非公开的文件夹，例如 cgi-bin 文件夹，它用于存储通用网管接口（CGI）或二进制脚本。这种情况下，请在【根目录】文本框中输入公开文件夹名，例如 httpdocs、public、public_html、www、wwwroot。许多虚拟主机配置中，FTP 地址就是公开文件夹，这种情况下，【根目录】文本框留空就行了。

⑩ 勾选【保存】复选框。这样，每当 Dreamweaver 连接你的远程站点时，你不需要重新输入用户名和密码。

⑪ 单击【测试】按钮，检查 FTP 连接是否能正常工作，如图 11-7 所示。

> ♀ 提示　若 Dreamweaver 无法正常连接到你的虚拟主机，首先检查一下用户名和密码是否正确，然后检查一下 FTP 地址、根目录设置是否正确。

图 11-7

此时，Dreamweaver 显示一个对话框，告知你连接是否成功。

⑫ 单击【确定】按钮，关闭对话框，如图 11-8 所示。

若 Dreamweaver 顺利连上了虚拟主机，请直接跳到第 14 步。若收到一条错误信息，则你可能还需要再设置一些 Web 服务器选项。

图 11-8

⑬ 单击【更多选项】左侧的箭头，将其展开，显示出更多服务器选项。

一般情况下，保持默认设置就好。如果需要修改，请联系你的网站托管服务提供商，听从他们的建议，为你的 FTP 服务器选择合适的选项。

• 【使用被动式 FTP】：允许你的计算机连接到托管计算机，并绕过防火墙限制。许多虚拟主机需要勾选这个复选框。

• 【使用 IPv6 传输模式】：开启至 IPv6 服务器的连接，这些服务器会使用最新版本的互联网传输协议。

• 【使用以下位置中定义的代理】：启用 Dreamweaver 首选项中设置的二级代理主机连接。

• 【使用 FTP 性能优化】：优化 FTP 连接。若 Dreamweaver 无法连接到你的服务器，请取消勾选该复选框。

• 【使用其他的 FTP 移动方法】：提供另外一种解决 FTP 冲突的方法，尤其是在启用回滚或移动文件时。

建立了正常连接之后，你可能还需要配置一些高级选项。

FTP 连接排错

第一次尝试连接远程站点时，结果很可能令人沮丧。你可能会遇到很多问题，其中有些问题令人摸不着头脑。当你遇到连接问题时，请尝试按照如下步骤排查错误。

• 当无法连接到 FTP 服务器时，请仔细检查用户名和密码有无错误，重新输入时一定要小心。输入用户名时，有些服务器会区分大小写，密码一般都是区分大小写的（大部分常见错误都是输入密码时没有区分大小写引起的）。

• 勾选【使用被动式 FTP】复选框，再次测试连接。

• 若仍然无法连接 FTP 服务器，请取消勾选【使用 FTP 性能优化】复选框，再次测试。

• 经过上面这几步操作，若还是无法连接到远程站点，请联系 IS/IT 负责人、远程站点管理员或虚拟主机提供商寻求帮助。

⑭ 单击【高级】选项卡，如图 11-9 所示。

其中的选项介绍如下。

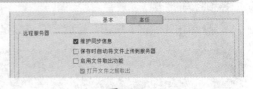

• 【维护同步信息】：自动跟踪本地站点和远程站点中发生变化的文件，以便能够轻松同步它们。

图 11-9

该功能会跟踪文件的变化,如果你上传前更改了多个页面,这个功能就会非常有用。这个功能常常和【遮盖】一起使用。有关【遮盖】的内容将在下一节讲解。默认设置下,该功能处于勾选状态。

· 【保存时自动将文件上传到服务器】:勾选该复选框,保存文件时,Dreamweaver 会自动把文件从本地传送到远程站点。当保存动作很频繁,并且你不希望把改动立即呈现给访客时,请取消勾选该复选框。

· 【启用文件取出功能】当多个人共同合作构建站点时,勾选该复选框,可以启用存回/取出系统。勾选这个复选框后,你需要填写一个取出名称和一个电子邮件地址。当只有你一个人构建网站时,不需要勾选该复选框。

如何选择这些选项,请你根据自己的实际情况判断。为了配合讲解本课内容,这里勾选【维护同步信息】复选框。

⑮ 设置完之后,单击【保存】按钮。

关闭服务器设置对话框后,回到【站点设置对象】对话框中。此时,上面定义的服务器出现了。

⑯ 定义好服务器之后,默认状态下,【远程】单选项处于选中状态。如果你定义了多个服务器,请选择 Favorite City Server 的【远程】单选项,如图 11-10 所示。

⑰ 单击【保存】按钮,设置好服务器。

此时,弹出一个对话框,通知你因站点设置改动将重建缓存。

图 11-10

⑱ 单击【确定】按钮,重建缓存。

当 Dreamweaver 更新完缓存后,单击【完成】按钮,关闭【管理站点】对话框。

到这里,一个到远程服务器的连接就创建好了。如果你当前还没有远程服务器,可以暂时先用一个本地测试服务器代替远程服务器。关于如何在 Dreamweaver 中安装和设置测试服务器,请阅读"安装测试服务器"。

安装测试服务器

创建包含动态内容的网站时,在把网站发布出去之前,需要做各方面的功能测试。这个时候,就需要使用测试服务器。根据你需要测试的应用程序,测试服务器可以是实际 Web 服务器中的一个子文件夹,也可以是 Apache、IIS 等本地 Web 服务器。

关于如何安装和配置本地 Web 服务器的更多信息,可以访问图 11-11 所示的网站。

一旦安装好本地 Web 服务器,你就可以上传网站文件,测试远程站点了。大部分情况下,你的本地 Web 服务器不能通过互联网访问,也不能用来托管对公众开放的真实网站。

图 11-11

11.2 遮盖文件夹和文件

💡 提示　如果磁盘空间充足，你可以考虑把模板文件上传到服务器，作为备份使用。

　　站点根文件夹下往往会有很多文件，发布站点时并不需要把所有文件都上传到远程服务器。因为在远程服务器中放一些用户不会访问或禁止用户访问的文件毫无意义。最大限度地减少在远程服务器中存放的文件有助于节省开支，因为许多虚拟主机提供商都是按照网站的磁盘占用量来收费的。设置使用 FTP 或网络服务器的远程站点时，勾选【维护同步信息】复选框。如果希望遮盖某些本地文件，不想 Dreamweaver 把它们上传到远程服务器中，就可以使用 Dreamweaver 中的【遮盖】功能，借助这个功能，可以禁止 Dreamweaver 把某些文件夹或文件上传或同步到远程站点。

　　不需要上传到远程站点的文件夹包括 Templates 和 resource 文件夹。其他一些建站过程中用到的诸如 Photoshop 文件（.psd）、Flash 文件（.fla）、Microsoft Word 文件（.doc 或 .docx）等非 Web兼容的文件也不需要上传到远程服务器。虽然可以禁止 Dreamweaver 自动上传或同步这些文件，但在必要时，也可以手动把它们上传到远程站点中。有些人喜欢把这些文件一起上传到远程站点，作为备份使用。

　　指定遮盖文件也是在【站点设置对象】对话框中进行的。

①　在菜单栏中依次选择【站点】>【管理站点】，打开【管理站点】对话框。

②　在站点列表中选择 lesson11，单击【编辑当前选定的站点】图标。

③　在【站点设置对象】对话框中，展开【高级设置】，选择【遮盖】。

④　勾选【启用遮盖】和【遮盖具有以下扩展名的文件】复选框。

复选框下的文本框中默认已经有了几个扩展名。你看到的已经存在的扩展名可能和这里不一样。

⑤　把光标放到最后一个扩展名之后，插入一个空格，然后输入 .docx .csv .xslx，如图 11-12 所示。

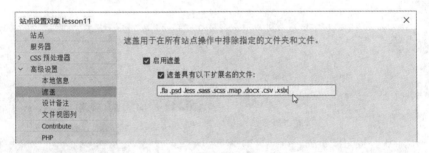

图 11-12

💡 注意　请你把所有建站过程中用到的源文件的扩展名添加到其中。

　　请注意，两个扩展名之间一定要添加一个空格。在文本框中添加希望遮盖的文件扩展名后，不论这些文件在站点的什么地方，Dreamweaver 都不会自动把它们上传或同步到远程站点。

⑥　单击【保存】按钮。若 Dreamweaver 提示重建缓存，单击【确定】按钮，然后单击【完成】按钮，关闭【管理站点】对话框。

　　上面在【站点设置对象】对话框中指定了希望遮盖的几种文件类型。其实，还可以在【文件】面板中手动指定需要遮盖的文件或文件夹。

⑦ 打开【文件】面板。

💡 注意　上传到远程服务器中的所有资源均可被搜索引擎或公众访问。请不要把敏感的资料或内容上传到远程服务器，以防泄露。

在站点列表中，你可以看到组成网站的各种文件和文件夹。有些文件夹中存放的是建站时使用的原始资料，不必把这些资料上传到远程服务器中。Templates 文件夹就是这样一种文件夹，里面存放的是网页模板，网页制作好之后就不会再引用它了。如果是多人合作建站，还是很有必要把这些文件夹上传和同步到远程服务器的，这样可确保每个团队成员各自的计算机中拥有最新的文件夹。这里假定你是一个人建设网站。

⑧ 使用鼠标右键单击 Templates 文件夹，然后在快捷菜单中依次选择【遮盖】>【遮盖】，如图 11-13 所示。

图 11-13

此时，弹出一个警告对话框，告知你遮盖只影响 put 和 get 命令，而不影响批处理站点命令。

⑨ 在警告对话框中，单击【确定】按钮。

此时，所选文件夹（Templates）上出现一条红色斜杠，表示当前它被遮盖了。

借助【站点设置对象】对话框和【遮盖】命令，可以轻松地遮盖不同类型的文件和文件夹。Dreamweaver 在执行同步操作时会忽略这些被遮盖的项目，不会自动上传或下载它们。

11.3　完善网站

前面 10 课使用 Dreamweaver 搭建了一个完整的网站。先选择一个基本布局，然后添加文本、图像、导航内容，但最后还有几个地方需要完善一下。在发布此网站之前，还需要制作一个页面，并对站点导航做一些升级改造。

这里要创建的页面是每个网站都有的一个页面，即主页。主页是访客访问一个网站时第一眼看到的页面。当访客在浏览器地址栏中输入一个网站的网址时，浏览器会自动加载网站主页。以前面的网站为例，当访客在浏览器的地址栏中输入 favoritecitytour.com 并按 Enter 键或 Return 键时，网站主页就会在浏览器中显示出来。由于主页是浏览器自动加载的，所以为主页命名时，对可使用的名称和扩展名有一些限制。

事实上，主页名称和扩展名由网站托管服务器和运行在主页上的应用程序类型决定。现在，大多数主页的名称都是 index，有时也用 default、start、iisstart 等名称。

主页的扩展名指出了制作主页时使用了哪种编程语言。普通 HTML 主页的扩展名是 .htm 或 .html。若主页中含有某个服务器模型特有的动态程序，一般都会使用 .asp、.cfm、.php 等扩展名。即使主页中不包含任何动态程序或内容，只要你的服务器模型兼容，你照样可以使用这些扩展名。不过，使用这些扩展名时一定要小心，有时候错用扩展名会导致浏览器无法正常加载页面。如果你不知道该用什么扩展名，那就问一问你的服务器管理员或 IT 经理，听听他们的建议。

服务器支持哪些主页名称一般是由服务器管理员决定的，而且服务器管理员也可以根据实际情况随时做出更改。大多数服务器都支持多种主页名称和扩展名。若某个主页名称找不到，服务器就会加载列表中的下一个主页名称。为主页命名时，一定要联系一下你的 IS/IT 经理或 Web 服务器技术支持团队，搞清楚到底应该用什么样的主页名称和扩展名。下面制作的主页会使用 index 这个主页名称。

11.3.1　制作主页

接下来基于模板创建一个主页，然后在其中填充相应内容。

❶ 基于网站模板新建一个页面。

把页面保存为 index.html，或者使用你的服务器所支持的主页名称和扩展名保存页面。

❷ 在 lesson11 站点根目录下，打开 home.html 页面，进入【设计】视图。

这个页面中包含的内容会用在图像轮播组件下方的文本内容区域中。home.html 页面中没有应用任何 CSS 样式，所以它看起来与那些应用了 Bootstrap 样式的页面明显不一样，但是 HTML 结构完全一样。

❸ 单击标题 WELCOME TO FAVORITE CITY TOUR，在标签选择器栏中选择 div.container.mt-4 标签选择器，如图 11-14 所示。单击鼠标右键，在快捷菜单中选择【剪切】。

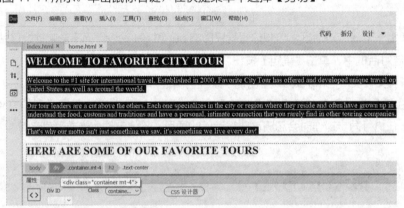

图 11-14

> 💡 注意　把某些内容从一个页面移动到另外一个页面时，在【设计】视图或【代码】视图下操作起来会更容易。请务必在源文档和目标文档中使用相同的视图。

❹ 切换到 index.html 页面，进入【设计】视图。

在紧靠图像轮播组件下方的文本内容区域中，选择占位文本 ADD HEADLINE HERE。

❺ 在标签选择器栏中，选择 div.container .mt-4 标签选择器。

这里选择的 HTML 结构和第 3 步中剪切的 HTML 结构是一样的。

⑥ 执行【粘贴】命令，如图 11-15 所示。

> 注意　通过粘贴方式用一个元素代替另外一个元素仅在【设计】视图和【代码】视图下才能起作用。

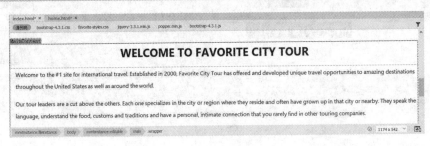

图 11-15

这样，第 3 步中剪切的内容就替换掉了所选内容。

⑦ 切换回 home.html 页面中。

⑧ 单击标题 HERE ARE SOME OF OUR FAVORITE TOURS，在标签选择器栏中，选择 div.container.mt-4 标签选择器，如图 11-16 所示。

⑨ 单击鼠标右键，在快捷菜单中选择【剪切】。

此时，home.html 页面空了。

⑩ 关闭 home.html 页面，不保存更改。

此时，文档窗口中仅显示 index.html 页面。

⑪ 在 index.html 页面的卡片区域中选择 ADD HEADLINE HERE。

⑫ 在标签选择器栏中，选择 div.container.mt-4 标签选择器。执行【粘贴】操作，用第 9 步中剪切的内容替换掉所选内容，如图 11-17 所示。

此时，文本内容区域和卡片区域中的内容都被替换了。主页不需要列表内容区域，接下来删除它们。

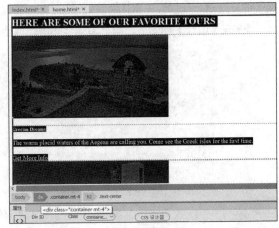

图 11-16

⑬ 向下滚动到列表内容区域。

图 11-17

⑭ 在列表内容区域中，选择标题 ADD HEADLINE HERE。

⑮ 在标签选择器栏中，选择 div.container.mt-4 标签选择器，按 Delete 键，如图 11-18 所示。

这样就删掉了列表内容区域。到这里，主页就制作得差不多了。最后还需要向图像轮播组件中添加一些内容。

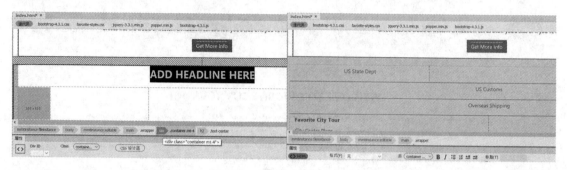

图 11-18

11.3.2　主页收尾

最后向图像轮播组件添加一些图像和文本，完成主页的收尾工作。大多数情况下，在【代码】视图下为图像轮播组件添加图像和文本会更容易。

❶ 进入【拆分】视图。

此时，文档窗口分成上下两部分，上部分是【设计】视图，下部分是【代码】视图。使用【拆分】视图的好处是，在代码中查找组件更轻松。

❷ 在【设计】视图下，向上滚动至图像轮播组件，单击某个占位图像，如图 11-19 所示。

图 11-19

在【设计】视图下选择一个元素时，所选元素的代码会在【代码】视图中自动高亮显示。

高亮显示的代码是占位图像中的某一个，它有可能不是第一个图像。查看高亮显示的代码，找到第一个占位图像，大约在第 52 行。

❸ 选择代码 1920x500.gif，输入 fl。

随着输入，Dreamweaver 会在提示菜单中自动显示相匹配的图像名称。

❹ 在提示菜单中选择 florence-tour-carousel.jpg，如图 11-20 所示。

图 11-20

在【代码】视图下，把鼠标指针移动到图像名称上，会显示一个预览图像。

> 💡注意 | 在真实的网站项目中，还需要给每个图像添加 alt 和 title 属性。

⑤ 在图像之下，选择占位文本 Item 1 Heading，输入 Dreams of Florence，将其替换。

⑥ 选择占位文本 Item 1 Description，输入 This tour is no fantasy.Come live the dream.，将其替换。

⑦ 使用如下内容修改图像轮播组件的 Item2。

Item 2 图像：greek-cruise-carousel.jpg。

Item 2 Heading: Cruise the Isles。

Item 2 Description: Warm waters. Endless Summer. What else do you want?。

⑧ 使用如下内容修改图像轮播组件的 Item3，如图 11-21 所示。

Item 3 图像：rome-tour-carousel.jpg。

Item 3 Heading：Roman Holiday。

Item 3 Description：All roads lead to Rome. Time to find out why.。

```
63            </div>
64 ▼       <div class="carousel-item"> <img class="d-block w-100" src="images/rome-tour-carousel.jpg" alt="Third slide">
65 ▼          <div class="carousel-caption d-none d-md-block">
66               <h5>Roman Holiday</h5>
67               <p>All roads lead to Rome. Time to find out why.</p>
68          </div>
69       </div>
70     </div>
```

图 11-21

⑨ 切换到【实时视图】，如图 11-22 所示。

图 11-22

此时，主页基本制作完成。最后修改一下页面标题和页面描述。

⑩ 在【属性】面板中，选择占位文本 Insert Title Here，输入 Welcome to travel with a difference，将其替换。

⑪ 切换到【代码】视图，选择 add description here（大约第 15 行），输入 Welcome to the home of travel with a difference，将其替换。

⑫ 保存并关闭所有文件。

目前，主页制作成这个样子就行了。接下来就应该把制作好的页面上传到远程服务器了。在任何一个网站开发过程中，这都是一种常见的操作。随着时间的推移，我们会不断增加、更新、删除页面，创建新页面并在合适的时候上传到服务器。在把这些页面上传服务器之前，一定要认真检查一番，找出那些断掉或过时的链接进行修复或清除，确保页面中的所有链接都正常、有效。

发布前检查

发布页面之前，一定要认真检查一番，确保所有页面状态正常。在真实的网站制作流程中，上传页面之前，应该按照如下步骤检查每一个页面。

- 拼写检查（参考第 8 课）。
- 站内链接检查（参考第 10 课）。

如果检查出问题，就修正每一个问题，然后进行下一步。

11.4　发布网站

💡注意　本节是选学内容，学习本节内容需要你有一个远程服务器。

大多数情况下，本地站点和远程站点互为镜像，它们包含相同的 HTML 文件、图像、资源，拥有相同的文件夹结构。把一个网页从本地站点上传到远程站点的过程称为发布页面。当你发布本地站点下某个文件夹中的一个文件时，Dreamweaver 就会把它上传到远程站点中的同名文件夹下。若远程站点中不存在同名文件夹，就会自动在远程站点中创建同名文件夹。下载文件也是如此。

借助 Dreamweaver，你可以通过一次操作发布从文件到整个网站的所有内容。发布网页时，默认设置下，Dreamweaver 会询问你是否希望同时上传依赖文件，包括图像、CSS、HTML5 影片、JavaScript 文件、SSI（Server-Side Includes），以及其他渲染网页需要的文件。

上传文件时，你既可以一个一个地上传，也可以一次性上传整个网站。接下来将上传一个页面及其依赖文件。

❶ 打开【文件】面板，单击【展开以显示本地和远端站点】图标（ 🗗 ），如图 11-23 所示。

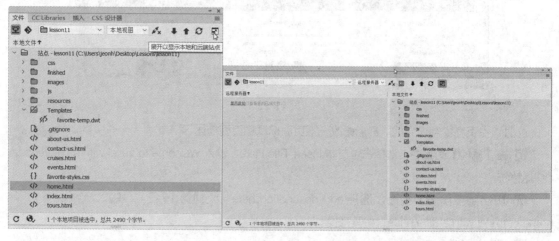

图 11-23

在 Windows 系统下，【文件】面板展开后将占据整个界面。在 macOS 下，【文件】面板以浮动窗口的形式存在，面板分成左右两部分，其中本地站点在右侧，远程站点在左侧（需连接上托管服务器）。

💡注意　只有定义了远程服务器，【展开以显示本地和远端站点】图标才会显示出来。

② 单击【连接到远程服务器】图标（　　），连接远程站点，如图 11-24 所示。

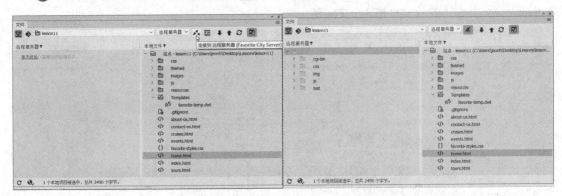

图 11-24

若远程站点配置无误，【文件】面板会连接至远程站点，并在左侧窗格中显示远程站点中的内容。首次上传文件时，远程站点是空的或者大部分是空的。如果你的远程站点托管在网络中的某台服务器上，站点目录下就会有一些特殊的文件和文件夹，这些文件和文件夹是由托管公司创建的，请不要删除它们，否则可能会影响远程站点的正常运行。

> 💡 注意　依赖文件不仅包括图像、样式表、JavaScript 文件，还包括那些确保网页正常显示和工作的文件。

③ 在本地文件列表下，选择 index.html 文件。

④ 在【文件】面板中，单击【上传文件】图标（　　）。

> 💡 警告　尽管 Dreamweaver 能够自动找出所有依赖文件，但有时还是会遗漏一些重要文件。这个时候，你就必须自己找出这些文件，确保它们能够上传到远程站点中。

⑤ 默认情况下，Dreamweaver 会提示你上传依赖文件，如图 11-25 所示。若一个依赖文件在远程服务器中已经存在，而且你的改动不涉及它，你可以单击【否】按钮，取消其上传。但是，如果是个新文件，或者你已经改动了它，请单击【是】按钮，将其上传。【首选项】对话框中有一个选项用于禁用这个提示。

图 11-25

⑥ 单击【是】按钮，如图 11-26 所示。

Dreamweaver 将上传 index.html、所有图像、CSS、JavaScript 文件，以及正常渲染 HTML 页面需要的其他依赖文件。【后台文件活动】对话框中将列出所有上传到远程服务器的文件。若看不到这个对话框，请单击【文件活动】图标（ 🌐 ），将其显示出来。尽管你只选择上传一个文件，但实际上 Dreamweaver 上传了 27 个文件和 3 个文件夹。

图 11-26

借助【文件】面板，你可以一次性上传多个文件甚至整个网站。

> 💡 提示　当弹出【后台文件活动】对话框时，单击【详细信息】，可浏览所有上传的文件。

❼ 关闭【后台文件活动】对话框。在本地站点中，选择站点根文件夹，然后单击【上传文件】图标（ ⬆ ），如图 11-27 所示。

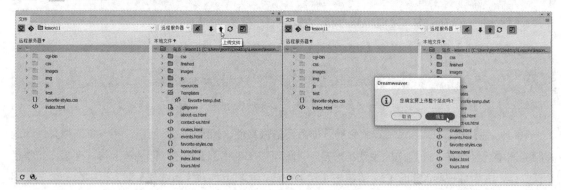

图 11-27

此时会弹出一个对话框，询问你是否要上传整个网站。

> 💡 注意　上传或下载文件时，目标位置下同名文件会自动被覆盖。

❽ 单击【是】或【确定】按钮。

> 💡 提示　大多数时候，网站会被放在一个虚拟主机中。在虚拟主机中，你的域名下一般会有一个默认页面。当你访问自己的网站时，若看不到主页，请尝试把默认页面删除。

此时，Dreamweaver 开始上传整个网站，并在远程服务器中重建本地网站结构。Dreamweaver 会在后台执行上传任务，这期间你可以继续使用 Dreamweaver 做其他处理工作。当【后台文件活动】对话框消失后，你就能看到上传报告了。【文件】面板中有一个选项，允许你随时查看完整的报告。

❾ 在【文件】面板左下角，单击【文件活动】图标，如图 11-28 所示。

> 💡 提示　单击【详细信息】选项，才能看到完整报告。

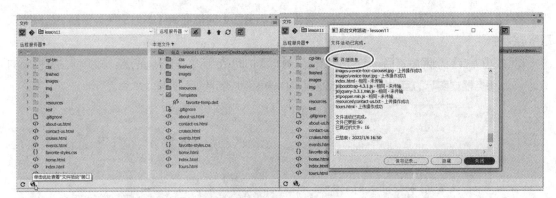

图 11-28

单击【文件活动】图标后，弹出的【后台文件活动】对话框中列出了所选操作的文件名和状态。单击【保存记录】按钮，可以把报告保存成文本文件。

请注意，上传过程中，本地站点下被遮盖的 Templates 文件夹及其包含的文件不会被上传。上传各个文件夹或整个网站时，Dreamweaver 会自动忽略所有被遮盖的项目。有需要时，你可以手动选择并上传那些被遮盖的项目。

❿ 使用鼠标右键单击 Templates 文件夹，在快捷菜单中选择【上传】，如图 11-29 所示。

图 11-29

此时，Dreamweaver 会提示你一同上传 Templates 文件夹的依赖文件。

> 💡注意 使用【上传文件】与【获取文件】命令时，不需要区分是在【远程服务器】窗格中，还是在【本地文件】窗格中。因为使用【上传文件】命令一定是把文件从本地站点上传到远程站点；使用【获取文件】命令一定是从远程服务器把文件下载到本地站点。

⓫ 单击【是】按钮，上传依赖文件。

将 Templates 文件夹上传到远程服务器后，上传报告中显示一些发生变动的依赖文件也一起上传了。

在【远程服务器】窗格中，你可以看到上传后的 Templates 文件夹上面有一条红色斜杠，表示它被遮盖了。有时候，我们希望遮盖某些本地文件与远程文件（或文件夹），以防止它们被替换或被意外覆盖。一个文件被遮盖之后，不会自动被上传或下载。但必要时，你可以手动选择它们，然后执行上传或下载操作。

与【上传文件】命令相对的一个命令是【获取文件】，它用于把所选文件或文件夹下载到本地站点。在【远程服务器】窗格中，选择一个文件，然后单击【获取文件】图标（ ⬇ ），即可从远程站点获取所选文件。当然，你也可以直接把某个文件从【远程服务器】窗格拖入【本地文件】窗格中，以此获取所选文件。

⑫ 成功上传整个网站之后，你就可以使用浏览器访问站点了。打开浏览器，根据网站链接到的本地 Web 服务器或实际的互联网站点，在地址栏中输入相应的地址，如图 11-30 所示。

图 11-30

此时，浏览器中显示出 Favorite City Tour 网站。

⑬ 在导航菜单中单击各个菜单项，浏览各个页面。

将网站上传之后，持续更新网站就是一件很简单的事了。当有文件发生改动时，你既可以把文件逐个上传到远程服务器，也可以把网站整体同步到远程服务器。

协作环境下，有多个人更改文件和上传文件。这个过程中很容易出现下载或上传旧文件，以及覆盖新文件的情况，此时，同步就显得格外重要。同步操作可以确保当前使用的是最新文件。

11.5　同步本地站点和远程站点

在 Dreamweaver 中进行同步操作，可确保远程服务器和本地计算机中的文件是最新的。当你的工作地点经常更换，或者与多个人合作建设网站时，同步是一个必不可少的功能。正确使用这个功能可以防止意外上传或处理过时的文件。

到目前为止，本地站点和远程站点几乎完全一样了。不过，远程站点下可能还包含一些由托管公司创建的特殊文件。为了更好地演示同步功能，接下来先修改一下站点中的一个页面。

当【文件】面板展开时，展开图标（⊡）就变成折叠图标（⊡），虽然这两个图标看起来一样，但单击时执行的操作不一样。

❶ 单击折叠图标（⊡），把【文件】面板折叠起来。

单击折叠图标，可把【文件】面板重新停靠到界面右侧。

❷ 打开 about-us.html 页面，进入【实时视图】。

❸ 在【CSS 设计器】面板中，选择【全部】模式。选择 favorite-styles.css，新建一个规则 .fcname。

❹ 在新规则中添加如下属性（见图 11-31）：

color: #760

font-weight: bold

❺ 在文本内容的第一个段落中，选择第一次出现的 Favorite City Tour。

❻ 在【属性】面板的【类】下拉列表中，选择 fcname，如图 11-32 所示。

❼ 向页面中的每个 Favorite City Tour 文本应用 .fcname 类。

❽ 保存所有文件，关闭页面。

❾ 打开并展开【文件】面板，单击【同步】图标（ ⟳ ），弹出【与远程服务器同步】对话框。

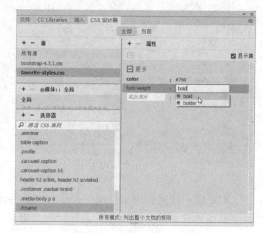

图 11-31

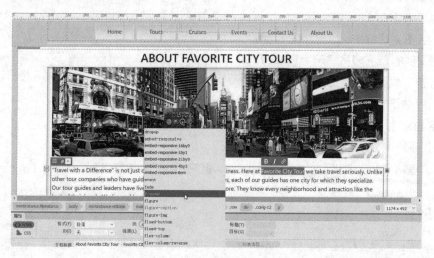

图 11-32

💡 注意　【同步】图标与刷新图标类似，它位于【文件】面板的右上角。

❿ 在【同步】菜单中选择【整个 lesson11 站点】，在【方向】菜单中选择【获得和放置较新的文件】，如图 11-33 所示。

💡 注意　同步时，不会比较被遮盖的文件或文件夹。

⓫ 单击【预览】按钮，弹出【同步】对话框，报告哪些文件有改动，或哪些文件在远程站点或本地站点中不存在，以及是否需要上传或获取它们，如图 11-34 所示。

上传了整个网站后，只有改动过的文件（about-us.html 与 favorite-styles.css）才会出现在列表中，表示 Dreamweaver 要把它们上传到远程站点。

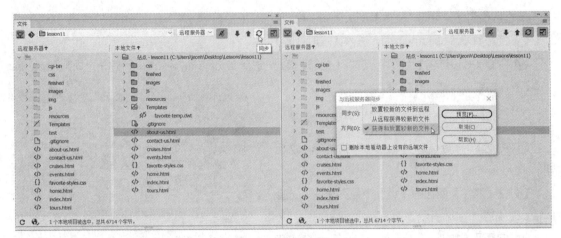

图 11-33

对话框中还会列出一些仅存在于远程服务器中的文件，这些文件大多是为占位内容服务的，一般由提供托管服务的公司创建，本地站点文件夹中不会有这些文件。在 Dreamweaver 中创建的内容可独立使用，并不依赖这些文件和资源，但也不总是如此。

在【同步】对话框中，早已存在于远程服务器中的文件的【动作】列显示为【获取】，这些文件会被下载到你的本地站点中。远程服务器中与网站正常运行无关的文件不必下载，对于这些文件，有两种处理方法：一种是忽略它们；另一种是删除它们。

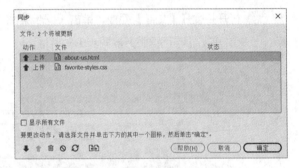

图 11-34

⓬ 在远程站点中，找出那些你不需要的文件，把它们标记为【忽略】或【删除】。

同步动作

同步期间，你可以选择接受推荐动作，或者在【同步】对话框中自己选择一个合适的动作。这些动作可以同时应用到一个或多个文件上。

获取（ ⬇ ）：从远程站点下载所选文件。

上传（ ⬆ ）：把所选文件上传到远程站点。

删除（ 🗑 ）：把所选文件标记为删除。

忽略（ ⊘ ）：同步期间，忽略所选文件。

已同步（ ⟳ ）：把所选文件标识为已同步。

比较（ 🖽 ）：使用第三方实用工具，对所选文件的本地版本和远程版本做比较。

⓭ 单击【确定】按钮，上传两个文件，并执行你选择的所有动作。

此时，弹出【后台文件活动】对话框，显示本地站点和远程站点间内容的同步过程，如图 11-35 所示。

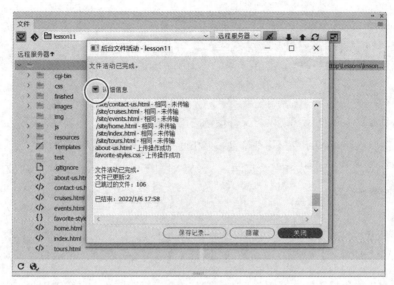

图 11-35

💡 注意 图 11-35 中显示的文件是基于选用的虚拟主机得到的，它可能与你看到的完全不一样。

⑭ 关闭【后台文件活动】对话框。在【文件】面板中单击折叠图标，停靠面板。

如果其他人也可以访问并更新你站点中的文件，那么在你动手处理任何一个文件之前一定要先做一下同步，以确保你得到的文件是最新版本的文件。另一种方法是使用服务器设置对话框中高级选项里面的【取出】与【存回】功能。

本课介绍了如何在 Dreamweaver 中添加远程服务器，连接至远程服务器并把文件上传到远程站点中。还介绍了如何遮盖文件和文件夹，以及同步本地站点和远程站点。

到这里，本课内容全部介绍完了。本书介绍了设计与开发一个网站的方方面面，介绍了如何设计、开发、构建一个完整的网站，还介绍了如何把网站上传到远程服务器。希望你可以把这些知识积极运用到实际工作中，不断总结经验，提高自己的水平。

11.6　复习题

① 什么是远程站点？

② 请说出 Dreamweaver 支持的两种文件传输协议。

③ 如何配置 Dreamweaver 使其不在本地站点和远程站点中同步指定文件？

④ 判断正误：你必须手动发布每个文件，以及相关图像、JavaScript 文件、SSI 文件。

⑤ 同步功能有什么用？

11.7　答案

① 远程站点是本地站点的在线服务版本，它存放在远程服务器上，网站用户可以通过互联网访问它。

② FTP 和本地 / 网络是两种最常用的文件传输协议。此外，Dreamweaver 还支持安全 FTP、WebDAV、RDS 等。

③ 把文件或文件夹遮盖起来，可防止 Dreamweaver 同步它们。

④ 错。Dreamweaver 可自动传送依赖文件，包括嵌入或引用的图像、样式表，以及其他链接内容，但有可能会漏掉某些文件。

⑤ 使用同步功能可自动扫描本地站点和远程站点，比较它们中的文件，找出最新版本文件，并给出报告，指出应该上传或下载哪些文件，然后执行更新操作，以使文件保持最新状态。

第 12 课

移动网页设计

课程概览

本课主要讲解以下内容。

- 响应式设计是什么及其如何影响网站设计
- 响应式设计中媒体类型和媒体查询如何工作
- 设计网站时为什么应该使用 Web 框架
- 什么是网络字体，如何在网站中使用网络字体
- 如何创建自定义媒体查询，以及添加 CSS 规则
- 如何调整 Bootstrap 布局和组件结构
- 如何为响应式设计的组件和内容排除故障

学习本课大约需要 3 小时

网站设计行业中，针对智能手机和其他移动设备的响应式设计需求呈指数级增长。为此，Dreamweaver 提供了大量强大的工具帮助我们做移动网页设计。

12.1 响应式设计

众所周知，互联网兴起于 20 世纪 90 年代，那时智能手机和平板电脑还没问世，程序员或开发人员设计网页时面临的最大挑战是要考虑不同计算机屏幕在尺寸和分辨率上的差异。多年来，计算机屏幕的分辨率和尺寸不断在增大。

随着时代的发展，使用智能手机或平板电脑上网的用户数量每天都在增长。统计数据显示，从 2014 年开始，使用移动设备上网的人数超过了使用台式机的人数，而且这个数字从那时起一直在稳步增长。

12.1.1 移动优先设计

随着使用智能手机和平板电脑上网人数的不断增长，网页设计领域出现了一种"移动优先"设计理念。这一理念认为，如果不针对智能手机和平板电脑优化网站，网站就会丧失大量用户和流量。

在"移动优先"设计理念下，设计网站时，先对智能手机等移动设备做设计，然后再对更大尺寸的设备与计算机添加内容和结构。某些情况下把网站内容最小化，以便网站以最佳方式加载和执行，然后使用 JavaScript 和在线数据库，为计算机和更强大的设备添加更多内容。

做移动优先设计时，你可以改编现有网站，也可以从零开始新建一个网站，这两种网站应对智能手机和移动设备的方式不一样。这对在前面 11 节课中建立的网站意味着什么呢？下面一起来看一看。

12.1.2 在 Dreamweaver 中测试响应性

你可以把制作好的 Favorite City Tour 网站上传到远程服务器（参考第 11 课），然后在台式机、智能手机、平板电脑中测试各个页面，也可以直接在 Dreamweaver 中做测试，获取大部分所需的信息。在 Dreamweaver 的【实时视图】下，你可以预览创建页面的 HTML、CSS、JavaScript 的最终呈现效果，这些效果与你在浏览器中看到的效果完全一样。此外，【实时视图】还支持预览采用响应式设计技术制作的网页。

❶ 启动 Dreamweaver 2022。

❷ 在【文件】面板的站点列表中选择 lesson12。

❸ 最大化程序界面，使其充满整个计算机屏幕。在 Dreamweaver 中，最大化文档窗口，使其宽度不小于 1200 像素。

移动网页设计中，屏幕的尺寸和浏览器窗口的宽度至关重要。因此，必须确保 Dreamweaver 的文档窗口充满整个计算机屏幕。也就是说，在一些小尺寸的笔记本电脑中可能无法使用 Dreamweaver 设计网站。

❹ 在站点根目录下，打开 index.html 文件，进入【实时视图】，如图 12-1 所示。

这个页面是在第 11 课中基于模板创建出来的，它代表了目前为止 Favorite City Tour 网站中各个页面的基本设计，页面包含图像轮播组件、文本区域、卡片区域几部分。当文档窗口宽度是 1200 像素时，页面内容正好适合文档窗口。请注意，卡片区域中包含 3 个并排的旅程介绍内容，它们平分了整个页面宽度。

图 12-1

Dreamweaver 提供了一些功能，可用于测试和控制页面的响应性。在以前版本的 Dreamweaver 中，必须重新调整整个文档窗口的尺寸，才能测试某个特定网页的响应性。【实时视图】下有一个文档窗口宽度控制块，默认位于【实时视图】右侧，拖曳这个控制块，可以动态地改变文档窗口宽度，而无须改变程序界面的尺寸。

❺ 向左拖曳文档窗口宽度控制块，把文档窗口宽度设置为 800 像素。拖曳过程中，注意观察随着页面尺寸的变化，页面内容是如何变化的，如图 12-2 所示。

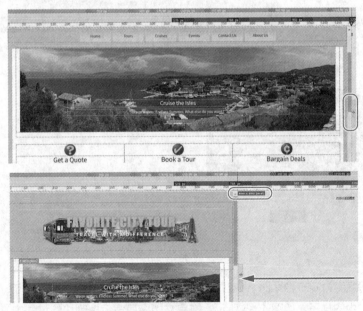

图 12-2

> 💡 **提示** 拖曳文档窗口宽度控制块的过程中，当前文档窗口的宽度和高度会显示在文档窗口的右上角。

当文档窗口宽度变为 800 像素时，你看到的页面就是其在某些平板电脑中竖屏下的样子。随着文档窗口宽度的改变，页面的设计和内容会自动变化，以适应新的窗口宽度。因为页面布局设计中应用了 Bootstrap 框架，所以页面结构能够自动适应移动设备，但还是有些内容做不到这一点。随着文档窗口宽度变小，导航菜单从一排按钮变成了一个三道杠图标，如图 12-3 所示。

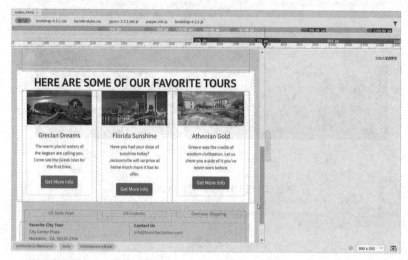

图 12-3

请注意，图像轮播组件和公司 Logo 的尺寸也跟着变小了。同时页面中 3 个卡片的宽度也变小了，并且仍然并排在一起。在页面底部，地址块变为两栏式布局，但链接部分占据了三分之二的空间。

❻ 向左拖曳文档窗口宽度控制块，把文档窗口宽度设置为 600 像素，拖曳过程中，注意观察随着页面尺寸的变化，页面内容是如何变化的，如图 12-4 所示。

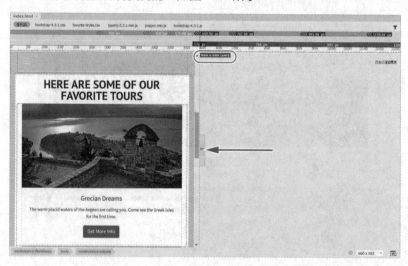

图 12-4

当文档窗口宽度变为 600 像素时，你看到的页面就是其在某些小尺寸平板电脑（竖屏）或大尺寸智能手机（横屏）中的样子，如图 12-5 所示。拖曳文档窗口宽度控制块的过程中，注意观察网页内容是如何变化的，同时留意网页设计的变化。

在文档窗口宽度为 600 像素时，公司名称超出了图像边缘。卡片区域中，原来的 3 列布局变成了单列布局，内容标题也变成了两行。同时，页面底部的链接和地址区域均分了底部空间。

❼ 向左拖曳文档窗口宽度控制块，把文档窗口宽度设置为 400 像素，拖曳过程中，注意观察随着页面尺寸的变化，页面内容是如何变化的，如图 12-6 所示。

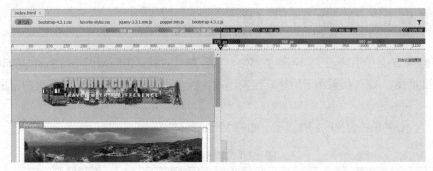

图 12-5

当文档窗口宽度为 400 像素时，你看到的页面就是其在智能手机（竖屏）中的样子。

在这个宽度下，公司名称、公司宗旨，以及所有标题都变成了两行。文本区域和卡片区域都变成了单列布局，但链接和地址仍然是两列布局。

页面设计中还有一个地方需要讲一讲，那就是导航菜单。当文档窗口宽度为 800 像素时，导航菜单会折叠起来，变成一个三道杠图标。在浏览器中，单击三道杠图标，可显示出导航菜单。在 Dreamweaver 的【实时视图】下，虽然能够预览大部分 CSS 样式和 JavaScript 功能，但像菜单动画这些行为是无法直接预览的。查看导航菜单时，需要同时按住 Ctrl 键或 Cmd 键。

⑧ 按住 Ctrl 键或 Cmd 键，单击三道杠图标，如图 12-7 所示。

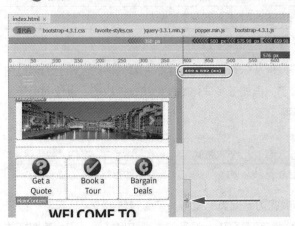

图 12-6

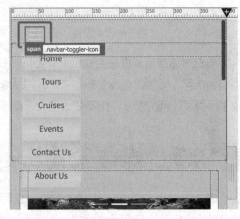

图 12-7

此时，导航菜单展开，显示出一个包含多个菜单项的纵向列表。上网时，你会见到很多类似的菜单。大多数情况下，下拉菜单会占满整个屏幕宽度，而不像这里这样宽度是固定的。页面在不同尺寸的屏幕上显示时，你会见到各种各样的设计问题。迄今为止，你见到的这些差异在新建网站时很常见，也很容易解决。

⑨ 向右拖曳文档窗口宽度控制块。

拖曳过程中，网页布局不断发生变化，最终变回原来的样子。这并不是什么魔法，而是响应式设计的魅力。前面已经介绍过一些有关响应式设计的概念，接下来再介绍一些。

设计网页时，无论是台式机优先还是移动设备优先，你都需要知道如何让网页根据设备的尺寸自动做出调整。为此，你必须先了解一下两个基本的 CSS 参数：媒体类型和媒体查询。浏览器会根据这两个参数识别访问设备的尺寸和类型，然后根据识别结果加载适当的样式表。

12.2　媒体类型属性

1998 年，CSS2 规范加入了媒体类型属性，以应对当时能够访问网页与网络资源的非计算机设备数量激增的问题。媒体类型用于做格式定制，它会针对不同的媒体或输出对网页内容进行重排或优化。

CSS 包含 10 种单独定义的媒体类型，如表 12.1 所示。

表 12.1　媒体类型属性

属性	用途
all	用于所有设备。若未在代码中明确指定媒体类型，则默认就是 all
aural	用于语音和音频合成器
braille	用于盲人触觉反馈设备
embossed	用于盲文打印机
handheld	用于小的手持设备（小屏、单色、有限带宽）
print	用于在打印预览模式下查看文档和打印应用程序
projection	用于投影演示
screen	用于计算机彩色显示器
tty	用于使用固定字宽的媒体，例如电传打字机、终端和便携设备
tv	用于电视类设备（低分辨率、带彩色可滚动屏幕、支持声音）

虽然媒体类型属性在台式机屏幕上运转良好，但从未真正在智能手机和其他移动设备上的浏览器中得到应用。因为这些设备的形态和尺寸太多样了，再加上多样化的硬件和软件功能，设计网页简直成了网页设计师的噩梦。但不要太沮丧，希望尚存。

12.3　媒体查询

媒体查询是 CSS 的一次重大改进，它可以根据访问网页的设备类型（媒体类型）、尺寸，以及设备使用方向来决定用什么格式呈现网页。浏览器在知道了访问设备的类型和尺寸后，它会读取媒体查询，获得格式化网页内容的方式。整个过程就像一个固定的舞蹈动作一样流畅、连续，媒体查询还支持访客在访问过程中切换设备方向，自动使页面和内容无缝适应设备。实现这种效果的关键是对不同的浏览器、访问设备、设备使用方向创建相应的样式表。

12.4　媒体查询语法

与 CSS 一样，媒体查询需要特定的语法才能在浏览器中正常工作。它由媒体类型（一个或多个）与表达式（一个或多个）或媒体特性（即浏览器在应用其包含的样式之前测试为真的媒体特性）组成，如图 12-8 所示。目前，Dreamweaver 支持 22 种媒体特性，其他处在测试或开发阶段的媒体特性可能不会出现在页面中，但若有必要，你可以手动把它们添加到代码中。

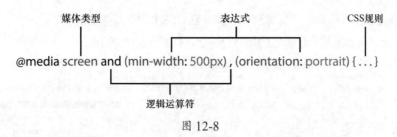

图 12-8

媒体查询创建了一套标准，用于判断是否在网页中应用其包含的特定规则集。

创建媒体查询的方法有很多。例如，把媒体查询设计成单独工作（完全重置现有样式）或串联工作（继承一些样式并只修改必要样式）。一般而言，使用后一种方法需要的 CSS 代码更少，效率也更高。接下来的练习会采用这种方法，在设计全新的响应式网站时也建议你使用这种方法。

12.5　使用可视媒体查询栏

使用 Dreamweaver 的一大好处是，它提供了许多可视化工具，帮助你编写样式，以及排查各种 CSS 属性的问题。可视媒体查询栏就是这样一种工具，帮助你使用鼠标以可视化方式找出媒体查询，并与其进行交互。

❶ 在 lesson12 文件夹中，打开 index.html 文件。

在文档窗口左侧的通用工具栏中，单击【显示 / 隐藏可视媒体查询栏】图标（▤），把可视媒体查询栏在文档窗口顶部显示出来，如图 12-9 所示。

图 12-9

根据你的屏幕宽度，可视媒体查询栏中会在文档窗口顶部显示若干个绿色条和紫色条。这些颜色条表示文档中定义的媒体查询，不同的颜色条代表不同类型的媒体查询。有关可视媒体查询栏的更多介绍，请阅读"关于可视媒体查询"中的内容。

> 💡注意　在 Dreamweaver 中打开一个包含媒体查询的网页文档时，Dreamweaver 默认会显示出可视媒体查询栏。

❷ 把鼠标指针移动到一个绿色的媒体查询上，如图 12-10 所示。

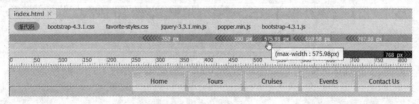

图 12-10

此时，Dreamweaver 会显示一个工具提示，指出当前媒体查询的最大宽度是 575.98 像素。也就是说，该媒体查询控制的样式仅应用到宽度不大于 575.98 像素的屏幕。由于不存在带小数点的像素，因此只要屏幕宽度小于 576 像素，媒体查询及其一套 CSS 规则就会发挥作用。

❸ 把鼠标指针移动到第一个紫色的媒体查询上，如图 12-11 所示。

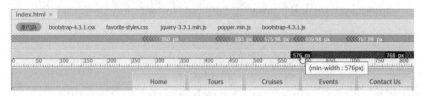

图 12-11

第一个紫色的媒体查询设置为最小宽度是 576 像素，表示它针对的是宽度不小于 576 像素的屏幕。

前面我们曾拖曳过文档窗口宽度控制块在不同媒体查询之间切换文档视图，其实还可以使用鼠标做切换操作。

关于可视媒体查询

借助媒体查询，可以让网页及其内容适应不同尺寸的屏幕和不同类型的设备。媒体查询通过加载不同的样式表（这些样式表分别对应不同的屏幕尺寸、设备，以及设备使用方向）来做到这一点。后面会介绍更多有关媒体查询的内容，包括它们的工作原理及创建方式。这里介绍一下可视媒体查询栏的工作方式。

可视媒体查询栏能够识别出页面及其样式表中定义的所有媒体查询，不同规格的媒体查询以不同颜色显示。

那些用来定义最大宽度的媒体查询显示为绿色，如图 12-12 所示。

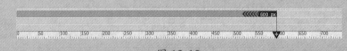

图 12-12

而用来定义最小宽度的媒体查询显示为紫色，如图 12-13 所示。

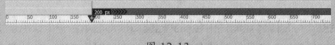

图 12-13

同时定义最小宽度与最大宽度的媒体查询显示为蓝色，如图 12-14 所示。

图 12-14

Dreamweaver 的工作区是响应式的，它会在【CSS 设计器】中显示适合于屏幕尺寸和方向的特定 CSS 样式。在【CSS 设计器】面板的【@ 媒体】窗格中单击媒体查询符号可显示与指定媒体查询相关的样式。

❹ 在第一个紫色的媒体查询中，单击 "576px" 右侧区域，如图 12-15 所示。

💡注意 请不要单击数字本身，否则不会有效果，也不要双击数字，双击数字会进入编辑状态。

此时，文档窗口宽度控制块立即跳至 576 像素处。同时，网页内容也根据相应的 CSS 样式自动适应文档窗口的大小。

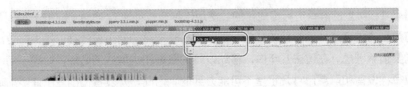

图 12-15

❺ 单击下一个紫色的媒体查询，如图 12-16 所示。

图 12-16

此时，文档窗口扩大至 768 像素。把文档窗口宽度控制块向右拖曳至窗口右边缘，或者双击文档窗口宽度控制块右侧的灰色区域，可把文档窗口恢复成最大尺寸。

❻ 双击文档窗口宽度控制块右侧的灰色区域，如图 12-17 所示。

图 12-17

此时，文档窗口扩充至整个工作区。

可视媒体查询栏中显示的内容与【CSS 设计器】面板紧密相关，反映【CSS 设计器】面板中定义的各种规则。

> 💡 提示　在【CSS 设计器】面板中选择【全部】模式，才能显示出所有媒体查询。

❼ 在菜单栏中依次选择【窗口】>【CSS 设计器】，打开【CSS 设计器】面板。然后，在【源】窗格中选择【所有源】，如图 12-18 所示。

打开【@媒体】窗格，显示其中定义的设置。

【@媒体】窗格中有一个【全局】属性，以及 40 多个定义好的媒体查询。每个查询中都有几组 CSS 规则，用于为不同的屏幕尺寸和方向设置 Bootstrap 布局和组件的样式。单击每个媒体查询及其相关规则，即可查看相应的 CSS 规则。使用 Dreamweaver 提供的启动器布局的一个好处是，这些启动器布局都是基于 Web 框架创建的。

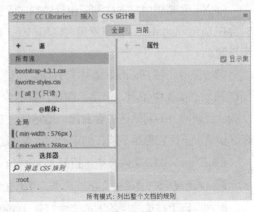

图 12-18

12.6　Web 框架

仔细检查 Bootstrap 样式表和【CSS 设计器】面板中显示的每个媒体查询，你会知道启动器模板是如何对不同尺寸和类型的屏幕进行格式化的。使用这种方式创建 CSS 规则，并为不同类型的屏幕和设备处理所有类型的内容是一项艰巨的任务。即使是经验丰富的网页设计师，是否需要从零开始做响应式设计都需要慎重考虑。在过去几年中，移动设备的数量和类型成倍增加，如果不借助外力，则使网页内容适应每种设备和屏幕尺寸几乎是不可能办到的。为此，开发者们创建了许多前端框架，以使适配任务变得简单一些。

框架是预定义好的 HTML 和 CSS 代码的集合（通常还包括 JavaScript 代码），用于快速开发和部署网页和网络应用程序。大多数框架都是为了在各种设备上相应地显示网页内容而建立的。有了框架，你就可以把主要精力放在内容的表达上，而不必考虑是否显示及如何显示。Dreamweaver 2022原生支持 3 种 Web 框架：jQuery UI、jQuery Mobile、Bootstrap。

jQuery UI 框架不是用来创建整个网站的，它可以提供很多便捷的组件和页面小工具，以增强网页的互动性。

jQuery Mobile 是一个支持触摸的 Web 框架，它专门针对智能手机和平板电脑进行了优化。jQuery Mobile 只用来创建供移动设备访问的网站，可配合 Apache Cordova 或 IBM Worklight Foundation 等框架使用。

Bootstrap 框架最初由 Twitter 公司的一名开发人员创建，于 2011 年发布，并迅速成为最受欢迎的 Web 框架之一。Bootstrap 很早就被纳入 Dreamweaver 中，它提供了一套强大的工具，帮助用户从头开始建立完整的网站，同时针对移动设备和台式机屏幕做全面优化。

使用 Bootstrap 的一个好处是，网上有大量资源和附加组件可以扩展其功能，而且不依赖于Adobe 和 Dreamweaver。请注意，增量更新和错误修复有可能会通过 Creative Cloud 提供。

接下来将介绍如何创建媒体查询，以使现有网页内容适应 Bootstrap 布局。

12.7　使用网络字体

处理前面布局中文本或图形组件的响应问题之前，需要先解决一个问题。多数情况下，制作网页时会在 Dreamweaver 中预览网页内容和布局，然后在浏览器中检查，这个过程中有一个错误你可能注意不到。

第 5 课中，在 Photoshop 中打开网站原型时，软件要求你下载并安装 Source Sans Pro 字体，以便在 Photoshop 中使用。但是，你在计算机中安装了某种字体，并在你的 CSS 中调用了它，并不一定能让互联网上的网站访客看到它。虽然有些字体可在 Dreamweaver 的【实时视图】中正常显示，但在许多情况下，它甚至不能在你自己的计算机上的浏览器中显示出来。

❶ 在 lesson12 文件夹中，打开 index.html 文件。

❷ 使用鼠标右键单击文档选项卡，然后在快捷菜单中选择【在浏览器中打开】，选择一个浏览器。

此时，网页在你选择的浏览器中打开，如图 12-19 所示。仔细检查网页，留意网页中显示的字体。在 Dreamweaver 和浏览器之间来回切换，比较显示的字体有何不同，如图 12-20 所示。

在浏览器中，导航菜单和公司宗旨的字体跟 Dreamweaver 中的不一样。网页中的其他字体由Bootstrap 样式表定义，能够正常显示出来。设计网站时，需要先定义网站的基本字体。

图 12-19

浏览器   Dreamweaver

图 12-20

12.7.1 设置基本字体

  网站中的大部分内容都是以文本形式呈现的。文本在浏览器中以数字化字体显示。最初字体是为印刷机设计的，后来随着字体的广泛应用和发展，字体逐渐拥有了一种唤起人类不同情感的魔力，例如某些字体能够给人安全、优雅简练、风趣幽默等感觉。

  在网站设计的过程中，可以基于不同目的使用多种字体，也可以根据公司的主题和文化使用某一种基本字体。借助 CSS 可以很好地控制网页的外观和文本样式。过去的几年中，在网页中使用字体的方式有了很多创新。下面将介绍和尝试一下这些方法。

把网络字体应用到整个网站中的操作十分简单，只需要编辑一条规则即可，在接下来的练习中，你会看到这一点。

① 在 lesson12 文件夹下，从 Templates 文件夹中打开 favorite-temp.dwt 文件。

当你打算使用 Adobe 字体或其他网络字体时，请一定先在模板文件中选择基本字体。这是因为你需要在页面的 <head> 元素中添加网络字体引用，而子网页中的 <head> 元素是无法编辑的。

② 在【CSS 设计器】面板中，选择 favorite-styles.css。

③ 在【选择器】窗格中，选择 body 规则。

在【属性】窗格中，取消勾选【显示集】复选框，如图 12-21 所示。

④ 在【文本】类别中，单击 font-family 属性，如图 12-22 所示。

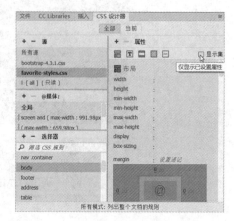

图 12-21

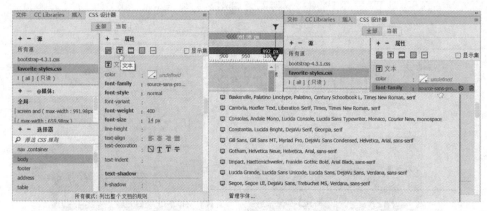

图 12-22

此时，弹出一个菜单，显示出 Dreamweaver 预定义的 9 种字体系列。你可以从中选择一种字体系列使用，也可以自己创建字体系列。到这里，有人会问：为什么面板中不显示计算机中已安装的所有字体呢？

网页设计中，字体问题一直是一个令人头疼的问题。为了解决这个问题，人们提出了上面这种简单又巧妙的方案。在这个解决方案出现之前，浏览网页时，你在浏览器中看到的字体实际上并不是网页或服务器的一部分，而是由浏览网站的计算机提供的。

虽然大多数计算机安装了很多相同字体，但安装的字体不可能完全一样，而且用户可以随意增加或删除计算机中的字体，这就导致不同用户的计算机中安装的字体出现差异。如果你在网页中使用的字体在访客的计算机中并未安装，那么你精心设计的网页在访客的计算机中呈现时可能会变得很糟糕，因为访客的计算机会使用其他已安装的字体代替你选用的字体。

对大多数人来说，解决办法就是以组的形式指定多种字体，给浏览器提供第二个、第三个、第四个，甚至更多选择，防止浏览器自己选择字体。这种方式称为"预留退路"（degrading gracefully）。因此，

Dreamweaver 2022 提供了 9 种预定义的字体系列。

如你所见，Dreamweaver 本身提供的字体系列数量十分有限。如果你不喜欢它提供的任何一种字体系列，那你可以在刚刚弹出的菜单底部选择【管理字体】，然后在【管理字体】对话框中自定义字体系列。

在动手定义字体系列之前，请记住：挑选你喜欢的字体，同时搞清楚访客的计算机或设备中安装了哪些字体，然后把它们添加到列表中。例如，你喜欢 Hoefelter Allgemeine Bold Condensed 字体，但是大多数访客的计算机中没有安装它。这种情况下，Hoefelter 字体就是你的首选，同时还要指定一些常用的字体（网页安全字体），例如 Arial、Helvetica、Tahoma、Times New Roman、Trebuchet MS、Verdana，以及 serif、sans serif 类字体。

过去几年中，在网页中使用字体的方式有了一种新趋势，即使用由网站或第三方网站托管服务提供商提供的字体，如图 12-23 所示。产生这样一种趋势的原因显而易见，那就是使用网络字体时可选用的字体种类非常多，不再局限于十几种人人可用的字体。网络字体数量庞大，你可以从几千种字体中选择自己喜欢的字体，让制作的网页拥有独特的外观和特色，而这在过去是不可能办到的。但这也不代表什么字体你都可以用。

> 💡 注意　Adobe 提供了许多印刷字体和网络字体，你可以在 Creative Cloud 中免费订阅。你可以在线激活字体，也可以直接在 Dreamweaver 中激活字体。

图 12-23

很多字体带有的许可证明确禁止用户将其应用在 Web 应用程序中，还有一些字体的文件格式与手机、平板电脑不兼容。因此，选用网络字体时，一个很重要的步骤就是查找那些专为 Web 应用程序设计和授权的字体。目前，网上有很多渠道都提供 Web 兼容字体，例如 Google 和 Font Squirrel 网站，它们还为那些预算紧张的网页设计师提供了一些免费字体。如果你是 Adobe Creative Cloud 的订阅用户，则可以使用 Adobe Fonts 和 Adobe Edge Web Fonts 两个字体服务。

Adobe Fonts 提供网络字体订阅服务，订阅成功后，用户可以使用其提供的大量印刷字体和网络字体。即使你不是 Creative Cloud 用户，也可以订阅 Adobe Fonts 字体服务，使用其提供的许多免费字体。Adobe Edge Web Fonts 只提供网络字体，由 Adobe Fonts 提供支持，用户可以免费使用它们。而且使用 Adobe Edge Web Fonts 服务的一大便捷之处在于，你可以直接在 Dreamweaver 中访问它。

⑤ 在字体系列菜单底部选择【管理字体】，打开【管理字体】对话框，如图 12-24 所示。

【管理字体】对话框中包含 3 个选项卡：【Adobe Edge Web Fonts】【本地 Web 字体】【自定义字体堆栈】。其中，前两个选项卡给出了在网络上使用自定义字体的新方法。

· 【Adobe Edge Web Fonts】：提供 Edge Web Fonts 服务。借助这个服务，你可以直接在 Dreamweaver 中免费使用多个设计类别中的几百种字体。

· 【本地 Web 字体】：在这个选项卡中，你可以把购买的字体或从网络中找到的免费字体添加到 Dreamweaver 的所有字体列表中，并在自己的网页中使用它们。

· 【自定义字体堆栈】：在这个选项卡中，你可以使用网络字体、网络安全字体（大多数计算机中都安装了的常见字体）自定义字体堆栈。

⑥ 在【Adobe Edge Web Fonts】选项卡中，单击【建议用于标题的字体的列表】图标（▥），如图 12-25 所示。

图 12-24

图 12-25

此时，右侧区域中显示出一系列用于标题的常见字体。有些网页设计师喜欢对标题和段落文字应用相同的字体。

⑦ 单击【建议用于段落的字体的列表】图标（≡），该图标位于【建议用于标题的字体的列表】图标之下，如图 12-26 所示。

单击这两个图标后，右侧只显示出一种字体：Source Sans Pro。因为 Source Sans Pro 字体在标题和段落文本上都有很好的表现效果，所以非常适合用作网站的基本字体。当把 Source Sans Pro 字体添加到 body 规则之中后，它会被自动应用到整个网站的标题和段落文本上。

⑧ 在右侧区域中，单击 Source Sans Pro 字体示例，如图 12-27 所示。

此时，字体示例右上角出现一个蓝色对钩。单击【完成】按钮后，Dreamweaver 就会把 Source Sans Pro 字体添加到【CSS 设计器】面板中，同时在页面中添加相应代码，以便在你的 CSS 中使用它。

⑨ 单击【完成】按钮，关闭【管理字体】对话框。

⑩ 单击 font-family 属性。

图 12-26

图 12-27

在字体系列菜单底部，你可以看到刚刚添加的 source-sans-pro 字体。

⑪ 选择 source-sans-pro 字体，如图 12-28 所示。

当在【CSS 设计器】面板中选择 source-sans-pro 字体时，会发生一些变化，有些你能看到，有些不能。首先，文档窗口中大多数文本的字体变为 Source Sans Pro，还有一个变化只有在【代码】视图中才能看见。

⑫ 切换至【代码】视图。

⑬ 在 <head> 中，找到 <script>var __adobe-webfontsappname__="dreamweaver"</script> 脚本，如图 12-29 所示。

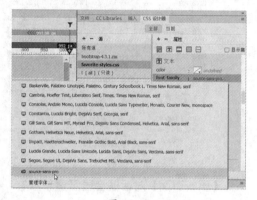

图 12-28

在第 17 行，有两个脚本（<script>），用于把网页连接到 Adobe Edge Web Fonts 服务器。如果缺少这两个脚本，Source Sans Pro 字体就无法正常加载，访客也无法在网页中看到这种字体效果。由于所有页面中都需要添加这两个脚本，所以必须在模板文件中添加它们。保存模板文件之前，还有几件事要先处理一下。

```
16  <!-- TemplateEndEditable -->
17  <!--The following script tag downloads a font from the Adobe Edge Web Fonts server for use within the web page. We
    recommend that you do not modify it.--><script>var __adobewebfontsappname__="dreamweaver"</script><script
    src="http://use.edgefonts.net/source-sans-pro:n2,n4,n7:default;pt-sans:n4,n7:default.js" type="text/javascript"></script>
18  </head>
```

图 12-29

⑭ 切换到【实时视图】。

在【CSS 设计器】面板中，把 font-weight 属性的值设置为 400，如图 12-30 所示。

图 12-30

source-sans-pro 出现在 body 规则的 font-family 属性中。大多数情况下，页面布局的变化会在瞬间完成。当前，整个页面中的标题和段落文本的字体都变成了 Source Sans Pro。

如果你没有成功使用 Source Sans Pro 字体，那可能是因为当前你无法上网。Adobe Edge Web Fonts 是网络字体，如果你无法上网，也没有把页面上传到 Web 服务器上，那么访客将无法在页面中看到这些字体效果。

⓯ 保存所有文件。

弹出【更新模板文件】对话框。

⓰ 单击【更新】按钮，如图 12-31 所示。

图 12-31

【更新页面】对话框会显示更新状态。根据更新记录，有 6 个页面进行了更新，也就是说，Dreamweaver 把 Adobe Edge Web Fonts 脚本添加到了所有子页面中。

像这样，在网站中使用 Adobe Edge Web Fonts 是非常简单的。但也不要认为使用这些网络字体会比使用传统的字体系列产生的问题少。

如果你希望把 Adobe Edge Web Fonts 作为页面主字体源，最好的做法是把这些字体添加到一个自定义字体堆栈中。

12.7.2 使用网络字体创建字体堆栈

最理想的情形是，每个访客每次访问你的网页时都能正常看到你应用的网络字体。但是最好未雨绸缪，为最坏的情况做好准备。上一小节介绍了如何选择 Adobe Edge Web Fonts 并将其作为基本字体添加到 body 规则中。这一小节介绍如何使用网络字体自定义字体堆栈，以应对最糟糕的情况，确保字体正常显示。

❶ 在【实时视图】下，打开 favorite-temp.dwt 文件。

❷ 在【CSS 设计器】面板中，选择 body 规则。

❸ 在【文本】类别中，单击 font-family 属性，打开字体系列菜单。

> 💡 注意 在一个现有规则中指定字体系列后，你可以进入【管理字体】对话框。若未设置字体系列，则需要先取消勾选【显示集】复选框，才能进入【管理字体】对话框。

❹ 选择【管理字体】。

❺ 在【管理字体】对话框中，单击【自定义字体堆栈】选项卡。

❻ 在【可用字体】列表中，选择 source-sans-pro。单击 << 按钮，把所选字体添加到【选择的字体】

列表中，如图 12-32 所示。

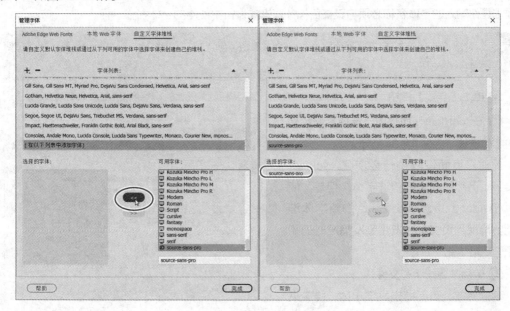

图 12-32

在【可用字体】列表中查找目标字体时，为减少查找时间，可在列表下方的文本框中直接输入目标字体名称，快速找到目标字体后，再单击 << 按钮，将其添加到【选择的字体】列表中。

💡 注意　手动输入字体名称时，字体名称一定要输对，错误的字体名称会导致字体加载失败。

❼ 重复第 6 步，把 Trebuchet MS、Verdana、Arial、Helvetica、sans-serif 等字体添加到【选择的字体】列表中，如图 12-33 所示。

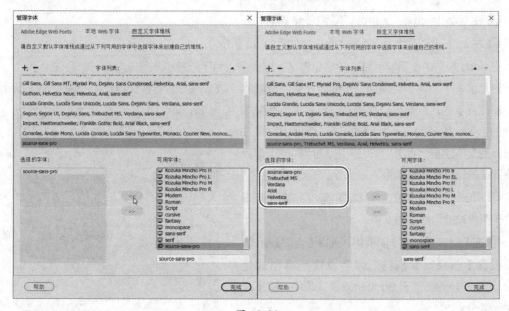

图 12-33

此外，你可以根据需要向【选择的字体】列表中添加更多网页安全字体。若你想使用的字体尚未安装在计算机中，请在文本框中输入字体名称，然后单击 << 按钮，将其添加到【选择的字体】列表中。

你可以向【选择的字体】列表中添加任意一种字体，包括那些尚未安装在你的计算机中的字体，唯一的要求是你输入的字体名称必须与其在目标计算机或设备中使用的字体名称一样。

> 💡 注意　并非所有字体格式在所有计算机和设备中都能得到支持。请确保你选择的字体在目标用户使用的设备中能得到支持。

⑧ 单击【完成】按钮。

⑨ 在 font-family 属性中，选择刚刚定义好的字体堆栈，如图 12-34 所示。

此时，页面没发生什么变化，source-sans-pro 仍然是列表的首选字体。但是，使用基于 Adobe Edge Web Fonts 的新字体堆栈能够确保网页文本在发生突发情况时仍能被正确地格式化。

⑩ 保存并更新所有文件。

到这里就为页面指定好了字体。接下来介绍控制文本字号的方法。

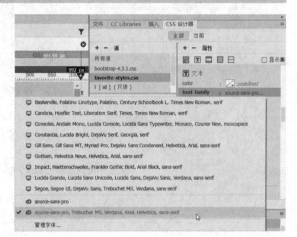

图 12-34

12.7.3　指定字号

字号可用来表现某些内容在页面中的重要程度，例如标题字号一般都比正文大。一个页面的内容一般分成 3 个区域：一个主内容区域和两个侧边栏区域。这一小节介绍如何设置基本字号，然后管理页面其他区域中的文本字号，以便根据需要强调某些内容。

❶ 在【实时视图】下，打开 favorite-temp.dwt 文件。

❷ 在 favorite-styles.css 中，选择 body 规则。

❸ 在 font-size 属性中，输入 14px，如图 12-35 所示。

在 body 规则中设置字号是一种常见做法。这么做是为了把基本字号重置为一个最佳大小。

通常情况下，我们会使用一个固定尺寸（像素或点数）来覆盖访客计算机中的设置。在 body 规则中设置好字号后，你可以基于它设置其他所有文本元素的字号。也就是基于 body 规则，使用相对尺寸设置其他文本字号。此外，你还可以使用媒体查询针对不同设备和屏幕调整字号。

❹ 把光标放入占位文本 ADD HEADLINE HERE（位于图像轮播组件下方）中。

❺ 在【CSS 设计器】面板中，选择【当前】模式。

观察【选择器】窗格，你会发现所有格式化 <h2> 元素的规则都位于 Bootstrap 样式表中。接下来手动创建一个。

❻ 选择【全部】模式，选择 favorite-styles.css，单击【添加选择器】图标。

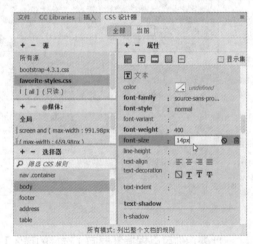

图 12-35

❼ 新建一个名为 h2 的选择器。

<h2> 元素是页面的主标题，所以要让它从其他文本和标题中凸显出来。有很多方法可以做到这一点，例如加大字号，使用特定颜色或特殊字体等。

💡 注意　在格式化 <h2> 元素的规则中，只添加了一种字体。你可能会觉得应该自定义一个字体堆栈，其实不必这么做。因为当这种字体无法正常显示时，默认会继承前面创建的字体堆栈。

❽ 参照上一小节添加字体的方法，添加 PT Sans 字体（Adobe Edge Web Fonts）。

❾ 在 h2 规则中，设置如下属性（见图 12-36）：

```
font-family: pt-sans
font-weight: 700
font-size: 250%
line-height: 1em
```

图 12-36

此时，主标题样式发生了变化。字号使用百分比形式设置为 250%，它是以什么为参照的呢？在默认情况下，所有文本元素的样式都基于 body 规则中的样式。把 h2 的字号设置为 250%，即 14 像素的 250%。使用相对字号的好处是，当 body 规则中的字号发生变化时，相对字号也会自动跟着变化。也就是说，当你需要做修改时，只要改动一条规则，就能让所有基于该规则的元素自动跟着改变。

❿ 保存并更新所有文件。

关闭 favorite-temp.dwt 文件。

主页仍处于打开状态。到这里，基本字体已经设置好了，接下来在浏览器中检查一下页面。

💡 注意　保存模板时，有时 Dreamweaver 会通知你，某些修改无法实施，因为它们会影响到页面的锁定区域。由于这里的修改不会影响到锁定区域，所以忽略 Dreamweaver 的通知就好。

⓫ 使用鼠标右键单击 index.html 文档选项卡，在快捷菜单中的【在浏览器中打开】子菜单中，选择你喜欢的浏览器。

此时，index.html 页面在浏览器中打开，如图 12-37 所示。从页面中可以看到导航菜单和公司宗旨的字体还是不对，接下来解决这个问题。

⓬ 返回 Dreamweaver 中。

虽然导航菜单和公司宗旨属于模板，而且在子页面中处于锁定状态，但是你仍然可以编辑那些格式化导航菜单和页头元素的规则。

图 12-37

⑬ 在【CSS 设计器】面板中，选择 favorite-styles.css。

在【@ 媒体】窗格中，选择【全局】。

选择 .navbar-dark .navbar-nav .nav-link 规则。

取消勾选【显示集】复选框。

这条规则是从 Photoshop 原型中提取样式创建的，其包含的 font-family 属性设置为 Source Sans Pro，这导致了字体显示错误。

⑭ 单击 font-family 属性的值，如图 12-38 所示。

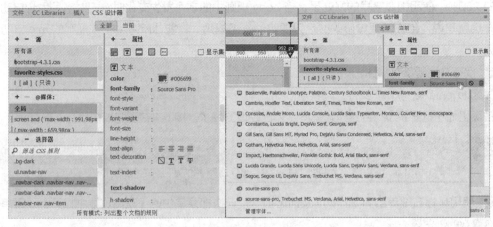

图 12-38

在打开的字体系列菜单中，你可以看到一些预定义的字体系列及你在前面自定义的字体堆栈。另外，还包含已选择的两种 Adobe Edge Web Fonts。请注意规则中的设置和对话框中列出的设置之间的区别。

从 Photoshop 原型中提取的字体名称经过了格式化，有助于调用该字体的计算机版本。由于字体名称格式不对，导致浏览器无法加载网页兼容字体。虽然可以从列表中选择网页兼容字体，但其实没必要这么做。在设置好基本字体后，就不需要再次调用了，除非你想选择其他字体。

⑮ 删除 font-family: Source San Pro 这个属性设置，如图 12-39 所示。

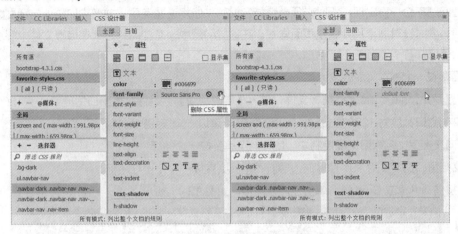

图 12-39

删除 font-family 属性后，导航菜单就会自动继承基本字体。接下来再解决公司宗旨的样式问题。

⑯ 在【选择器】窗格中，选择 header p 规则。

公司宗旨的样式也是从 Photoshop 原型中提取的。font-family 属性中指定的字体和导航菜单一样。因此，可以使用同样的方法解决字体显示问题。

⑰ 删除 font-family: Source San Pro 这个属性设置。

在浏览器中检查页面。

⑱ 保存所有文件。

⑲ 使用鼠标右键单击文档选项卡，在快捷菜单的【在浏览器中打开】子菜单中，选择一款浏览器。

此时，index.html 在浏览器中打开，如图 12-40 所示，页面中的导航菜单和公司宗旨的字体都正常显示。

图 12-40

⑳ 关闭所有文件。

到这里，整个网站的基本字体就设置好了，并把 Adobe Edge Web Fonts 添加到了页面中。接下来解决网站的一些设计问题，调整 CSS 和 Bootstrap 结构，使其能在所有移动设备上正常工作。

12.8 自定义媒体查询

此网站的页面布局和结构是基于 Bootstrap 模板的，采用的是响应式的设计。但如你所见，页面中的有些内容却不是这样。调整文档窗口的尺寸时，页面中的内容有时能够适应窗口大小，有时又不能。由于这些问题不会一直出现，所以必须创建特定规则来修复这些问题，并把它们放入自定义媒体查询中，以便必要时针对屏幕尺寸调整页面样式。在这些问题中，有些问题必须在模板文件中解决，有些问题则需要打开各个页面逐个解决。

下面调整一个基本页面的设计。

❶ 打开 favorite-temp.dwt 模板文件，进入【实时视图】。确保文档窗口宽度不小于 1200 像素。当文档窗口宽度为 1200 像素时，网页的导航菜单以一排按钮的形式显示。

❷ 向左拖曳文档窗口宽度控制块，使导航菜单变成一个图标。

当文档窗口宽度变为 991 像素时，导航菜单就会变成一个三道杠图标。

❸ 按住 Ctrl 键或 Cmd 键，单击三道杠图标，如图 12-41 所示。

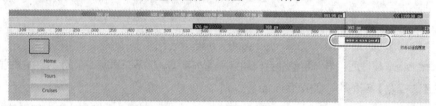

图 12-41

此时，导航菜单展开，以垂直列表形式显示出各个菜单项。这个垂直菜单会一直处于展开状态，按住 Ctrl 键或 Cmd 键，再次单击三道杠图标，垂直菜单才会收起来。

请注意，垂直菜单中每个菜单项的宽度与它们水平显示时的宽度一样。我们希望把它们调宽一些，但又不想改变现有的设置，以免影响它们在不同屏幕上的显示效果。为了不影响各个菜单项水平显示时的宽度，需要创建一个媒体查询，使导航菜单只在垂直显示时变宽。

观察一下可视媒体查询栏，你会看到有一个媒体查询的 max-width 是 991.98 像素，该查询属于 Bootstrap 样式表，是不可编辑的。但你可以在 favorite-styles.css 样式表中自己创建一个媒体查询。

❹ 在【CSS 设计器】面板中，选择 favorite-styles.css 样式表。在【@ 媒体】窗格中，单击【添加媒体查询】图标（ + ），如图 12-42 所示。

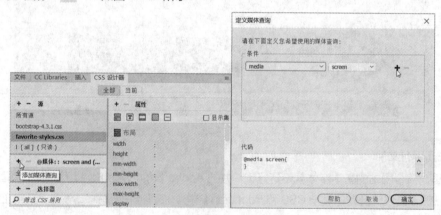

图 12-42

在【定义媒体查询】对话框中，默认设置下，第一个条件中显示的是 screen。接下来添加一个条件，使其对应于特定宽度。

❺ 单击加号图标（ + ）添加条件，在弹出的菜单中选择 max-width，然后在其右侧文本框中输

入 991.98px，如图 12-43 所示。

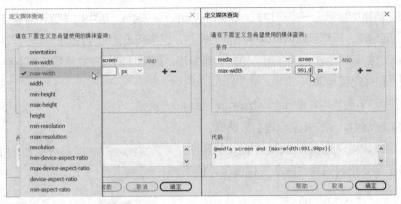

图 12-43

此时，媒体查询表达式出现在【代码】区域中。像这样定义好 max-width 查询后，只有文档窗口或浏览器宽度变为 991.98 像素时，才能应用相应样式，而其他时候会使用原有样式。

❻ 单击【确定】按钮。

此时，在【CSS 设计器】面板的【@ 媒体】窗格与 favorite-styles.css 样式表中就会出现刚刚定义的媒体查询。接下来往这个媒体查询中添加一些规则。向一个媒体查询添加规则的方法有多种，最简单的方法是复制现有规则。

12.8.1 向媒体查询添加规则

媒体查询是样式表的一个部分，它根据屏幕尺寸、方向或其他特征来指定 CSS 样式。

❶ 在【CSS 设计器】面板中，选择 favorite-styles.css 样式表。

此时，【选择器】窗格中显示出 favorite-styles.css 中定义的所有规则。第 6 课中创建了一条格式化菜单项的规则。我们可以基于那条规则创建要在媒体查询中使用的规则。

❷ 使用鼠标右键单击 .navbar-nav .nav-item 规则，在快捷菜单中依次选择【复制到媒体查询中】>【screen and (max-width:991.98px)】，如图 12-44 所示。

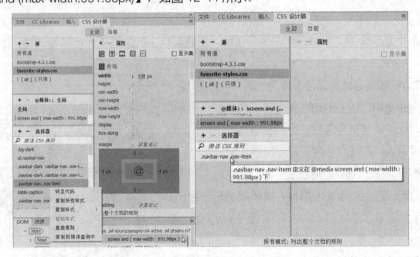

图 12-44

此时，所选规则及设置被复制到选择的媒体查询中。

❸ 在【@媒体】窗格中，选择 screen and (max-width:991.98px)。

【选择器】窗格中显示出一条新规则：.navbar-nav .nav-item。选中媒体查询时，【选择器】窗格会过滤 CSS 规则列表，只显示媒体查询中包含的规则，这条新规则和原规则一模一样。原规则是全局性的，在任意尺寸的屏幕下都会起作用，格式化菜单项。而新规则只在文档窗口宽度小于 992 像素时才会发挥作用，格式化菜单项。

❹ 在【选择器】窗格中，选择 .navbar-nav .nav-item 规则。

在【属性】窗格中，勾选【显示集】复选框。

此时，【属性】窗格只显示所选规则中定义的属性。请注意，那些不需要更改的属性就不要保留了，接下来把它们删除掉。

❺ 在 margin 属性右侧，单击【删除 CSS 属性】图标，如图 12-45 所示。

此时，规则中所有与 margin 相关的属性都被删除了。接下来再修改几个属性，确保导航菜单垂直显示时美观漂亮。

❻ 把 width 属性值从 108px 改为 100%。

此时，各个菜单项向右延伸，充满整个导航栏。当前菜单项的文本是居中对齐的，这里最好把它们靠左对齐。

❼ 把 text-align 属性设置为 left，如图 12-46 所示。

图 12-45

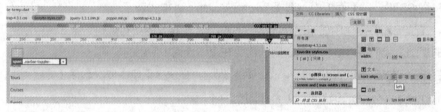

图 12-46

此时，各个菜单项的文本对齐到左侧。当前，垂直菜单中的边框不太容易看清楚，下面解决这个问题。

❽ 把右边框和底边框的颜色设置为 #CC0，如图 12-47 所示。

现在，每个菜单项的右侧和底部有了深色边框，形成了较强的对比，边缘更容易被看见。在垂直菜单中，渐变色不够吸引人，改成纯色会更好。

❾ 删除 background-image 属性。

请注意，即使删除 gradient 属性，菜单项仍然带有渐变，这是因为继承了原规则（全局性）。要关闭渐变，必须把 background-image 属性设置为 none。

❿ 在【属性】窗格中，把 background-image 属性设置为 none，如图 12-48 所示。

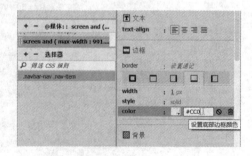

图 12-47

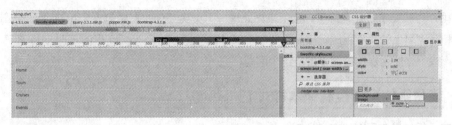

图 12-48

此时，导航菜单的渐变背景就消失不见了。接下来添加一种纯色背景。

⑪ 把 background-color 设置为 #FF6，如图 12-49 所示。

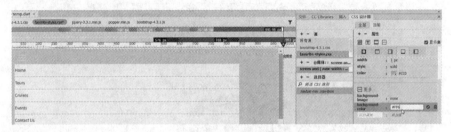

图 12-49

此时，菜单项显示为纯色。接下来在菜单项左侧加一点边距，使其看起来更美观。

⑫ 把 padding-left 设置为 10px，如图 12-50 所示。

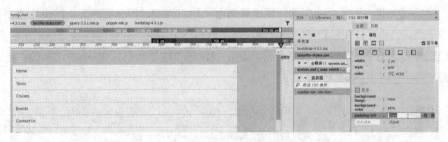

图 12-50

到这里，导航菜单的样式问题就解决了。接下来测试一下自定义的媒体查询。

⑬ 向右拖曳文档窗口宽度控制块，使文档窗口宽度大于 992 像素，如图 12-51 所示。

图 12-51

当文档窗口宽度大于 992 像素时，垂直排列的导航菜单就会变成水平排列，恢复为原始设计。

⑭ 向左拖曳文档窗口宽度控制块，使文档窗口宽度小于 991 像素。

此时，水平排列的导航菜单又变为垂直排列。

⑮ 按住 Ctrl 键或 Cmd 键，单击三道杠图标，收起菜单。

到这里，导航菜单就处理好了。接下来再处理一下页头部分，其中包含公司 Logo。公司 Logo 由一个图像和覆盖其上的文本组成。控制页头的 CSS 样式是固定的，这导致页头无法对屏幕尺寸的变化做出响应。接下来使用媒体查询来解决这个问题。

12.8.2　使用媒体查询控制文本样式

本小节介绍如何使用媒体查询控制页头样式。

❶ 向左拖曳文档窗口宽度控制块，观察随着文档窗口变窄，页头部分是如何变化的，如图 12-52 所示。

图 12-52

当文档窗口宽度变小时，页头中的背景图像做出了相应改变，但是覆盖其上的文本丝毫未变。随着背景图像一点点变小，公司名称开始与图像左侧的旅游巴士重叠，并最终在 970 像素左右遮住了它。当文档窗口宽度变为 520 像素时，公司名称和公司宗旨都变成了两行。由于 991.98 像素处已经有一个媒体查询了，所以可以用它控制重叠。

> 💡注意　在不同计算机和操作系统中，转折点位置可能不一样。在你的操作系统中，可能需要调整一下转折点位置，才能正常显示。

❷ 在【CSS 设计器】面板的【源】窗格中，选择 favorite-styles.css，然后在【@ 媒体】窗格中，选择【全局】。

此时，【选择器】窗格中显示出所有规则，其中有 3 个规则用于格式化页头。

❸ 使用鼠标右键单击 header h2 规则，然后在快捷菜单中依次选择【复制到媒体查询中】>【screen and (max-width:991.98px)】，如图 12-53 所示。

❹ 重复第 3 步，把规则 header p、header 也复制到 screen and (max-width:991.98px) 媒体查询中。

❺ 在【源】窗格中，选择 favorite-styles.css，在【@ 媒体】窗格中，选择 screen and (max-width:991.98px)，再在【选择器】窗格中，选择 header h2 规则。

此时，在【属性】窗格中显示出 header h2 规则中的属性设置。接下来把不需要改动的属性删除。

图 12-53

⑥ 删除如下属性:

~~margin~~
~~color~~
~~font-family~~
~~line-height~~
~~text-align~~
~~text-shadow~~

⑦ 把 font-size 修改为 300%，letter-spacing 修改为 0.05em，如图 12-54 所示。

图 12-54

⑧ 在【源】窗格中，选择 favorite-styles.css，在【@ 媒体】窗格中，选择 screen and (max-width: 991.98px)，再在【选择器】窗格中，选择 header p 规则。

这条规则用来格式化公司宗旨。与公司名称一样，公司宗旨也延伸到了旅游巴士上。

⑨ 删除如下属性:

~~color~~
~~line-height~~
~~font-weight~~
~~text-align~~
~~text-shadow~~

⑩ 把 font-size 设置为 130%，letter-spacing 设置为 0.2em，如图 12-55 所示。

图 12-55

⑪ 在【源】窗格中，选择 favorite-styles.css，在【@ 媒体】窗格中，选择 screen and (max-width: 991.98px)，再在【选择器】窗格中，选择 header 规则。

这条规则用来格式化页头和背景图像。当文档窗口宽度变小时，背景图像随之变小，但页头高度保持不变。

⑫ 删除如下属性:

~~margin~~
~~background-color~~
~~background-image~~
~~background-position~~
~~background-repeat~~

⑬ 把 height 设置为 190px，background-size 设置为 70% auto，如图 12-56 所示。

图 12-56

⑭ 左右拖曳文档窗口宽度控制块，观察新规则产生的样式。

当文档窗口宽度介于 660 像素与 991 像素之间时，新规则发挥作用，控制页头样式。当文档窗口宽度小于 991 像素时，公司名称再次覆盖旅游巴士。接下来再添加一个媒体查询。

> 注意　操作步骤中的转折点可能和你的不一样。你可以根据需要自由改变转折点的位置。

前面使用【CSS 设计器】面板创建了媒体查询，其实也可以在【可视媒体查询栏】中创建媒体查询。

⑮ 把文档窗口宽度控制块拖曳至 660 像素处。

单击【添加媒体查询】图标（▼），弹出一个媒体查询定义对话框。当前文档窗口宽度下已经存在 max-width 了，这表示该媒体查询针对的窗口宽度不大于 660 像素。

⑯ 把 max-width 设置为 659.98px，从下拉列表中选择 favorite-styles.css，如图 12-57 所示。

图 12-57

这样设置之后，媒体查询对于宽度小于 660 像素的屏幕才有效。

⑰ 单击【确定】按钮，新建一个媒体查询。

⑱ 在【CSS 设计器】面板的【源】窗格中，选择 favorite-styles.css。

在【@ 媒体】窗格中，选择 screen and (max-width: 991.98px)。

此时，【选择器】窗格中显示出该媒体查询中定义的 4 个规则。

Dreamweaver 允许我们把一个媒体查询中的规则复制到另外一个媒体查询中。

⑲ 重复步骤 3，分别把 header h2、header p、header 规则复制到刚刚创建好的媒体查询 (max-width: 659.98px) 中，如图 12-58 所示。

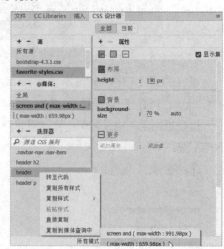

图 12-58

㉑ 在【源】窗格中，选择 favorite-styles.css，在【@ 媒体】窗格中，选择 (max-width:659.98px)，再在【选择器】窗格中，选择 header h2 规则。

㉑ 把 font-size 设置为 230%，letter-spacing 设置为 0.03em。添加 margin: 1.4em 0 0 0 与 line-height: 1.5em 属性。

㉒ 在【选择器】窗格中，选择 header p 规则。

㉓ 把 font-size 设置为 100%，letter-spacing 设置为 0.3em。

㉔ 在【选择器】窗格中，选择 header 规则。

㉕ 把 height 设置为 160px。

㉖ 保存所有文件。

㉗ 左右拖曳文档窗口宽度控制块，观察新规则产生的样式。

当文档窗口宽度介于 500 像素与 660 像素之间时，新规则发挥作用，控制页头样式。当文档窗口宽度小于 660 像素时，公司名称再次覆盖旅游巴士。

在为小屏幕做格式化处理时，一定要注意页面是在什么类型的设备中浏览的。屏幕宽度小于 640 像素的设备大多数都是智能手机。在小屏幕上，有时你需要做一些很困难的决定，例如把某些页面元素隐藏起来。

12.8.3　使用媒体查询控制元素的可见性

随着屏幕越来越小，<header> 元素对展现公司形象的价值越来越小，同时它还占用了宝贵的屏幕空间。接下来使用媒体查询把 <header> 元素隐藏起来。

❶ 打开 favorite-temp.dwt 模板文件。

❷ 把文档窗口宽度控制块拖曳至 500 像素处。

单击【添加媒体查询】图标。

❸ 在 favorite-styles.css 中，在 500 像素处新建一个 max-width 媒体查询，如图 12-59 所示。

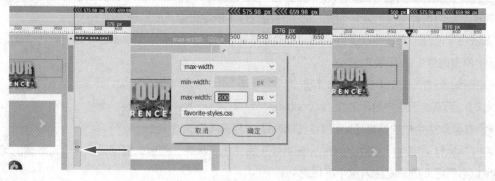

图 12-59

❹ 在【源】窗格中，选择 favorite-styles.css，在【@ 媒体】窗格中，选择 (max-width:500px)。

❺ 在【选择器】窗格中，新建一个选择器 header，然后在【属性】窗格中添加 display: none 属性，如图 12-60 所示。

此时，<header> 元素仍然可见。当一个元素不像预期那样受 CSS 控制时，很有可能发生了规则冲突。

❻ 选择公司名称。

元素显示框中显示的是 <a> 元素。

图 12-60

⑦ 在标签选择器栏中，选择 header 标签选择器。在【CSS 设计器】面板中，选择【当前】模式。

此时，在【选择器】窗格中，.row 规则出现在列表的第一个位置。该规则来自 Bootstrap 样式表。虽然 favorite-styles.css 比 Bootstrap 样式表级联级别更高，但 .row 是一个类，其优先级更高。我们可以在第 5 步创建的规则中添加这个类，让其覆盖 Bootstrap 中的规则。

⑧ 选择【全部】模式。

⑨ 在【源】窗格中，选择 favorite-styles.css，在【@ 媒体】窗格中，选择 (max-width:500px)。

⑩ 双击 header 规则，使其处于可编辑状态。

⑪ 把规则名称修改为 header.row，按 Enter 键或 Return 键，使修改生效，如图 12-61 所示。

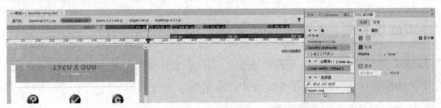

图 12-61

修改完成后，<header> 元素就消失不见了。问题看似解决了，但是这又带来一个新问题。

<header> 元素消失后，图像轮播组件的一部分滑到了导航菜单之下。虽然可以像处理 <header> 元素一样，在图像轮播组件上方添加一些空隙，但问题是有些页面中并不包含图像轮播组件。其他带占位符的区域中也有类似问题。因此，必须使用一种不依赖占位符的解决方案。

解决这个问题的方法有很多种，最简单的方法是在导航菜单与占位区域之间插入一个间隔元素。

⑫ 单击图像轮播组件。

选择 div.container .mt-3 标签选择器。

此时，元素显示框中显示的是 div.container .mt-3。

⑬ 在菜单栏中依次选择【窗口】>【DOM】，打开【DOM】面板。

在【DOM】面板中，选中的 <div> 元素处于高亮显示状态。图像轮播组件是一个可编辑的可选区域，所以必须把间隔元素插入这个区域之外。

⑭ 在【DOM】面板中，选择 header .row 元素。

单击【添加元素】图标。

在弹出的菜单中选择【在此项后插入】。

此时，<header> 元素后出现一个 <div> 元素，且处于可编辑状态。

⑮ 按 Tab 键，把光标移动到 <div> 元素右侧的文本框中。

输入 .mobile-spacer，按 Enter 键或 Return 键，结束编辑，如图 12-62 所示。

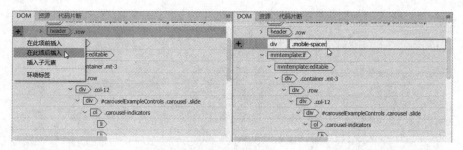

图 12-62

在 Dreamweaver 中插入一个 <div> 元素时，Dreamweaver 会在 <div> 与 </div> 之间插入一些占位文本。即使这些占位文本未在浏览器中显示出来，也没必要在文档中保留它们。

⑯ 切换到【代码】视图，找到 <div class="mobile-spacer">（大约在第 41 行）。

⑰ 选择占位文本"此处为新 div 标签的内容"。按住 Shift+Ctrl 或 Shift+Cmd 快捷键，再按空格键（或输入 ），插入一个不间断空格字符实体，替换掉占位符内容，如图 12-63 所示。

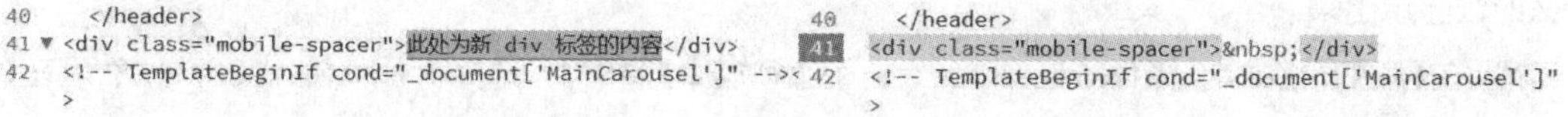

```
40     </header>                                          40     </header>
41 ▼ <div class="mobile-spacer">此处为新 div 标签的内容</div>   41 <div class="mobile-spacer"> </div>
42  <!-- TemplateBeginIf cond="_document['MainCarousel']" -->< 42  <!-- TemplateBeginIf cond="_document['MainCarousel']"
    >
```

图 12-63

虽然这不是 HTML 标准要求的，但是许多网页设计师还是喜欢在空元素中插入不间断空格作为占位符。

添加好 <div> 元素之后，接下来为其添加样式，使其在页头出现时起到间隔作用，在页头显示时隐藏起来。

⑱ 切换到【实时视图】。

在【源】窗格中，选择 favorite-styles.css，在【@ 媒体】窗格中，选择 (max-width:500px)。

新建一个名为 .mobile-spacer 的选择器。

⑲ 添加 height: 60px 属性，如图 12-64 所示。

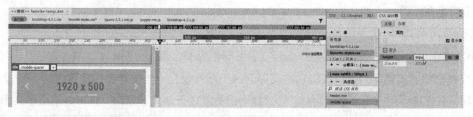

图 12-64

添加好 height 属性后，图像轮播组件会下移，为导航菜单留出足够空间。而且，它还有助于确保无论是否存在图像轮播组件，导航菜单中的其他内容都是清晰的。接下来要做的是让间隔元素在页头显示时隐藏起来。

前面说过全局规则会一直起作用。所以，这里要新建一个全局规则，使其在需要时（500 像素处）把间隔元素隐藏起来。

⑳ 在【源】窗格中，选择 favorite-styles.css，在【@ 媒体】窗格中，选择【全局】。

新建一个名为 .mobile-spacer 的选择器。

㉑ 添加 display: none 属性，如图 12-65 所示。

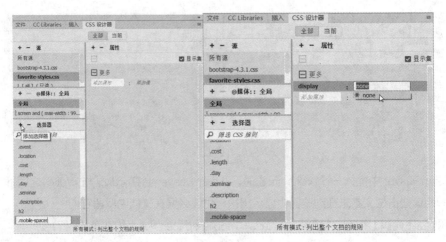

图 12-65

当全局规则把间隔元素隐藏时，图像轮播组件会再次移动到导航菜单下。接下来设置间隔元素在什么时候显示出来。

㉒ 在【源】窗格中，选择 favorite-styles.css。在【@媒体】窗格中，选择 (max-width:500px)，然后在【选择器】窗格中，选择 .mobile-spacer 规则。

㉓ 添加 display: block 属性，如图 12-66 所示。

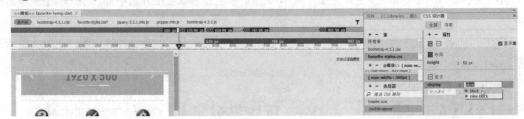

图 12-66

此时，间隔元素再次出现，把图像轮播组件推到导航菜单下。现在，间隔元素应该能够正确地对屏幕尺寸做出响应了。

㉔ 保存所有文件，更新所有子页面。

㉕ 左右拖曳文档窗口宽度控制块，观察页头和导航菜单会有什么变化。

当文档窗口宽度变化时，页头和导航菜单会做出相应调整。当文档窗口宽度大于 500 像素时，页头出现，并根据可用空间大小做调整。当文档窗口宽度大于 991 像素时，水平导航菜单会出现。现在，在不同屏幕尺寸下，两者似乎都工作得很好。但其实还有一个问题需要处理：当文档窗口宽度小于 500 像素时，页头会隐藏起来，缺少了页头，页面在小屏幕上显示时就没有了公司名称。事实上，在最初的 Bootstrap 模板中，就有一个专为此目的设计的元素，但第 10 课中把它隐藏了。

㉖ 把文档窗口宽度控制块拖曳至 400 像素处。

㉗ 在【源】窗格中，选择 favorite-styles.css。在【@媒体】窗格中，选择【全局】，然后在【选择器】窗格中，选择 .container .navbar-brand 规则，如图 12-67 所示。

这条规则把先前添加公司名称的 .navbar-brand 元素隐藏了。

㉘ 使用鼠标右键单击 .container .navbar-brand 规则，在快捷菜单中依次选择【复制到媒体查询中】>【screen and (max-width:991.98px)】，如图 12-68 所示。

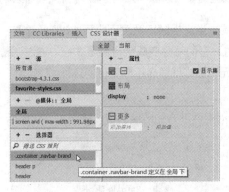

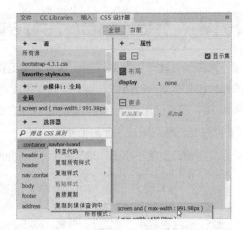

图 12-67 图 12-68

㉙ 在【@媒体】窗格中，选择 screen and (max-width:991.98px)，在【选择器】窗格中，选择 .container .navbar-brand 规则，在【属性】窗格中，把 display 属性设置为 block，如图 12-69 所示。

图 12-69

此时，公司名称出现在导航菜单中，三道杠图标移动到导航菜单右侧。公司名称是白色的，在黄色背景上可读性较差。

㉚ 在 .container .navbar-brand 规则中，添加如下属性（见图 12-70）：

color: #069
font-weight: bold

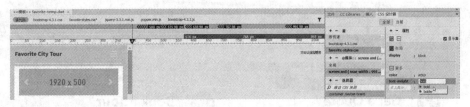

图 12-70

此时，.navbar-brand 元素变成蓝色，可读性变强。

㉛ 保存所有文件。

㉜ 向右拖曳文档窗口宽度控制块，如图 12-71 所示。

图 12-71

当拖曳过 992 像素时，.navbar-brand 元素隐藏起来，页头显示出来。到这里，不管在什么尺寸的屏幕中，都能看到公司名称。

12.9　控制 Bootstrap 元素的对齐方式

接下来需要处理一下图像轮播组件下方的链接区域。当文档窗口宽度不小于 1200 像素时，链接区域的图片和文本呈一行排列。当文档窗口宽度减小时，它们就会变成两行甚至 3 行。通过调整一些 Bootstrap 类，配合使用媒体查询，你可以让这些页面元素更好地适应不断变化的环境。

❶ 打开 favorite-temp.dwt 模板文件。

确保文档窗口宽度不小于 1200 像素。观察图像轮播组件下方的链接区域，如图 12-72 所示。

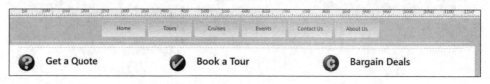

图 12-72

此时，链接区域中的图标和文本排列在一行中，而且图标位于文本左侧。

❷ 把文档窗口宽度控制块拖曳至 500 像素处。

观察链接区域中的各个组件是如何随着文档窗口宽度变化的。

不断往左拖曳文档窗口宽度控制块，当文档窗口宽度小于 1200 像素时，第三个链接会变成两行。当文档窗口宽度小于 992 像素时，3 个链接文本呈单行排列。当文档窗口宽度小于 768 像素时，呈 3 行排列。

这些链接的行为和样式由应用到其上的 Bootstrap 类控制。先把图标和链接文本分成两行，并确保它们在任意尺寸的屏幕下都如此。

❸ 把文档窗口宽度控制块拖曳至 1200 像素处。

选择 Get a Quote 链接文本。

选择 div .col-lg-6.col-10.ml-1 标签选择器，如图 12-73 所示。

> ♀ 提示　在【实时视图】下，有时选择模板中的某个元素会有点难。解决这个问题有一个小技巧：再打开一个 HTML 文件，然后从这个 HTML 文件切换到模板文件，这样就能轻松选择模板文件中的元素了。

图 12-73

这个 Bootstrap 容器（<div> 元素）用于控制链接文本的外观，从其类属性可以知道它是如何格式化的。例如，col 属性用于控制元素占用的列数，默认为 12 列。这里，<div> 元素在父元素中占了 10 列。请注意，<div> 元素有两个类都包含 col 属性，这正体现了 Bootstrap 的工作方式。Bootstrap 设置了几种默认屏幕尺寸（大、中、小和超小），然后提供了预定义的列规格，你可以通过 CSS 类使用它们。向某个元素添加两个或多个 Bootstrap 类后，可以根据屏幕尺寸改变这个元素在布局中的呈现方式。第二个类 .col-lg-6 表示 <div> 元素在大屏幕上只占 6 列。要使链接文本自身显示在一行，将其列数指定为 12 列即可。

④ 在元素显示框中，把类名 .col-10 修改为 .col-12。

这样修改后，<div> 元素在父元素中占用的列数变为 12 列。此时，链接文本应该显示在一行，其他两个类不再需要了，将它们删除。

⑤ 从 <div> 元素删除 .col-lg-6 与 .ml-1 两个类。

接下来让链接文本居中对齐。

⑥ 单击【添加类 /ID】图标，输入 .text-center，然后按 Enter 键或 Return 键，如图 12-74 所示。

⑦ 重复步骤 3~6，对 Book a Tour 与 Bargain Deals 两个链接文本做同样的处理。

当文档窗口宽度为 500 像素时，前两个链接文本显示在一行，但是第三个链接文本变为两行。接下来向一个媒体查询中添加一条规则来解决这个问题。

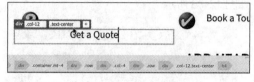

图 12-74

⑧ 在【源】窗格中，选择 favorite-styles.css。在【@ 媒体】窗格中，选择 (max-width:500px)，然后在【选择器】窗格中，创建 h4 选择器。

⑨ 向 h4 规则中添加如下属性（见图 12-75）：

```
font-size: 135%
```

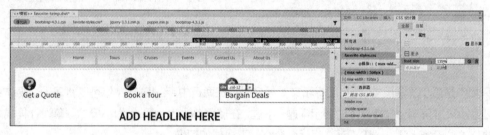

图 12-75

这样，3 个链接文本尺寸变小，同时显示在一行中。接下来给链接图标添加样式。

💡 注意 ｜ 不同计算机和操作系统下，转折点可能不一样。请你根据自己的操作系统调整媒体查询和字号。

⑩ 单击 Get a Quote 上方的图标，选择 div .col-2 标签选择器。

在最初的设计中，图标占两列，链接文本占 10 列。

⑪ 在元素显示框中，把类名 .col-2 修改为 .col-12，然后添加类 .text-center，使图标在链接文本上方居中对齐。

⑫ 重复步骤 10~11，对其他两个链接图标做同样的处理。

修改了元素或样式后，一定要做测试，检查一下修改是否符合预期。

⑬ 向右拖曳文档窗口宽度控制块，观察链接区域有何变化，如图 12-76 所示。

除了文档窗口宽度在 501 像素和 530 像素之间的时候，其他情况下链接图标和

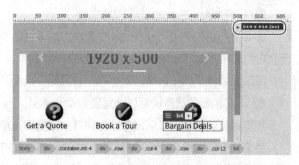

图 12-76

文本都在两行中。解决这个问题有一个最简单的方法，那就是把 h4 规则复制到 (max-width: 659.98px)
媒体查询中。

⑭ 在【源】窗格中，选择 favorite-styles.css。在【@ 媒体】窗格中，选择 (max-width:500px)。

⑮ 使用鼠标右键单击 h4 规则，将其复制到 (max-width: 659.98px) 媒体查询中，如图 12-77 所示。
复制好规则之后，链接文本就会显示在一行中。

⑯ 左右拖曳文档窗口宽度控制块，观察在不同文档窗口宽度下，链接区域的变化是否符合预期，
如图 12-78 所示。

图 12-77

图 12-78

只要不是最小屏幕尺寸，链接图标和文本都会显示在两行中。若有必要，你可以新建一个媒体查询，
专门处理小尺寸屏幕上链接区域的显示问题。不过，在使用 Dreamweaver 为小尺寸屏幕设计样式之前，
需要先在这些设备上测试一下设计。后面会介绍一下具体如何做。

⑰ 保存并更新所有文件。

到这里，模板中的几个问题就处理好了。但页面的地址区域中还有一个设计问题需要处理。

12.10　修改 Bootstrap 模板结构

第 7 课创建页面基本布局时，改动了页面底部链接和地址的呈现方式，但那些只是针对大尺寸屏
幕做的修改。接下来针对所有尺寸的屏幕修改一下这两部分的布局。

❶ 打开 favorite-temp.dwt 模板文件。

确保文档窗口宽度不小于 1200 像素。向下滚动页面，显示出页面底部的链接区域和地址区域，
查看它们的布局情况，如图 12-79 所示。

链接区域位于地址区域之上，水平占满整个页面。地址区域分成两列。

❷ 把文档窗口宽度控制块拖曳至 500 像素处。

观察链接区域和地址区域是如何随着文档窗口宽度的变化而变化的。

当文档窗口宽度小于 992 像素时，两个区域变成并排的两列。地址区域中两部分是堆叠在一起的。
随着文档窗口宽度不断变小，链接文本从 3 列变成两列，最后变成一列（文档窗口宽度小于 500 像素时）。

如果链接区域和地址区域一直占用整个列，布局会好看一些。通过修改指定给这些元素的 Bootstrap 类，你可以按照预期控制这些元素。

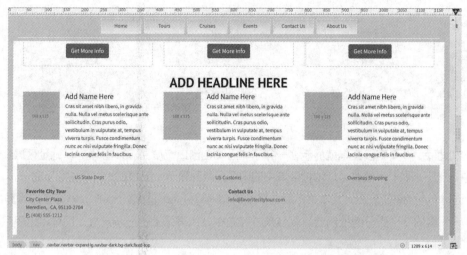

图 12-79

❸ 选择链接文本 US State Dept.。

选择 div .col-6 .col-md-8 .col-lg-12 标签选择器，如图 12-80 所示。

这个 <div> 元素是整个链接区域的父元素。请确保整个链接区域周围出现的是蓝色边框。<div>元素带有 3 个 Bootstrap 类，这些类控制着 <div>元素的默认尺寸，及其在中、大屏幕上的尺寸。这里只需要保留默认尺寸。

图 12-80

❹ 删除 .col-md-8 与 .col-lg-12 两个类，然后把类 .col-6 修改为 .col-12，如图 12-81 所示。

此时，链接区域在水平方向上占满整个页面宽度。但其中包含的 3 个链接文本仍然是堆叠排列的。当文档窗口宽度达到 500 像素时，水平空间变得很大，3 个链接文本就可以并排在一行了。

❺ 选择链接文本 US State Dept.。

再选择 div .col-sm-6 .col-md-4 .col-lg-4 .col-12 标签选择器，如图 12-82 所示。

图 12-81

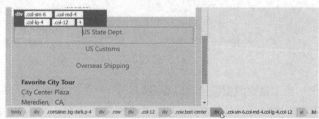

图 12-82

这个 <div> 元素有 4 个类控制着其默认尺寸，以及在小、中、大屏幕上的显示尺寸。这里也只需要保留默认显示尺寸。

❻ 删除 .col-sm-6、.col-md-4、.col-lg-4 3 个类，然后把 .col-12 修改为 .col-4。

此时，US State Dept. 链接文本移动到左侧，占据整个区域三分之一的空间。

⑦ 重复步骤 5~6，对 US Customs 与 Overseas Shipping 链接文本做同样的处理，如图 12-83 所示。

图 12-83

经过处理后，3 个链接文本就显示在一行了。当文档窗口宽度是 500 像素时，地址区域还是显示在一列中。接下来做一下修改，让地址区域中的内容呈两列显示，就跟在大屏幕中显示时一样。

⑧ 选择 Favorite City Tour 文本，然后选择 div .col-md-4 .col-lg-12 .col-6 .row 标签选择器。

<div> 元素的 3 个类分别控制着其默认尺寸和在中、大屏幕上的显示尺寸。同样，这里只需要用到一个类。

⑨ 删除 col-md-4、.col-lg-12 两个类，然后把 .col-6 修改为 .col-12，如图 12-84 所示。

图 12-84

此时，<div> 元素会占满整个页面，但是里面的文本仍然堆叠在一列中。

⑩ 选择 address .col-lg-6 标签选择器，把 .col-lg-6 修改为 .col-6，如图 12-85 所示。

图 12-85

当文档窗口宽度是 500 像素时，第一个 <address> 元素占据其父元素二分之一的空间，应用在其上的类控制着它占据 6 列，但只在大屏幕上起作用。为了把地址显示为两列，需要编辑一下 <address> 元素的类，使其应用到所有屏幕尺寸上。

⑪ 重复步骤 10，处理一下第二个 <address> 元素，如图 12-86 所示。

此时，两个地址并排显示在一行中。

⑫ 把文档窗口宽度控制块拖曳至 320 像素处。以前的智能手机屏幕宽度是 320 像素，现在的智

能手机的尺寸更大。不管屏幕尺寸多大，重要的是一定要测试页面。

在这个宽度下，两个地址块仍然显示为两列，但里面的文本会变成很多行。

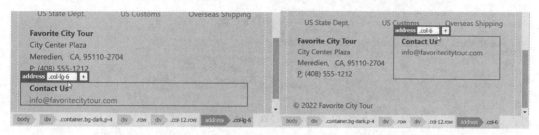

图 12-86

⓭ 向右拖曳文档窗口宽度控制块。

观察地址块中的文本，确定其显示宽度令人满意，如图 12-87 所示。

图 12-87

当文档窗口宽度达到 350 像素时，文本换行方式合乎要求。

⓮ 把文档窗口宽度控制块固定在 350 像素处。

单击【添加媒体查询】图标，在下拉列表中选择 favorite-styles.css，单击【确定】按钮，新建媒体查询，如图 12-88 所示。

图 12-88

新创建的媒体查询用于在文档窗口宽度不大于 350 像素时格式化地址块。这里希望两个地址块能够占满整个页面，如同给它们添加了 .col-12 类一样。要做到这一点，最简单的方法是复制 .col-12 类中的样式，然后在新建的媒体查询中为 <address> 元素创建一条规则。

⓯ 单击含有公司邮件地址的 <address> 元素，选择 div .col-12.row 标签选择器。

⓰ 在【CSS 设计器】面板中，选择【当前】模式。

使用鼠标右键单击规则 .col-12，然后在快捷菜单中选择【复制所有样式】。

⓱ 选择【全部】模式。

在【源】窗格中，选择 favorite-styles.css，在【@ 媒体】窗格中，选择 (max-width:350px)。

⑱ 创建 address.col-6 规则，使用鼠标右键单击它，然后在快捷菜单中选择【粘贴样式】，如图 12-89 所示。

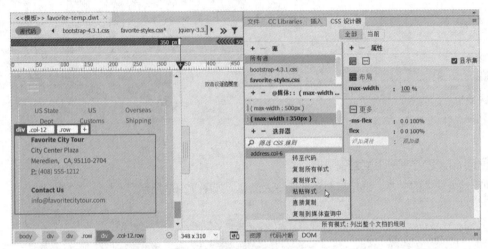

图 12-89

这条规则只对 <address> 元素起作用。此时，地址块已经变成单列显示，其中的文本也会正常显示，不会再出现凌乱的换行。到这里，模板就修改好了。

⑲ 保存模板文件，更新所有页面。

⑳ 左右拖曳文档窗口宽度控制块，观察页面布局有什么变化。

此时，模板结构在任意尺寸的屏幕中都有非常好的表现，但这并不代表什么地方都不用修改了。其实，其中有些结构元素还需要根据不同屏幕尺寸做一下调整。你可以根据需要随时做相应调整。

㉑ 关闭模板文件，保存所有更改。

12.11 调整内容以适应移动设计

网页设计师的一多半工作都是测试和解决页面内容和设计之间的冲突。在上传修改好的页面之前，应该先检查一下每个页面是否存在设计或响应上的问题。

12.11.1 检查并解决页面中的设计冲突

接下来检查一下网站中的各个页面，找出页面内容和 Bootstrap 响应式设计之间存在的冲突，并解决。

❶ 打开 index.html 文件，进入【实时视图】。请确保文档窗口宽度不小于 1200 像素。

为了更好地检查页面，可以在【实时视图】下隐藏元素边框等一些显示选项。

❷ 在通用工具栏中，单击【实时视图选项】，在弹出的菜单中选择【隐藏"实时视图"显示】，如图 12-90 所示。

选择【隐藏"实时视图"显示】后，所有元素边框和其他一些实时视图显示都会隐藏起来。这样，浏览页面时就像在真的浏览器中浏览一样，不会再有什么东西让你分心了。

❸ 向左拖曳文档窗口宽度控制块至 320 像素处。

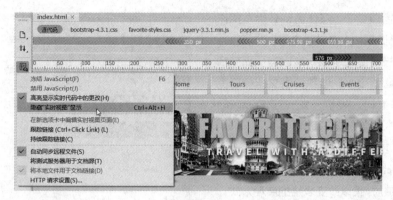

图 12-90

随着文档窗口宽度的变化，观察页面内容是如何变化的，如图 12-91 所示。

主页中不存在什么大的设计冲突，只是当文档窗口宽度小于 500 像素时，主标题看起来有点大。

④ 在【源】窗格中，选择 favorite-styles.css，然后在【@ 媒体】窗格中，选择 (max-width:350px)。

⑤ 创建 h2 规则，然后添加 font-size: 180% 属性，如图 12-92 所示。

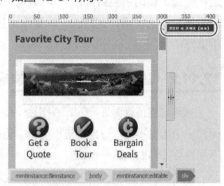

图 12-91

此时，标题看起来美观多了。接下来检查其他页面。

⑥ 打开 tours.html 文件，进入【实时视图】。确保文档窗口宽度不小于 1200 像素。

此时，实时视图显示处于开启状态。如果需要，你可以随时把它们关闭。

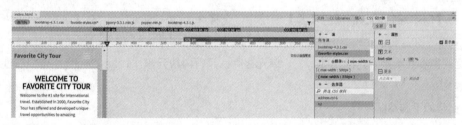

图 12-92

⑦ 把文档窗口宽度控制块向左拖曳至 320 像素处。

随着文档窗口宽度变化，观察页面内容是如何变化的。

经过检查，发现 tours.html 页面中不存在设计冲突。

⑧ 打开并检查 cruises.html 页面。

经过检查，发现 cruises.html 页面中不存在设计冲突。

⑨ 打开并检查 events.html 页面。

确保文档窗口宽度不小于 1200 像素。

这个网页中包含两个表格。

⑩ 向左拖曳文档窗口宽度控制块，仔细观察表格是否会对文档窗口宽度的变化做出响应，如图12-93所示。

随着文档窗口变窄，媒体查询开始发挥作用，重新格式化页面和组件以适应更小的屏幕。由于表格宽度被设置成 95%，所以当页面变窄时，它们也会跟着变小。但是，当文档窗口宽度小于 500 像素时，表格（尤其是 Seminars 表格）中的文本就会变得一团糟。

为了解决这个问题，你需要重新思考一下如何更好地设计和展示表格。这里调整一下表格元素的基本性质，借以改变表格的展现方式。这个过程中，有时会在【CSS 设计器】面板中进行设置，有时也会直接进入【代码】视图进行设置。不论使用什么方法，只要你用起来顺手就好。

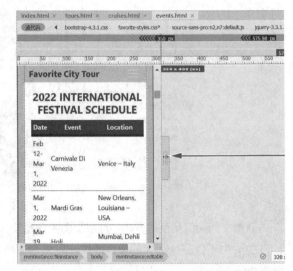

图 12-93

12.11.2　让 HTML 表格具有响应能力

做响应式设计时，HTML 表格是一个最容易被忽略的元素。众所周知，表格不适合用在小屏幕上，因为它们本身不能很好地适应小屏幕。但是，借助一些 CSS 技巧，可以让 HTML 表格具备响应能力。下面介绍如何做到这一点。

❶ 把文档窗口宽度控制块拖曳至 400 像素处。

滚动页面，显示出页面中的 Festivals 表格。

这里设置为只有文档窗口宽度小于 500 像素时（或者说当屏幕宽度小于 500 像素时），才调整 HTML 表格。

❷ 在【CSS 设计器】面板的【源】窗格中，选择 favorite-styles.css。在【@ 媒体】窗格中，选择 (max-width: 500px)。

表格的基本元素是单元格（<td>）。单元格默认是行内块元素（inline-block），接下来修改一下这个默认设置。

❸ 创建如下选择器：

section td, section th

基本上，表头（<th>）和单元格是一样的，可以使用相同的方法格式化它们。

❹ 向新规则中添加 display: block 属性，如图 12-94 所示。

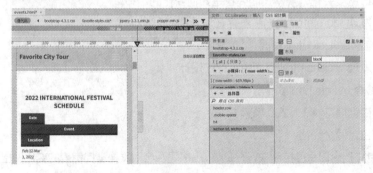

图 12-94

当文档窗口宽度小于500像素时，表格单元格就会垂直显示，一个单元格叠在另外一个单元格之上。

上面这条规则会重置表格元素的默认行为，以便控制它们在小屏幕上的外观。有些单元格比其他单元格窄，因为存在从样式表其他部分继承而来的样式。接下来创建一些规则把继承来的样式覆盖掉。

⑤ 创建 section table 规则，添加 margin: 10px auto 属性。

此时，表格在页面中是居中对齐的。

💡 注意 请确保接下来的所有规则和属性只添加到 (max-width: 500px) 这个自定义的媒体查询中。

当数据堆叠显示时，表头行就没什么意义了。因此，可以为表头行添加 display:none 属性，将其隐藏起来，但无障碍标准不建议这样做。更好的做法是为它添加样式，不让它占用空间。

⑥ 创建 section th 规则，然后添加如下属性：

height: 0
margin: 0
padding: 0
font-size: 0pt
border: none
overflow: hidden

💡 注意 请仔细检查各个属性值。Dreamweaver 有时会重写某些属性值，一定要确保所有属性值和你输入的一样。

这样，表头行就看不见了，但是使用屏幕阅读器或其他辅助设备的残障人士仍然能够正常访问到它。在隐藏表头行之后，随之而来的问题是如何描述表格中的数据。

解决这个问题需要用到 CSS3 中的一个新属性，它可以根据应用到单元格上的 CSS 类来创建标签。有些最新的 CSS3 属性无法直接在【CSS 设计器】面板中使用，但是你可以在【属性】窗格或【代码】视图下手动输入它们，输入时 Dreamweaver 还有可能为它们提供一些提示。

⑦ 在 (max-width: 500px) 媒体查询中，创建 td.date:before 规则。

💡 注意 这类选择器称为"伪类"，与你为链接行为创建的类有关联。

⑧ 勾选【显示集】复选框，输入如下"属性：值"组合（见图 12-95）：

content: "Date: "

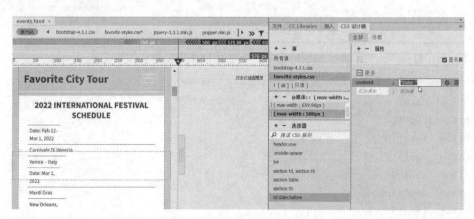

图 12-95

> 💡 **注意** 在标签中，请一定要在冒号后面添加一个空格，保证标签和单元格内容之间有间隔。

"Date:" 标签出现在带 date 类的所有单元格中。接下来为每个数据元素创建一个类似的规则。

> 💡 **注意** 请确保接下来的所有规则和属性只添加到 (max-width: 500px) 这个自定义的媒体查询中。

⑨ 重复步骤 7~8，在 (max-width: 500px) 媒体查询中创建如下规则和属性（见图 12-96）：

规则	属性：值
td.event:before	content: "Event: "
td.location:before	content: "Location: "
td.cost:before	content: "Cost: "
td.seminar:before	content: "Seminar: "
td.description:before	content: "Description: "
td.day:before	content: "Day: "
td.length:before	content: "Length: "

> 💡 **提示** 在【代码】视图下添加上面这些规则和属性会更容易。在文档窗口顶部的相关文件栏中，单击 favorite-styles.css 文件名，即可在【代码】视图下打开 favorite-styles.css 文件，然后就可以直接在其中添加规则和属性了。

图 12-96

此时，每个数据单元格都有了相应标签。CSS 也可以用来格式化数据和标签。

⑩ 在 (max-width: 500px) 媒体查询中，创建如下选择器：

section .date,
section .event,
section .location,
section .cost,
section .seminar,
section .description,
section .length,
section .day

💡 注意 在第 10 步中，创建单个选择器时，请不要在最后一个选择器名称后添加逗号，否则会导致规则失效。如果要创建多个选择器，请务必删除每个选择器名称中的逗号。

这里把这条规则分成了多行，是为了便于阅读，但是在选择器名称框或【代码】视图中，应该把它们作为一个长字符串输入。只要所有数据单元格的样式相同，就可以把所有选择器合并成一条规则，各个选择器之间用逗号隔开。输入代码时，一定要正确使用逗号，保证拼写正确，代码中的一丁点错误都会导致样式应用失败。如果你希望一个或多个元素有不同样式，就需要分别创建多个规则。

虽然表格中的标签显示了出来，但是与普通文本区分度不够。接下来给这些标签添加一些样式，让它们更醒目、更突出。

⓫ 在新规则中添加如下属性（见图 12-97）：

width: 100%
padding-left: 30%
position: relative
text-align: left

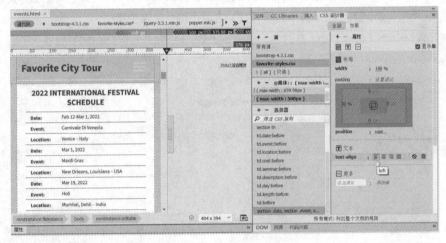

图 12-97

此时，这些活动和类项都是缩进的，而且宽度相同。接下来添加一条规则，把标签和表格内容区分开。

💡 注意 在这里，这些类的样式是相同的，但有时你可能希望调整一个或多个项目的样式。这种情况下，你就必须单独创建规则了，尽管这么做会增加下载的代码量，但灵活性却很强。

⓬ 在 (max-width: 500px) 媒体查询中，创建规则 td:before，并添加如下属性（见图 12-98）：

width: 25%
display: block
padding-right: 10px
position: absolute
top: 6px
left: 1em
color: #069
font-weight: bold
white-space: nowrap

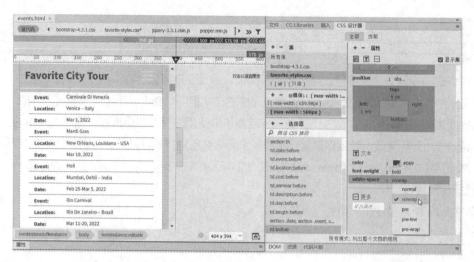

图 12-98

此时，标签文本变成粗体和深绿色，与数据明显地区分开来。接下来要做的是把各条记录区分开，最简单的方法是在每条记录（即原表格的每一行）之间添加一条深色格线。

⓭ 在 (max-width: 500px) 媒体查询中，创建 section tr 规则，然后添加如下属性（见图 12-99）：

```
border-bottom: solid 2px #069
```

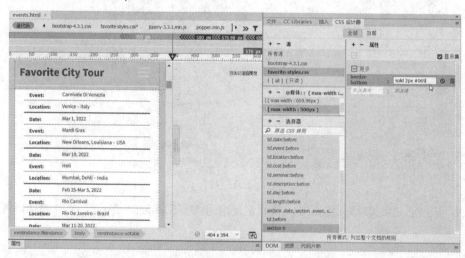

图 12-99

接下来使用一个 CSS3 选择器向表格的某些行添加背景颜色，提高数据的可读性。

⓮ 在 (max-width: 500px) 媒体查询中，创建 section tr:nth-of-type(even) 规则，然后添加如下属性（见图 12-100）：

```
background-color: #FFC
```

💡 警告　有些旧浏览器可能不支持 nth-of-type(even) 这类高级选择器。

这个 CSS3 选择器实际上只在表格的偶数行添加背景颜色。应用这种样式有助于增强数据的可读性。不管在哪种尺寸的屏幕下，都可以应用这种样式。

到这里，两个表格都加好了样式，而且都能对屏幕尺寸的变化做出响应。在【实时视图】下，两个表格看上去很不错，但这还不够，更重要的是在各种浏览器和移动设备中能正常响应。

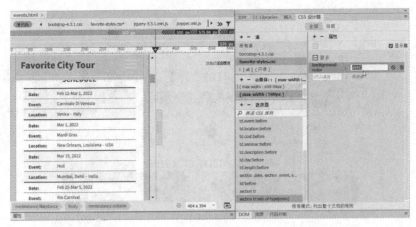

图 12-100

⑮ 不断向右拖曳文档窗口宽度控制块，然后往左拖曳，测试一下表格是否具有良好的响应能力。

当文档窗口宽度大于 500 像素时，表格会变成原来的样子。一旦文档窗口宽度小于 500 像素，表格的响应能力就会自动发挥作用，做出相应调整。

⑯ 保存所有文件。

到这里，关于表格的响应式设计就做好了。接下来还要检查一下最后两个页面。

12.12 使用【实时预览】检查页面

Dreamweaver 中的【实时视图】基于 WebKit 网页浏览器引擎，能够很好地呈现网页内容及其设计。尽管如此，它也无法代替真实的浏览器、智能手机和平板电脑。事实上，在真实的环境中测试网站之前，我们无法确保自己做的页面和设计都能正常工作。Dreamweaver 中加入了实时预览功能，借助这个功能，我们可以快速完成对网页和网站的测试。接下来在【实时视图】下浏览一下最后两个页面。

❶ 打开 contact-us.html 和 about-us.html 两个页面，检查它们是否存在设计问题。

这两个页面不存在冲突问题。如果在 Dreamweaver 中发现了冲突，请先在浏览器中确认一下，然后再做修改。

在 Dreamweaver 中检查页面时，应该尽可能地在你的浏览器、智能手机和平板电脑中测试页面。在【实时预览】下，你可以在自己计算机中的任意一款浏览器（该浏览器要在 Dreamweaver 中注册过）中预览页面。在菜单栏中依次选择【文件】>【实时预览】>【编辑浏览器列表】，把新浏览器注册到 Dreamweaver 中。

❷ 进入 about-us.html 页面，在菜单栏中依次选择【文件】>【实时预览】>【Google Chrome】（或者其他你喜欢用的浏览器）。此外，你还可以单击文档窗口右下角的【预览】图标，在弹出的菜单中选择一款浏览器。

把浏览器最大化，使其占满整个计算机屏幕，如图 12-101 所示。

此时，网页在浏览器中打开。当浏览器窗口宽度大于 992 像素时，你可以看到水平显示的导航菜单。

❸ 检查整个页面的所有内容。

同时，测试页面在不同窗口宽度下的变化，检查在不同屏幕尺寸和不同浏览器窗口宽度下，媒体查询是否都能正常工作。

图 12-101

④ 不断向左拖曳浏览器窗口的右边缘，减小窗口宽度。当导航菜单变成一个三道杠图标时，停止拖曳，如图 12-102 所示。

再次检查页面内容，查看是否存在异常。

⑤ 单击三道杠图标，如图 12-103 所示。

把鼠标指针分别移动到各个菜单项上，检查超链接是否能正常工作。

图 12-102

图 12-103

页面中的所有超链接都能正常工作。

⑥ 单击 Tours 链接。

浏览器加载 Tours 页面，替换掉主页面。

⑦ 在不同浏览器窗口宽度下，测试 Tours 页面。

完成测试后，单击下一个菜单项，测试下一个页面。在一个浏览器中测试完所有页面之后，选择另外一款浏览器，重复整个测试过程。这么做好像很多余，也浪费时间，但是如果不这样做，那些未经测试的页面或组件就像是一个"定时炸弹"，早晚会引发错误。而借助测试，你可以找出这些隐藏的"炸弹"，测试次数越多，你找出的"炸弹"就越多，残存的"炸弹"就越少。

在浏览器中做完检查并修复发现的问题后，还要在各类智能手机等移动设备中做类似的测试。读到这里，你可能会问：没有 Web 服务器的情形下应该如何测试页面呢？

使用 Dreamweaver 2022 测试页面时，没有必要自己准备一个 Web 服务器。因为 Dreamweaver 的【实时预览】功能会自动把你的网站上传到 Creative Cloud 的预览区中，当然这要求你的计算机必须能够连上互联网，而且你还要有一个合法的 Creative Cloud 账号。通常，你在使用 Dreamweaver 时，就已经使用自己的账号登录了 Creative Cloud，你可以在【帮助】菜单中检查登录状态。

⑧ 在 Dreamweaver 的菜单栏中，单击【帮助】菜单，如图 12-104 所示。

图 12-104

若在其中看到了"注销"和你的账户名，请直接跳到第 10 步。若显示的是"请登录"，则必须先使用你的账户完成登录，才能正常使用【实时预览】功能。

⑨ 使用你的账户登录 Creative Cloud。

⑩ 打开 index.html 页面。

⑪ 在文档窗口右下角，单击【预览】图标，在弹出的菜单中，选择【在设备上预览】，如图 12-105 所示。

此时，显示出一个二维码和一个 Adobe URL 地址。有的设备带有摄像头，你可以使用相机 App（或者二维码 App）扫描二维码。启动 App，扫描二维码，然后你就能看到上传到 Creative Cloud 后的网站副本。当然，你还可以把 URL 地址分享给你的同事或客户，方便他们浏览你的网站。

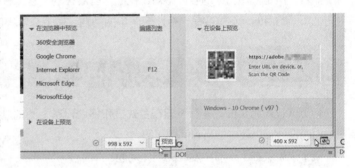

图 12-105

> ♀ 注意　【实时预览】功能用起来不太容易。首先，你必须先登录 Creative Cloud；其次，你可能还会在 Dreamweaver 或浏览器中收到错误信息。遇到这种情况时，请尝试清空浏览器缓存，然后关闭 Dreamweaver，重新启动 Dreamweaver，再次尝试。如果这样还是不行，请重启你的计算机，然后重试。

⑫ 使用智能手机扫描二维码，或者在移动设备的浏览器中输入 URL 地址，如图 12-106 所示。

此时，网站主页在移动设备的浏览器中打开。图 12-106 中显示的是主页在 iPhone SE 中的预览结果。从图中可以看出，导航菜单显示为一个图标，页头也隐藏了起来。经过一系列测试，发现网站在智能手机中运行正常。接下来再在平板电脑上测试一下。

> ♀ 注意　编写本书之时，iOS 上的 Safari 和 Chrome 存在一个安全问题，导致无法在这些浏览器中加载预览网站。Adobe 说他们正在解决这个问题，当你读到本书时，这个问题可能已经被解决了。

⑬ 使用平板电脑扫描二维码，或者在平板电脑中打开浏览器，然后输入 URL 地址，如图 12-107 所示。

> ♀ 提示　进入你所用设备（智能手机或平板电脑）的应用程序商店，搜索"二维码"（QR），即可找到可用的二维码 App。在新出的智能手机和平板电脑中，你可以直接使用相机 App 来扫描二维码，加载页面。

图 12-106   图 12-107

相比于智能手机，平板电脑的屏幕尺寸更大，但是在竖屏模式下，导航菜单仍然显示为一个图标。不过，导航菜单下的页头部分会显示出来。观察页面，你可以发现页面中的字体有些问题，公司宗旨的字体对，但是公司名称的字体不对。找出这些潜在的问题，就是在网站上线前在不同浏览器和设备中测试页面的目的。这其实是一个比较简单的问题，接下来解决这个问题。

12.13   解决发现的问题

你测试过所有页面吗？有没有在台式机和移动设备上测试过？有没有在多个浏览器中测试过？你找出页面设计和内容中的所有问题了吗？

接下来解决在上一节中发现的字体问题。

❶ 在【CSS 设计器】面板的【源】窗格中，选择 favorite-styles.css，在【@ 媒体】窗格中，选择【全局】，然后在【选择器】窗格中，选择 header h2 规则，如图 12-108 所示。

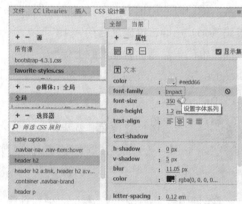

图 12-108

这个规则的 font-family 属性中只设置了 Impact 一种字体。由于 iPhone 和其他 iOS 设备不支持 Impact 字体，所以在这些设备中显示网页时使用的是浏览器的默认字体。同样的问题也会出现在 Android 设备中，因为 Android 系统中安装的字体也是有限的。为了解决这个问题，必须创建一个字体堆栈，用于支持各种浏览器和设备。

❷ 单击 font-family 属性，打开字体系列菜单。

💡 注意　对于那些尚未安装在计算机中的字体，你可以手动输入其名称。

❸ 选择【管理字体】，打开【管理字体】对话框，创建如下字体堆栈：

```
Impact
HelveticaNeue-CondensedBlack
Roboto Black
Arial Black
Arial Bold
sans-serif
```

💡 注意 输入 HelveticaNeue–CondensedBlack 时，字体名称一定要分毫不差，否则 iOS 设备将无法正确加载它。

❹ 在 header h2 规则的 font-family 属性中，选择刚刚创建的字体堆栈，如图 12-109 所示。

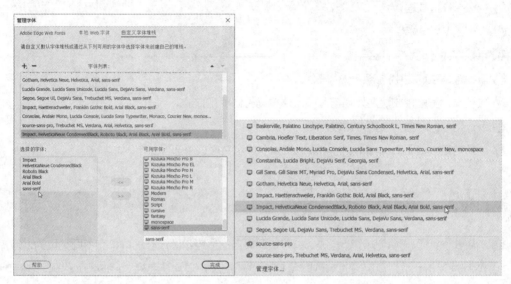

图 12-109

此时，页面中公司名称的字体仍然未变，因为 Imapct 仍然是默认字体。但是当前已经有了好几种备选字体，可保证页面在大多数计算机和设备中正常显示。公司宗旨使用的还是之前设置的基本字体，若没有加载 Source Sans Pro 字体，就会使用备选字体。

❺ 保存所有文件。

如果你有 Web 服务器，你可以把修改后的 favorite-styles.css 文件上传上去。

像上面这样，创建并应用字体堆栈之后，你就可以在【实时预览】中正常地预览字体效果了。当然，你也可以在自己的浏览器中加载页面进行预览。

❻ 在文档窗口右下角，单击【预览】图标。

❼ 使用平板电脑扫描二维码，或者在平板电脑中打开浏览器，然后输入 URL 地址，如图 12-110 所示。

再次在平板电脑中检查和测试页面，可以看到页面样式还是有些问题，但是比以前要好很多。由于不同操作系统对网页字体的支持程度不同，所以无法保证网页在所有浏览器和设备中的显示完全一致。

❽ 关闭所有文件。

也许，本练习中你做的一切在 Dreamweaver 和测试浏览器

图 12-110

中都能完美运行。但是，请注意，CSS3 是一个新标准，它在行业内并没有完全被采用。

不过，大多数移动设备都支持你在本课中所做的各种设置，请不用担心本课做的修改无法在你的移动设备中生效。而且 Dreamweaver 会一直保持更新，保证对 CSS3 良好的支持。

12.14　复习题

❶ 什么是响应式设计？

❷ 什么是 Web 框架？

❸ 可视媒体查询栏有什么用？

❹ 可视媒体查询栏中的颜色条代表什么？

❺ 文档窗口宽度控制块是如何与可视媒体查询栏协同工作的？

❻ 制作网站时，为什么要考虑使用 Bootstrap？

❼ 判断对错：使用 Bootstrap 时，只能从 6 个预定义模板中选择一个吗？

12.15　答案

❶ 响应式设计是一种网页设计方法，能够使网页自动适应不同尺寸的屏幕和不同类型的设备。

❷ Web 框架由一系列预定义的 HTML 和 CSS 代码组成，通常还包括 JavaScript 代码，支持响应式设计，可以帮助网页设计师快速、轻松地制作网页和应用程序。

❸ 可视媒体查询栏以可视化方式显示文件中的媒体查询，允许你创建新媒体查询，以及与它们进行交互。

❹ 颜色条代表媒体查询是用最小宽度（min-width）、最大宽度（max-width），还是两者的组合来定义的。

❺ 借助文档窗口宽度控制块，可以快速检查网页在不同屏幕尺寸下的设计情况，测试媒体查询和相关样式。

❻ Bootstrap 是一个流行的 Web 框架，内置在 Dreamweaver 中，为多屏幕、多设备提供了强大支持。

❼ 错。6 个模板提供了快速使用 Bootstrap 设计的方式，但是在 Dreamweaver 中你可以随时从零创建自己的 Bootstrap 布局。